珍 藏 版

Philosopher's Stone Series

哲人石丛书

立足当代科学前沿

彰显当代科技名家

绍介当代科学思潮

激扬科技创新精神

珍藏版策划

王世平　姚建国　匡志强

出版统筹

殷晓岚　王怡昀

天才的拓荒者
冯·诺伊曼传

John von Neumann

The Scientific Genius
Who Pioneered the Modern Computer,
Game Theory, Nuclear Deterrence,
and Much More

Norman Macrae

[美]诺曼·麦克雷 —— 著
范秀华 朱朝晖 成嘉华 —— 译

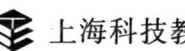
上海科技教育出版社

出版前言

"哲人石",架设科学与人文之间的桥梁

"哲人石丛书"对于同时钟情于科学与人文的读者必不陌生。从1998年到2018年,这套丛书已经执着地出版了20年,坚持不懈地履行着"立足当代科学前沿,彰显当代科技名家,绍介当代科学思潮,激扬科技创新精神"的出版宗旨,勉力在科学与人文之间架设着桥梁。《辞海》对"哲人之石"的解释是:"中世纪欧洲炼金术士幻想通过炼制得到的一种奇石。据说能医病延年,提精养神,并用以制作长生不老之药。还可用来触发各种物质变化,点石成金,故又译'点金石'。"炼金术、炼丹术无论在中国还是西方,都有悠久传统,现代化学正是从这一传统中发展起来的。以"哲人石"冠名,既隐喻了科学是人类的一种终极追求,又赋予了这套丛书更多的人文内涵。

1997年对于"哲人石丛书"而言是关键性的一年。那一年,时任上海科技教育出版社社长兼总编辑的翁经义先生频频往返于京沪之间,同中国科学院北京天文台(今国家天文台)热衷于科普事业的天体物理学家卞毓麟先生和即将获得北京大学科学哲学博士学位的潘涛先生,一起紧锣密鼓地筹划"哲人石丛书"的大局,乃至共商"哲人石"的具体选题,前后不下十余次。1998年年底,《确定性的终结——时间、混沌与新自然法则》等"哲人石丛书"首批5种图书问世。因其选题新颖、译笔谨严、印制精美,迅即受到科普界和广大读者的关注。随后,丛书又推

出诸多时代感强、感染力深的科普精品,逐渐成为国内颇有影响的科普品牌。

"哲人石丛书"包含4个系列,分别为"当代科普名著系列"、"当代科技名家传记系列"、"当代科学思潮系列"和"科学史与科学文化系列",连续被列为国家"九五"、"十五"、"十一五"、"十二五"、"十三五"重点图书,目前已达128个品种。丛书出版20年来,在业界和社会上产生了巨大影响,受到读者和媒体的广泛关注,并频频获奖,如全国优秀科普作品奖、中国科普作协优秀科普作品奖金奖、全国十大科普好书、科学家推介的20世纪科普佳作、文津图书奖、吴大猷科学普及著作奖佳作奖、《Newton-科学世界》杯优秀科普作品奖、上海图书奖等。

对于不少读者而言,这20年是在"哲人石丛书"的陪伴下度过的。2000年,人类基因组工作草图亮相,人们通过《人之书——人类基因组计划透视》、《生物技术世纪——用基因重塑世界》来了解基因技术的来龙去脉和伟大前景;2002年,诺贝尔奖得主纳什的传记电影《美丽心灵》获奥斯卡最佳影片奖,人们通过《美丽心灵——纳什传》来全面了解这位数学奇才的传奇人生,而2015年纳什夫妇不幸遭遇车祸去世,这本传记再次吸引了公众的目光;2005年是狭义相对论发表100周年和世界物理年,人们通过《爱因斯坦奇迹年——改变物理学面貌的五篇论文》、《恋爱中的爱因斯坦——科学罗曼史》等来重温科学史上的革命性时刻和爱因斯坦的传奇故事;2009年,当甲型H1N1流感在世界各地传播着恐慌之际,《大流感——最致命瘟疫的史诗》成为人们获得流感的科学和历史知识的首选读物;2013年,《希格斯——"上帝粒子"的发明与发现》在8月刚刚揭秘希格斯粒子为何被称为"上帝粒子",两个月之后这一科学发现就勇夺诺贝尔物理学奖;2017年关于引力波的探测工作获得诺贝尔物理学奖,《传播,以思想的速度——爱因斯坦与引力波》为读者展示了物理学家为揭示相对论所预言的引力波而进行的历时70年的探索……"哲人石丛书"还精选了诸多顶级科学大师的传记,《迷人的科学风采——费恩曼传》《星云世界的水手——哈勃传》《美丽心灵——纳什传》《人生舞台——阿西莫夫自传》《知无涯者——拉马努金传》《逻辑人生——哥德尔传》《展演科学的艺术家——萨根传》《为世界而生——霍奇金传》《天才的拓荒者——冯·诺伊曼传》《量子、猫与罗曼史——薛定谔传》……细细追踪大师们的岁月足迹，科学的力量便会润物细无声地拂过每个读者的心田。

"哲人石丛书"经过20年的磨砺，如今已经成为科学文化图书领域的一个品牌，也成为上海科技教育出版社的一面旗帜。20年来，图书市场和出版社在不断变化，于是经常会有人问："那么，'哲人石丛书'还出下去吗？"而出版社的回答总是："不但要继续出下去，而且要出得更好，使精品变得更精！"

"哲人石丛书"的成长，离不开与之相关的每个人的努力，尤其是各位专家学者的支持与扶助，各位读者的厚爱与鼓励。在"哲人石丛书"出版20周年之际，我们特意推出这套"哲人石丛书珍藏版"，对已出版的品种优中选优，精心打磨，以全新的形式与读者见面。

阿西莫夫曾说过："对宏伟的科学世界有初步的了解会带来巨大的满足感，使年轻人受到鼓舞，实现求知的欲望，并对人类心智的惊人潜力和成就有更深的理解与欣赏。"但愿我们的丛书能助推各位读者朝向这个目标前行。我们衷心希望，喜欢"哲人石丛书"的朋友能一如既往地偏爱它，而原本不了解"哲人石丛书"的朋友能多多了解它从而爱上它。

上海科技教育出版社

2018年5月10日

学者对谈

"哲人石丛书":20年科学文化的不懈追求

◇ 江晓原(上海交通大学科学史与科学文化研究院教授)
◆ 刘兵(清华大学社会科学学院教授)

◇ 著名的"哲人石丛书"发端于1998年,迄今已经持续整整20年,先后出版的品种已达128种。丛书的策划人是潘涛、卞毓麟、翁经义。虽然他们都已经转任或退休,但"哲人石丛书"在他们的后任手中持续出版至今,这也是一幅相当感人的图景。

说起我和"哲人石丛书"的渊源,应该也算非常之早了。从一开始,我就打算将这套丛书收集全,迄今为止还是做到了的——这必须感谢出版社的慷慨。我还曾向丛书策划人潘涛提出,一次不要推出太多品种,因为想收全这套丛书的,应该大有人在,将心比心,如果出版社一次推出太多品种,读书人万一兴趣减弱或不愿一次掏钱太多,放弃了收全的打算,以后就不会再每种都购买了。这一点其实是所有开放式丛书都应该注意的。

"哲人石丛书"被一些人士称为"高级科普",但我觉得这个称呼实在是太贬低这套丛书了。基于半个世纪前中国公众受教育程度普遍低下的现实而形成的传统"科普"概念,是这样一幅图景:广大公众对科学技术极其景仰却又懂得很少,他们就像一群嗷嗷待哺的孩子,仰望着高踞云端的科学家们,而科学家则将科学知识"普及"(即"深入浅出地"单向灌输)给他们。到了今天,中国公众的受教育程度普遍提高,最基础的科学教育都已经在学校课程中完成,上面这幅图景早就时过境迁。传统"科普"概念既已过时,鄙意以为就不宜再将优秀的"哲人石丛书"放进"高级科普"的框架中了。

◆ 其实,这些年来,图书市场上科学文化类,或者说大致可以归为此类的丛书,还有若干套,但在这些丛书中,从规模上讲,"哲人石丛书"应该是做得最大了。这是非常不容易的。因为从经济效益上讲,在这些年的图书市场上,科学文化类的图书一般很少有可观的盈利,出版社出版这类图书,更多地是在尽一种社会责任。

但从另一方面看,这些图书的长久影响力又是非常之大的。你刚刚提到"高级科普"的概念,其实这个概念也还是相对模糊的,后期,"哲人石丛书"又分出了若干子系列,其中一些子系列,如"科学史与科学文化系列",里面的许多书实际上现在已经成为像科学史、科学哲学、科学传播等领域中经典的学术著作和必读书了。也就是说,不仅在普及的意义上,即使在学术的意义上,这套丛书的价值也是令人刮目相看的。

与你一样,很荣幸地,我也拥有了这套书中已出版的全部,虽然一百多部书所占空间非常之大,在帝都和魔都这样房价冲天之地,存放图书的空间成本早已远高于图书自身的定价成本,但我还是会把这套书放在书房随手可取的位置,因为经常会需要查阅其中一些书,这也恰恰说明了此套书的使用价值。

◇ "哲人石丛书"的特点是:一、多出自科学界名家、大家手笔;二、书中所谈,除了科学技术本身,更多的是与此有关的思想、哲学、历史、艺术,乃至对科学技术的反思。这种内涵更广、层次更高的作品,以"科学文化"称之,无疑是最合适的。在公众受教育程度普遍较高的西方发达社会,这样的作品正好与传统"科普"概念已被超越的现实相适应。

所以"哲人石丛书"在中国又是相当超前的。

这让我想起一则八卦：前几年探索频道(Discovery Channel)的负责人访华，被中国媒体记者问到"你们如何制作这样优秀的科普节目"时，立即纠正道："我们制作的是娱乐节目。"仿此，如果"哲人石丛书"的出版人被问到"你们如何出版这样优秀的科普书籍"时，我想他们也应该立即纠正道："我们出版的是科学文化书籍。"

这些年来，虽然我经常鼓吹"传统科普已经过时"、"科普需要新理念"等等，这当然是因为我对科普作过一些反思，有自己的一些想法。但考察这些年持续出版的"哲人石丛书"的各个品种，却也和我的理念并无冲突。事实上，在我们两人已经持续了17年的对谈专栏"南腔北调"中，曾多次对谈过"哲人石丛书"中的品种。我想这一方面是因为丛书当初策划时的立意就足够高远、足够先进，另一方面应该也是继任者们在思想上不懈追求与时俱进的结果吧！

◆ 其实，究竟是叫"高级科普"，还是叫"科学文化"，在某种程度上也还是个形式问题。更重要的是，这套丛书在内容上体现出了对科学文化的传播。

随着国内出版业的发展，图书的装帧也越来越精美，"哲人石丛书"在某种程度上虽然也体现出了这种变化，但总体上讲，过去装帧得似乎还是过于朴素了一些，当然这也在同时具有了定价的优势。这次，在原来的丛书品种中再精选出版，我倒是希望能够印制装帧得更加精美一些，让读者除了阅读的收获之外，也增加一些收藏的吸引力。

由于篇幅的关系，我们在这里并没有打算系统地总结"哲人石丛书"更具体的内容上的价值，但读者的口碑是对此最好的评价，以往这套丛书也确实赢得了广泛的赞誉。一套丛书能够连续出到像"哲人石丛书"这样的时间跨度和规模，是一件非常不容易的事，但唯有这种坚持，也才是品牌确立的过程。

最后,我希望的是,"哲人石丛书"能够继续坚持以往的坚持,继续高质量地出下去,在选题上也更加突出对与科学相关的"文化"的注重,真正使它成为科学文化的经典丛书!

2018年6月1日

对本书的评价

◇

我一直认为,冯·诺伊曼的聪明才智表明他属于一个新的、超乎人类的物种。麦克雷生动地向我们展示了这样一位天才的成长历程,以及他在这个世界上留下的伟大足迹。

——汉斯·A·贝特(Hans A. Bethe),
康奈尔大学

◇

这本书读起来引人入胜。冯·诺伊曼毋庸置疑是20世纪的一位天才;这部描述生动、令人赞赏的传记让我们翘首盼望了很久。幸运的是,现在终于夙愿成真。

麦克雷生动地描述了冯·诺伊曼成长的文化、家庭和教育背景,以及他成绩斐然的数学、物理学环境。用普通语言来描写冯·诺伊曼这样的天才并非易事,但麦克雷做到了。作者用通俗的语言较为全面地介绍了冯·诺伊曼的学术成果,读者即使不是数学博士也能明了。不仅如此,麦克雷还准确地捕捉到了冯·诺伊曼的气质、智慧以及个性特征,包括他轻松的智慧与幽默。作者还表达、解释了冯·诺伊曼的政治观点,即使是对此持批评意见的人(包括我本人)也能体会到它的感染力和启发性。

——丹尼尔·J·凯夫利斯(Daniel J. Kevles),
加州理工学院

◇

　　这本书生动刻画了一位身兼数学家、物理学家以及其他诸多领域专家的伟大人物。他的天才在我们的思想、技术、社会以及文化等诸多方面留下了不朽的印记。向怀特加倍致以敬意,是他首先着手为我们这些热诚但缺乏数学专业知识的读者策划了这本书;同样的敬意献给诺曼·麦克雷,是他成功地完成了这部巨著。

——罗伯特·K·默顿(Robert K. Merton),

哥伦比亚大学

内容提要

约翰·冯·诺伊曼(John von Neumann,1903—1957)是20世纪在现代计算机、博弈论和核武器等诸多领域内有杰出建树的最伟大的科学全才之一,被称为"计算机之父"和"博弈论之父"。这位匈牙利出生的美籍科学家在短暂的一生中留给世人的两大发明——计算机和博弈论,深刻地改变了世界,改变了人类的生活、工作乃至思维方式,极大地促进了社会的进步和文明的发展。

作为20世纪最重要的数学家之一,冯·诺伊曼在纯数学和应用数学方面都有杰出的贡献。他的理论为量子力学打下了数学基础,开创了冯·诺伊曼代数。他还创立了博弈论这一现代数学的重要分支,于1944年发表了奠基性的重要著作《博弈论与经济行为》(*The Theory of Games and Economic Behavior*)。在第二次世界大战期间,他参与了原子弹的研制,对世界上第一台计算机ENIAC的设计提出了重要建议,还亲自督造了一台计算机。在生命的最后几年,冯·诺伊曼研究了自动机理论,留下了对人脑和计算机系统进行精确分析的著作《计算机与人脑》(*The Computer and the Brain*)。此外,本书还展现了第二次世界大战之后、冷战初期国际政治舞台上由核武器引发的矛盾和冲突,并阐述了冯·诺伊曼对此的态度。

　　本书根据丰富的资料,通过对冯·诺伊曼的科学工作、政治态度和生活经历的全面考察,以广阔的视角,给我们展示了一个生动而充满魅力的科学天才的形象。

作者简介

诺曼·麦克雷(Norman Macrae),1923年生,1942—1945年为英国皇家空军导航员,1945年进入剑桥大学学习,1947年获经济学一等荣誉学位,1947—1949年在剑桥大学从事经济学研究及教学工作,1949年加盟《经济学家》(*The Economist*)杂志社。他利用业余时间出版了8本著作并担任一些顾问工作,在五大洲均开设过讲座,曾为许多杂志撰稿,1989年退休。在美国出版的书籍有《神经质的万亿富翁》(*The Neurotic Trillionaire*)、《美国的第三个世纪》(*America's Third Century*)、《2025年度报告——1975—2025之未来史》(*The 2025 Report: A Future History of 1975—2025*)。与哈克特(John Hackett)将军合著的有关第三次世界大战的两本著作全球销量超过300万册。1989年他被英国女王授予英国CBE荣誉勋章。

献给斯蒂芬·怀特（Stephen White）
是他开始了这个项目，把自己的研究成果贡献给我，并敦促我完成。

- *001* — 中文版序
- *007* — 前言

- *001* — 第一章　世界需要更多的冯·诺伊曼
- *026* — 第二章　布达佩斯优越的学前时光(1903—1914年)
- *053* — 第三章　在路德教会中学(1914—1921年)
- *074* — 第四章　初露锋芒的本科生(1921—1926年)
- *087* — 第五章　从严谨到放松(公元前500—1931年)
- *112* — 第六章　量子跃迁(1926—1932年)
- *127* — 第七章　动荡年代,结婚,移民(1927—1931年)
- *143* — 第八章　普林斯顿的萧条岁月(1931—1937年)
- *164* — 第九章　计算爆炸装置(1937—1943年)
- *190* — 第十章　从洛斯阿拉莫斯到"三一"试验(1943—1945年)
- *216* — 第十一章　在经济学领域
- *234* — 第十二章　费城的计算机(1944—1946年)
- *260* — 第十三章　来自普林斯顿的计算机(1946—1952年)
- *286* — 第十四章　随后是氢弹
- *305* — 第十五章　惊人的影响(1950—1956年)

目 录

335 — 致谢

337 — 许可致谢

339 — 注释

343 — 参考文献

中文版序

欣闻上海科技教育出版社正在推出拙作——数学天才约翰·冯·诺伊曼（John von Neumann）传记的中文版。他的故事绝对会吸引中国读者。在过去的30年里，中国在经济以及其他方面取得了令世人震惊的成就，辞世已久的约翰尼（Johnny，冯·诺伊曼的昵称）若目睹也会万分兴奋。

1903年12月末，约翰尼出生于正值迅速发展时期的祖国匈牙利；1957年2月上旬在他的第二故乡美国逝世，年仅53岁。在短暂的一生中，约翰尼改善了世人的未来，其成就超越了20世纪甚至21世纪的其他任何数学家。他是构想和着手建造现代计算机的6位先驱中最杰出的一位。在受雇于罗斯福总统的战时政府期间，他参与研究的第一台计算机用于提高炮击精确度。

在1945年夏天之后的和平时期，约翰尼认为有必要分析并出版其任职政府雇员期间所了解的有关计算机的所有知识，并详细写出了他在普林斯顿大学建造的特殊新型计算机的构造与问题。约翰尼的目的就是帮助计算机开拓者与尽可能快地抢先生产实用而赚钱的商用计算机的其他计算机公司相抗衡；另外两位计算机先驱却想方设法抢注个人专利，不让他人抄袭自己以及约翰尼在任职期间获得的知识。幸运的是，当时商用计算机的发展速度非常快，以致这些具有潜在禁锢性的专利基本上没有真正发挥作用。

到了20世纪40年代末，作为一名英国记者，我曾撰写了几篇文章称赞约翰尼的计算机实验，郑重其事的研究则是40年后的事了。20世纪50年代初,美国国际商用机器公司(IBM)正在生产当时最为成功的商用计算机。1957年约翰尼去世后,该公司拨款给斯隆(Alfred P. Sloan)基金会,资助撰写一部传记以纪念这位具有公众精神的、IBM公司最有价值产品的真正发明者。斯隆委托一些杰出的作家记述约翰尼发明的计算机背后的高深的数学原理,但他们所写的大量的复杂的数学方程令出版商觉得没什么出版价值。1989年,65岁的我以一家报纸的副主编的身份退休。斯隆突然问我,是否可以在1991年年底前赶出一部约翰尼的传记并获得出版商认可。斯隆或许担心,1991年之后,IBM的拨款可能会断流,因为当时IBM正在被一些规模更小、更具创新性的计算机公司超越。

1989年,我所拥有的优势是约翰尼的许多密友甚至亲人尚在人世。其中包括他性格活泼的第一任妻子,他们唯一的女儿——一位杰出的经济学教授,约翰尼的胞兄,还有校友以及他后期辉煌岁月中的资深同仁。

一些上了年纪的受访者谈到,在20世纪20年代初,青少年时期的约翰尼有时会坚称,最聪明能干的人往往不是犹太人(当时他信仰犹太教)就是中国人。20世纪30年代末,在普林斯顿高等研究院,约翰尼与截然不同的犹太同伴爱因斯坦(Albert Einstein)共事过。他们两人都在纳粹德国时期逃离大学教职。约翰尼在自由的美国硕果累累,而有理由说爱因斯坦表现平平。

约翰尼在经济学方面还取得了两项重要的成就。第一项是厚达650页的巨著《博弈论与经济行为》(The Theory of Games and Economic Behavior),另一项是战前研制的一个经济发展状况的数学微型模型。这个模型很复杂,西方政客无法理解,但是本书第十一章提及的诸多杰出的战后经济学家对之非常热心;第十一章还记述了博弈论带来的成果与难题。如果这部传记能够促使一些中国数学家再次关注约翰尼的模型,那将十分令人欣慰;或许他们还会因此找到一些新的方法,解释如今中国取得的令人瞩目的经济成就。

如果约翰尼还健在的话,或许他会建议现今的中国加快市场经济建设的步伐。首先,中国很有可能正在这样做;其次,约翰尼也曾希望罗斯福和杜鲁门政府也加快迈向同样目标的步伐。但直到1952年,共和党人——因而思想上可能倾向更加自由的市场经济——艾森豪威尔当选总统,约翰尼才成为和平时期美国政府的顾问。

约翰尼担任的职位是核威慑顾问。1943—1945年,约翰尼基本上是在发明计算机和撰写《博弈论与经济行为》的同时,承担着第三项在洛斯阿拉莫斯的工作。他在那里参与的棱镜的研制工作使第二颗原子弹——长崎原子弹——得以成功。对于约翰尼的专业知识来说,这似乎是一个奇特的领域;但第一颗原子弹——广岛原子弹——是用好不容易提炼出来的钚草草拼凑出来的,再组装出一颗原子弹估计要用上几乎一年的时间。

一位日本物理学家了解这一点。他撰写了一篇长篇数学报告向日本的最高统帅解释道,日本无需担心第二颗原子弹很快会投下。这份报告在长崎遭受原子弹轰炸的第二天上午送交到统帅手中,它帮助裕仁天皇取得多数将军对立即投降的理性政策的同意。曾妄想战斗到"一亿日本人殉国"的少数持异议者如今也只好默认新的政策,其中一些人体面地自杀了。

1945年,21岁的我是英国皇家空军的领航员。我的一些空勤同事已然驻扎到太平洋,他们觉得很有可能是长崎原子弹挽救了他们的生命。今天,远东的居民应该也不愿意1945年后再耗上两年才向日本本土投放第二颗原子弹,那样的话,将会有近"一亿人殉国"。20世纪50年代,一些人(据说包括赫鲁晓夫)问过艾森豪威尔,用核武器摧毁中国是否可行。艾森豪威尔断然否定。据总统的一位助手回忆,约翰尼在备忘录里这样写道:"中国幅员辽阔,不能用氢弹摧毁;如果我们投放足够的氢弹以消灭所有中国人,也将令地球无法居住。"

一个更为积极的问题是,中国学者是否可以参与进来,以推进约翰尼期待已久的计算机革命。其中之一是发明新的数学语言。约翰尼在他私人文件中反复提及的一个关键想法是,"像希腊语、梵语或汉语这样的语言分别是更适合逻辑、工程和诗歌的偶然的表达形式"。他写道:"因此有理由假定,当我们谈论数学时,我们是在使用一种创造出来的、比其他语言更利于表达的第二语言。"约翰尼认为,他的现代数学以微积分为基础,对物理学用途极大。他相信,其他学科可能需要新形式的数学语言,且他的计算机将为此作出贡献。

约翰尼很早就认为:"当我们能够将量子理论中的实用性方程与物理学中的其他一些理论相结合时,化学中'相当大的部分'就可以从实验室领域转移到数学领域。"他希望,这也可以应用到生物学;可惜的是,此方面至今还没有取得实质性的进展。

我担心,约翰尼的气象学观点会引起环保主义者以及对天气变化持悲观态度的人的恐惧。约翰尼在1946年对一场正逼近佛罗里达州的飓风感到厌烦。他写道:"一场飓风携带着巨大的潜能,它们运行在一个相当脆弱而又行动迟缓的体系之上,这个体系叫做天气。""一个规模小于广岛的原子弹爆炸就可以让这种天气撤回大洋中部,而不会在佛罗里达州这些宝贵的房屋上肆虐。"

约翰尼很早就了解到全球变暖的可能性,但他并不认为那使人惶恐,反而视之为机遇。他希望数学家们着手把两极的冰帽涂上不同的颜色。约翰尼写道,问题是,"和普通土壤相比,冰既可以反射大量太阳能,也可以辐射大量地能"。"在冰的表面或冰面上的大气中科学地涂上薄薄的彩色物质层,就能阻止反射与辐射过程,从而理想地改变当地气候。"约翰尼并没有明说,数学家们应当将冰天雪地的冰岛变成气候宜人的夏威夷;但看起来他并没有感到忧心忡忡,而是对此兴致盎然。中国读者是赞同约翰尼这种无拘无束的天气理论,还是对此有截然不同的观点呢?

诺曼·麦克雷

于2008年9月10日

前 言

在约翰·冯·诺伊曼（John von Neumann）的职业生涯中，人们对其中两个方面争议颇多，而我发现，在这两个方面我始终和他立场一致。

其一，1945—1955年，在构建核威慑的过程中，冯·诺伊曼的态度比他的大多数朋友都强硬。我是他的支持者。但当我把本书稿给我敬重的人传阅时，一些学者以及与约翰尼同时代的人对他的这一看法颇为不满。但愿我没有冒犯那些持和平主义观点的善良而伟大的人们，约翰尼对他们也绝无冒犯之意。

其二，约翰尼掌握了别人的观点，而后以他清晰的头脑远远地把他们抛在后面，并将这些观点付诸实践。我认为，聪明人活在世上，就是要完成这样的使命。约翰尼认为，今天的我们本可以取得许多伟大的科学进步，如通过核聚变提供无限的能量并控制世界的天气，因为他的计算机能让"研究小组攻克的研究项目，在数量上多100倍，在速度上快100倍"。现在的人们认为这样的观点不负责任。我认为，20年后，这些观点会卷土重来，成为时尚；然而，在本书发行时，我知道许多杰出的评论者会对此不以为然。

诺曼·麦克雷

第一章

世界需要更多的冯·诺伊曼

　　1903年12月28日，诺伊曼·亚诺什（Neumann Janos）出生于他的祖国——匈牙利——的首都布达佩斯。1957年2月8日因患癌症英年早逝于他的第二故乡——美国华盛顿，这时他已更名为约翰·冯·诺伊曼（John von Neumann）。在美国，他的朋友和熟人总是叫他约翰尼（Johnny）；在匈牙利，人们叫他扬奇（Jancsi）；在这本书里，我们称他为约翰尼。正是因为他所具有的那种不事张扬的品质才改变了人类的生活，尽管大多数人对他闻所未闻；但是，让这个世界变得更富裕的最廉价方式就是拥有更多的约翰尼。

　　约翰尼是一个神童，一个天才学生，在他短暂的53年的人生中，他一天比一天更为睿智。作为20世纪20年代纯数学家中最引人注目的年轻的革新者，约翰尼先是在理论物理学有所建树，尔后，又在应用物理学、决策论、气象学、生物学、经济学和战争威慑论等方面取得不俗的成绩，最后成为现代数字计算机的开山鼻祖及计算机早期应用中最具远见卓识的人。他的所有这些成就，几乎都是在他主要从事其他方面工作时取得的。

　　在人类历史上，每一个世纪，总有那么少数几个人，他们孤军奋战解决一些难题，在黑板上写几个公式就改变了世界。约翰尼是20世纪或许也可以说是有史以来最有影响力的数学家之一,正是因为他们完成的运算,我们现在才可以快速完成许多如此异乎寻常的事情。

如果这世上没有约翰尼,美国的核、热核以及导弹威慑的发展可能都会相当迟缓,而这种迟缓可能是致命的。没有他,计算机革命可能还达不到目前的水准,更不用说在这一水准之上的进一步发展了。在约翰尼生命的最后10年,他以异常清醒的头脑服务于杜鲁门(Truman)政府和艾森豪威尔(Eisenhower)政府。

在幸运的20世纪90年代,这个世界正安然逃离1945—1953年的核武器装备的疯狂魔爪。在关键阶段,约翰尼所扮演的角色是成功的,他是强硬派,因而一开始便遭人谩骂。他帮助那些看出有必要阻止斯大林(Stalin)核装备的人重新树立了信心。当别的强硬派只会情绪化地大喊大叫时,约翰尼说起那些令人震惊的事却头头是道,甚至妙语连珠。一些世界顶级的教授认为,主张威慑斯大林的人是高傲自大、极端保守的种族灭绝者,是知识界的势利小人。这样的成见令鹰派寒心不已。银行家出身的斯特劳斯(Lewis Strauss)上将便是鹰派成员之一,他们因发现约翰尼是他们坚定主张的理性支持者而倍感鼓舞。斯特劳斯回忆道,在约翰尼临终之前的沃尔特·里德医院(Walter Reed Hospital),"国防部部长、国防部副部长、陆海空三军司令以及所有军界要员围聚在他的病榻前,聆听他最后的建议和非凡的洞见"。斯特劳斯上将写道,这位核心人物是个年轻的数学家,从匈牙利移民来美国的时间并不长。"这是我见过的最富戏剧性的场景,也是对智者最感人的致敬。"

约翰尼如何能获得如此的影响力?一位睿智的人作出了最简洁、而且或许是最中肯的评价。那是约翰尼去世10年之后,诺贝尔奖获得者维格纳(Eugene Wigner)* 回到故乡布达佩斯,一名记者在采访他时

---

* 参见《乱世学人——维格纳自传》,尤金·P·维格纳、安德鲁·桑顿著,关洪译,上海科技教育出版社,2001年。——译者

问道,20世纪50年代早中期,美国的科学和核政策真的主要是由匈牙利人诺伊曼·扬奇制定的吗?维格纳以他一贯简洁的风格回答道:"也不尽然。可是一旦冯·诺伊曼博士分析了一个问题,该怎么办就一清二楚了。"

早在1925年,在危机四伏的德国(此后不到10年,德意志变得丧心病狂),年轻的数学天才约翰尼正投身于这个世纪最伟大、最惊心动魄的科学突破——量子力学(这一理论成为现代技术的基础,包括电子革命,令人遗憾的是,它也促成了原子弹的制造)的诞生。一位物理学家在约翰尼逝世时说:"对于量子力学来说,在1925年发现后的头几年能引起冯·诺伊曼这样的数学天才的兴趣,确实是一件幸事。其结果是,该理论的数学框架得以发展,其全新的解释规则的形式在两年间(1927—1929年)由一个人分析完成。"

这一判断过于乐观(参见第六章)。1927年,约翰尼最初有益的参与是需要一点处世技巧的,毕竟当时他才23岁,还是一个东欧犹太人。当时,德国的学术界等级森严;数学家和物理学家在各自的研究领域赢得了一些掌声,却彼此相轻。约翰尼秉性仁厚、思路清晰、令人信服(他几乎一生如此),因此受到数学领域以外的大多数学者的敬仰。也正因为如此,他得以在1941—1945年参与美国第二次世界大战期间原子弹斜冲击波和爆聚透镜研究,1945—1955年他又因为第三次世界大战的威胁推动了计算机和火箭研究。天遂人愿,这样一位深受顶级物理学家、军界和政界人士尊敬的数学家,这样一个能够迅速形成清晰思路的人,在1930年后移居当时数学还不甚发达的美国。

令人惊异的是,早在1926—1929年,约翰尼就在专业领域和社会上取得了成功。尽管在那几年,早熟的他放浪不羁,常常出入魏玛时期柏林的低俗夜总会,甚至再一次心有旁骛。在20世纪20年代,约翰尼想成为最杰出的数理逻辑学家,建立一套(又好又简洁的)现代版无限维数学公理,数学公理曾使古希腊数学家及其他数学家的数学思想在此后2300年内保持似乎完全的严密性。所谓"严密"是说,一个数学计算结果必然毋庸置疑地源自另外一个计算结果,使数学家得以遵循一个明确思路,从而确立了数学是一切理性思维的基础。当还在德国时,年轻的约翰尼就曾立志要让数学重新引领智慧发展,而不仅仅是另类旁支。他立志要通过公理化,解决现代数学(集合论)中疑似自相矛盾的地方。

所幸的是,他没能完成这个目标(据他本人的看法),因为哥德尔(Kurt Gödel)*通过数学方法证明了完全公理化行不通。约翰尼对此的反应不同于一般学者。1931年阅读了哥德尔的论文之后,他立即接受了哥德尔的观点,称哥德尔为自亚里士多德(Aristotle)以来最伟大的逻辑学家,并转向其他研究(以自己早年作为德国逻辑学家的经验构建现代计算机理论)。约翰尼投身过许多领域,逝世时留给后人许多未竟的事业。

在本书中,读者要和约翰·冯·诺伊曼共处,因此有必要介绍一下他的相貌和气质。在约翰尼生命的最后几年,也是他最有影响的那几年,他"身材敦实,常常面带微笑,有那么一点一般教授常有的心不在焉的神情","有一双明亮的棕色眼睛,一张随时可以咧嘴一笑的脸"。这是美国自由欧洲广播电台(Radio Free Europe)的一名记者对约翰尼的一番描述。而约翰尼的同行们觉得他看上去倒像个银行家。他常常身着套装,即使骑驴爬科罗拉多山时也是如此。他的一位同事曾经要求他去"买件旧夹克,再往上面洒点粉笔灰,好看上去更像个教授"。

---

* 参见《逻辑人生——哥德尔传》,约翰·L·卡斯蒂、维尔纳·德波利著,刘晓力、叶闯译,上海科技教育出版社,2008年。——译者

有三种通常的描述:约翰尼信心十足,具有全世界最好的记忆力,可以心算8位数乘8位数。这些描述有一半是错的。这位表面上自信的人实际上很羞涩,对自己的要求很严格。他不愿意和不如自己聪明的人(几乎绝大多数人)辩论,尤其当他能以无可辩驳的事实令对方一败涂地时。他觉得击垮对方会带来伤害,没有礼貌,(最要紧的是)会遭人怨恨。他不明白,为什么其他那些睿智的人大多没有意识到,得罪任何人——包括获得诺贝尔奖的同事,上至美国总统,下至一个侍者——都会令其以后的影响力大打折扣并会妨碍下一步的行动。

约翰尼想出了一些点子,设法与人免生嫌隙。一旦谈话气氛不对、有点火药味时,他就话锋一转,讲些段子和轶事以缓和气氛。这样的段子和轶事他攒了不少。要是有人逼他在有关学术或政治的激烈辩论中表明立场时,他会说这个问题让他觉得自己像奇切斯特(Chichester)的老主教,不合时宜地提出如厕的需求;若是有女士在场,他会说这个问题让他想起某些深奥的、幽默的、不太相干的巴比伦故事;或者说"再喝一杯吧!"

约翰尼的记忆力是惊人的,但只适用于他极为专注的事。15年前读过的《双城记》(*Tale of Two Cities*)或者《大英百科全书》(*Encyclopaedia Britannica*)中有启示性的条目,他可以一整页一整页一字不差地背下来。这是因为他第一次阅读时就极为专注;当时,他打算移居美国,正努力获得英语语感。但如果他烦了,就会立即断电。这也就是为什么他有时会令人困惑地心不在焉,他也因此常常认不出前一天刚刚见过的名人。

约翰尼记忆里那些着意的、记忆事实的能力强过他的影像记忆。尽管他记不住那些无趣的人的脸,但害羞的他并不愿伤害他们。1957年,《生活》(*Life*)杂志在刊登的约翰尼的讣告中,回忆了他在普林斯顿著名的鸡尾酒会("在冯·诺伊曼家,那些老一辈的天才们都变得非常平易近人"),写道:"他的酒是烈性的,他的一套一套的段子是超级的,他的社交风度是泰然自若的,这些使他成为一个出色的男主人。尽管他可能一个名字也记不住,我们的男主人仍会陪伴每一位新来的客人在房间里走上一圈,谦卑地鞠躬,掩饰他介绍时想不起人家名字的尴尬。"

约翰尼记忆力的最大用途在于他在脑海里塞满了数量空前的数学常数和等式。一般人脑子里没几个数学常数,或许只有12以内的乘法表。约翰尼脑子里是层层叠叠的代数表述,这也是他心算能力超强的原因所在。实际上,对于8位数与8位数的乘法计算,他并不比其他数学家强多少——当然,强过那些玩数字杂耍的小丑。但是,他利用积累的数学常数和等式使自己成为令人惊叹的解决问题的能手和杰出的概念拓展者。当洛斯阿拉莫斯或其他地方的科学团体听说冯·诺伊曼要来时,"都会把他们的高等数学问题一个个列出来,就像靶场里的鸭子一样,专等冯·诺伊曼来一个个把它们打翻在地"。

约翰尼的概念拓展能力更强。约翰尼的助手比奇洛(Julian Bigelow)说,假如你给约翰尼一个建议,"没一会儿他就已经超过你一大截了"。研究生有时候觉得自己在"骑着自行车追赶一辆载着冯·诺伊曼博士的快速列车……他对(别人的)原创思想的奇异拓展如同泉涌"。约翰尼的许多成绩都来自类似的概念拓展,与原创者的摩擦也往往因此发生。

在做这些计算时,约翰尼的行为有些怪僻,尽管后来经人提醒有所改观。当他坐着计算时,往往会两眼盯着天花板,口中念念有词,面无表情,有点吓人。一次,兰德公司向他咨询,询问他的计算机是否可以完善以解决某一个特定的、目前计算机无力应付的问题,兰德的工作人员在黑板上又写又画地解释了两个小时。据那位兰德公司的科学家说(参见《生活》杂志讣告),

有两三分钟的时间,约翰尼两眼直勾勾的,就仿佛灵魂出窍一般。然后,他说:"先生们,不用计算机了,答案我有了。"那位科学家呆若木鸡,默默地聆听冯·诺伊曼口若悬河地一步一步解释解决问题的方案……这样的挑战司空见惯,完成任务后,冯·诺伊曼往往会提议:一起去吃午饭吧。

一家研究机构曾将一个问题提交给约翰尼,让他心算解决。之前,这个问题令一个职员用计算器花了大半个晚上才算出了结果。约翰尼拿到问题后,两眼盯着天花板说:"第一步计算……"他咕哝到一半时,那位职员暗示正确的结果如此如此。约翰尼继续咕哝着,然后惊异地说:"你说的对。"后来,有人解释说,那位职员用了几个小时,而他只用了5分钟。约翰尼的朋友说,不然的话,他可能要郁闷一个星期了(这话有点诽谤的意味,因为约翰尼并不是一个心胸狭隘的人)。

约翰尼站着思考问题时,两只脚会不停地换来换去,尽管这种做法在人头攒动的鸡尾酒会上会使他的酒溅出来,但这造成了人们调侃他的最有趣的故事之一:约翰尼对苍蝇之谜的解释。两地相距32千米,两个人骑自行车以每小时16千米的速度相向而行,一只苍蝇以每小时24千米的速度匀速飞行,从向北行驶的那辆自行车的前轮启程,落在向南行驶的自行车的前轮上,然后掉头向南飞行,落下后再立即掉头向北飞行,问苍蝇被两辆自行车挤扁之前飞行的路程是多少?

计算苍蝇飞行距离的一种比较烦琐的方法是,用苍蝇飞到向南行驶的自行车前轮的飞行距离加上它飞回向北行驶的自行车的前轮的飞行距离,如此类推所得的无穷数列之和即为答案。有意思的是,许多数学家都会掉进圈套,做上那么长串的加法。简单的算法是先得出两辆自行车出发后1小时相遇。相遇时,时速24千米的苍蝇一定飞行了24千米。这个问题问到约翰尼时,他左右倒了一下脚,立即回答:"24千米。"提问者失望地说:"你以前听说过这个巧招。""什么巧招?"约翰尼纳闷地说，"我只是做了个无穷数列的加法。"值得一提的是，后来人们用这件事情和约翰尼开玩笑时，约翰尼说："实际上那道题里的数字并不那么简单。"

有人当场问约翰尼问题时，他会背着手、迈着小步、越走越快（但并不太快），算出结果。有这么一道题，问1平方米的土地能吸收多少热量，显然这是要搞清楚一块金属在太阳下晒了大半天，拿起来时是否安全。"嗯，"约翰尼摇摇摆摆走向那块金属，"它表面的热量是……"还没走到金属那里，他就已经算出结果：最好不要把它拿起来。本书会多次提到约翰尼的速算。用约翰尼自己的话说，一些速算涉及的问题"可能让地球抖上一抖"。

假如约翰尼的寿命像一般科学家那么长，活到现在，他会不会使我们的生活发生很大变化呢？对于一个传记作家来说，这是一个好问题；坦白说：我猜会的。究竟他会给我们多大变化呢？这取决于别人给他带来什么样的想法，取决于他领先于别人多少，这一点从他晚年未曾发表的笔记就可以略见端倪。

约翰尼本人曾期望1957—1992年科学发展会比实际快一些。在生命的最后时刻，他还在探询其他科学家压根没想到的一些可能性，包括从人类的神经系统学到些技巧应用于计算机（即他所谓的"一套略为系统化的方法论构想"）；他认为计算机时代所有数的概念应当重新确立，并为当时尚未做到这一点而担心。

约翰尼设计出模型的机械单元组会像生命实体一样行动：在活动或非活动状态中保持运动或静止特性，并诱使周围单元组呈现出与之相似的状态。他思索着我们如何能够在理论上制造出具有人类大脑的复杂性和速度的机器人，这种机器人运行100年出现的错误也不超过一个。他探讨了建造具有以自我提高的人工智能进行自我繁殖的计算机和机器人的可能性。根据达尔文(Darwin)进化论,水母的大脑可以进化成人的大脑,他还考虑了是否可以使电脑具有同样的特点。运用恰当的计算,新一代的计算机和机器人应当有可能根据环境的变化作出效率更高的反应,计算机应当有可能令其自我繁殖的下一代继承适者生存的法则以及计算机的物种进化法则。

在1992年,所有这些听起来并不像当年那么奇异。寻找人工智能的尖端研究是"神经网络",它会调整计算机单元层的强度来学习如何解决问题,直至得到理想的方案。在20世纪90年代后期,尽管人脑或电脑都还无法理解人脑的运作机制,但至少人脑而非电脑的一个主要功能(如视觉功能)可以在电脑上模拟。

约翰尼积极参与了20世纪前半叶最大的科学突破——对原子的科学认识。他还参与了量子力学的数学化,并促进了随之而来的电子革命中计算机的发展。在我看来,约翰尼最后的讲座和笔记暗示出,他希望对原子的科学认识之后,在下面三项可能的重大突破中扮演同样的角色:对大脑的科学认识,对细胞(或基因)的科学认识及计算机参与解决征服自然环境的遗留问题(如控制全球天气)。除了迎接这四大挑战——原子(挤压产生核聚变以获得几乎免费的能源)、大脑、基因和自然环境——他有时还希望将数学的严密性(即准确的科学)引入有价值却有些模糊的经济学及其在现今社会科学中更为薄弱的一些姊妹半科学(half science)。

约翰尼期待着,到了1992年,所有这些领域都将取得巨大进展。令人悲哀的是,只有对基因的理解取得真正意义上的长足进步(按照约翰尼的标准),甚至这一项也是非数学意义上的进步。恰如约翰尼所预期的,人类基因是类似于计算机的简单的信息存储器;但是他至死也不知道,读出的基因密码可以用三个字母的词(统共只用四个字母)简洁地写出(并且可以重写)。约翰尼会倍感欣慰的是,到1992年,我们能够辨认并重写使苍蝇卵变成苍蝇的50或60个基因。他一定愿意尽一个数学家之所能，揭秘构成人类的全套基因。我问约翰尼的两个朋友：假如约翰尼活到1992年，他们认为约翰尼会做什么？答案几乎是一致的："约翰尼会因为分子生物学而感到兴奋，就像当年他因量子力学而兴奋一样，他会非常期待将之数学化。"有趣的是，约翰尼唯一的孙辈现在是哈佛医学院的分子生物学家。

我的猜测是，约翰尼一旦完成了艾森豪威尔政府时期军事威慑论的现代化，他会回过头来参与其他学科的数学化。实践证明，数学是引导物理学发展的有益工具。令人感到沉重的是，还没有什么人把精神病学以及模仿人类学习过程这类活动数学化为值得人尊敬的学科。约翰尼担心，在他的同行们中间，只有极少数人能够在自己的学科里（如经济学）证明事物总是由此及彼的。

约翰尼在临终的病榻上所著的《计算机与人脑》(*The Computer and the Brain*)一书，表述了这样的疑虑：我们做不到这一点，因为数学的门类还不够丰富。约翰尼一直认为数学是一种过于专业的语言，他可以立即理解数学，就像他可以立即理解英语和德语一样；但是在他谈论数学时，听众一副懵懂的表情，就如同他在讲日语一样，这令他非常沮丧。约翰尼认为，很明显，我们使用的语言是历史的偶然，这一点从语言的多样性就看得出来。"希腊语或者梵语是历史事实，而并非绝对必要；同样，逻辑学和数学也是历史的、偶然的表达方式。"他认为："我们谈论数学时，可能讨论的是一种第二语言，它的基础是中央神经系统实际使用的主语言。"约翰尼正是在试图探索这种主语言以及源于此主语言的第二语言时，离开了人世。

约翰尼穷其一生寻找新的概念和新的标志法以增强人类对科学革命的推动力。他曾希望他的计算机可以在这些方面有所作为。他知道现时的那些学科的教授们可能会相当恼火。当和摩根斯坦(Oskar Morgenstern）合著《博弈论与经济行为》(The Theory of Games and Economic Behavior，简称《博弈论》)一书时，约翰尼因人们对现代经济学的"无知"大为不悦，甚至有点粗鲁无礼（这对于他来说倒很少见）。他嗤笑道："经济学所使用的术语模糊不清，导致数学的介入全然无望，因为没人知道问题究竟是什么。"他发现经济学和其他大部分社会科学还不如17世纪的物理学——后来，上帝说"让牛顿去吧"，于是有了力学、科学革命与工业革命。

牛顿给物理学的数学化带来了突破。约翰尼说："微积分的发现与这种突破是不可分割的。因而，有理由期待——或担心，只有在数学上取得相当于微积分的发现，才有可能在这一领域（经济学及其他社会科学）取得决定性的成功……把物理学中游刃有余的一些把戏重复应用到社会现象之中，看起来似乎并不可行。"他曾乐观地告诉其他听众："假如可以整合量子理论的一些适用公式，那么许多化学知识都可以从实验室领域转移到数学领域。"有可能的是，在约翰尼逝世后的35年间，软件的进步没有预期的那么大；但是得益于芯片制造的奇迹，计算机硬件的品质得以提高，价格下降且体积变小，所有这些都远远超出了他的梦想。1957年，在约翰尼去世时，世界上最先进的计算机也有一间房子那么大，计算功能还不如一台1992年的智能袖珍计算器（约250美元一只）。要知道，约翰尼正是用相当于袖珍计算器的计算机，计划着控制全球天气和作出其他的伟绩。

更接近约翰尼本人的研究领域的是当时（20世纪50年代早期）物理学中亟待解决的非线性偏微分方程（PDEs）。这些方程真的很棘手，所有其他因子会随着你试着解方程的进程而变化。就好像你试着走出迷宫，可是每往前走一步，墙就会重新排列。这些方程，在流体动力学——研究气体（如空气）和液体（如水）运动时所发生的奇特现象的学科——中尤其重要。

约翰尼在这些领域钻研得很深入,但这丝毫没有妨碍他成为美国1941—1943年战争阶段常规炸药的顶级专家。他注意到支配流体动力学的非线性方程中物理学和数学的常规现象。他很兴奋,因为那里出现的模式可以控制从空气动力学到核聚变和飓风的诸多领域。在约翰尼的设想中,以计算机为工具,花上比以前更多的数万次的分析,就可以使这些科学问题得以系统地解决。

在空气动力学中,约翰尼的想法被证实是正确的。现在,用计算机设计新型航空器或者载人火箭登上月球已经完全可行,我们不必牺牲很多试飞员去搞明白飞行速度超过声速时情况到底会怎样。其他领域的设计和建造情况也是如此。但是约翰尼晚年的著述至少在两个问题上激怒了相关的现代专家——气象学家和核聚变研究人员。约翰尼认为,20世纪50年代以后不久,气象学就应该可以取得长足进展,并开始控制天气而不仅仅是预报天气。依照他的构想,人类可以发现一种可控的核聚变。"在几十年之后"释放物质中储存的能量("元素的嬗变是点金术式的而不是化学的")将给人类提供一种新型的像"无限量的空气"一样免费的能量。

约翰尼在哀叹全球变暖成为时尚之前早就预见到,在他们这一代后不久,燃烧煤和石油释放的二氧化碳将"使地球的温度提高0.5℃"。这种增长也可能呈几何级数的,"如果气温再增高8℃,格陵兰岛和南极的冰块就可能融化",造成洪水泛滥和副热带气候的蔓延。并非出于赶时髦而更多地出于担忧,他计算出,如果1883年喀拉喀托火山喷发释放的灰尘在大气同温层滞留15年(而不是实际上的3年),火山灰将反射太阳光,地球温度可能会足足下降3℃。约翰尼注意到:"上一个冰河时期,一半北美洲、全部北欧和西欧都被冰块所覆盖,就像现在的格陵兰岛和南极那样,那时的气温仅比现在低8℃。"地球上会有更多的喀拉喀托火山喷发,尽管没人说得清会在何时何地。在我们使用计算机又过了40个年头后,收效却仍然甚微。约翰尼若在世,又要忧心忡忡了。

这就是约翰尼,在20世纪50年代就对温室效应以及潜在的喀拉喀托火山喷发等诸多有趣的思想作出反应;但他并不对此感到绝望,而是下定决心要让它们为人类所用。他常常会建议一些项目以把握机会,并为此激动不已,如给冰盖涂上另外一种颜色。约翰尼分析:"大面积的冰地存在的原因不仅在于冰反射太阳能,冰辐射地球能量的速度较之一般土壤也更快。在冰的表面或上方的大气层喷洒一层层有色的微小物质就可以阻止反射—辐射过程,溶解冰块并改变当地的气候。"他认为,到20世纪90年代,人类应当可以着手去做这样的事情:把每一个冰岛都变成夏威夷或许还不行,但是只要把握机会,"暂时性的侵扰——包括构成中纬度冬天典型气候的极地冷空气入侵和热带风暴(飓风)——就可能得以修正,或者至少可以来势不那么凶猛"。现代科学家会说这种尝试非常不负责任,但是约翰尼可能会赞成在计算机上试验,探究我们可以做到什么程度和其中的原因。约翰尼预见到可怕的气候战的诸多形式(苏联可能会加速北美地区冰河时期的到来)以及诸如此类的问题,但是他没有预见到计算上的困难。

如果约翰尼在世的话,看到计算机数量激增和能力提高,一定会倍感欣慰。他一定会惊诧于计算机的广泛应用,但也会对计算机的使用并没有在科学上取得更大的成就感到沮丧。引用他的女儿、杰出的经济学家玛丽娜·冯·诺伊曼·惠特曼(Marina von Neumann Whitman)博士的话说:"如果我父亲被告知,我所在的公司——通用汽车公司——每年生产和使用数百万台计算机(公司每年生产的约800万辆汽车中,每一辆都有几台计算机,还不包括工厂和办公室使用的计算机),我相信他一定会大吃一惊。成年人因为电子游戏带坏了青少年而指斥计算机,然而这可能会使他感到有趣,甚至窃喜,因为他个性中有童真、嬉戏的一面。"

笔者对此有另外一番猜想，约翰尼在震惊之余，一定会像以前一样夜以继日地工作；因为许多研究者，即使是精密科学的研究者，也都还没将统计学有条理地应用到他们的模型中，而那些非精密学科（包括经济学和罗马俱乐部类的生态学）所使用的数学模型糟糕透顶得只能产出垃圾。他会担心，有人利用计算机来备份复制带有个人感情色彩的观点，而不是发现事实。但是他也会希望计算机帮助人类与悲观主义和绝望情绪作斗争，他认为这两样是科学上的犯罪。

约翰尼去世后，狡黠的数学界有这样一些论调：实际问题要比计算机发明之前的数学家想象的复杂得多；北京的蝴蝶扇动一下翅膀，就可能影响纽约下个月的暴风雨的态势；优美的混沌主宰着那些老式算法假定有序的地方。从9岁起，约翰尼就倾其一生见他人所未见，于混乱中建立秩序。他会算出一个函数方程式，创立一种新型的语言，并偶尔升级至混沌，以显示那些蝴蝶的翅膀在何处以及如何颤动。天气预报员只做天气概况预报而不做准确预报，约翰尼乐于看到这种状况越来越少。有人看到深不可测的必然和美丽，也有人发现这种所谓的必然和美丽是不合理的，因而需要加以改变。这种分化是2500年来数学家之间常见的分化，或许也是一种循环。

E·T·贝尔（E. T. Bell）——一位了不起的数学史学家，在约翰尼以及现代混沌理论家尚不为人所知的时候就论述说："从人类早期开始，我们就遇见了这样明显对立的两种类型。一种是因为脚下的大地震动而小心翼翼、踯躅不前；另外一种是勇敢的开拓者，他们会越过深谷，到另一端寻找宝藏和相对的安全。"*在贝尔看来，埃利亚的芝诺（Zeno of Elea，公元前494—公元前435）就是古希腊人中小心翼翼、拒绝飞跃的

---

* 参见《数学大师》，E·T·贝尔著，徐源译，宋蜀碧校，上海科技教育出版社，2012年。——译者

典型。芝诺担心亚里士多德的数学论证会证明大力神阿基里斯（Achilles）永远不能超过一只先于他出发的乌龟。因为阿基里斯必须先到达乌龟的出发地点，当他到达那里时，乌龟已经离开，领先位于 A 处；而当阿基里斯到达 A 处时，乌龟又已动身离开，依然领先；如此类推……约翰尼真的很疑惑，像芝诺这样有头脑的人居然看不出 1, 1/2, 1/4 这样的无穷数列相加得到的和是个有限量，乌龟所在的位置也是。

贝尔所说的像约翰尼那样勇于越过深谷的古希腊数学家是阿基米德（Archimedes，公元前 287—公元前 212）。阿基米德计算出圆周率 π 的值，发现了流体静力学，差一点就发现了微积分。在那一代数学家中，阿基米德作出的贡献超出了约翰尼之于我们。阿基米德用他的巨型弩炮发射每枚重量超过 0.25 吨的石弹，摧毁了罗马人的舰队。和约翰尼一样，阿基米德在生命结束时，是一位用数学为自己的祖国制造军械的大师。

小心翼翼者和敢于跨越的勇士我们都需要，但勇士更为重要。纵观历史，贝尔认为，小心谨慎的人"尽管很少犯错，然而发现的真理也同样少得可怜"；"总体来说"，像阿基米德和约翰尼那样有胆识的人已然"发现了许多数学和理性思维最有趣的问题，尽管可能有人会对某些发现提出非建设性的批评"。对于约翰尼来说，这样的评价是公正的，同时也证实了为什么我们需要更多像他那样的人。情况确实如此：约翰尼作出了许多对理性思维意义重大的发现，尽管可能有人会对有些发现提出非建设性的批评。

令人高兴的是，培养出更多像约翰尼这样的人是绝对有可能的，尽管人们还没有充分意识到这一点。因为像约翰尼这样的人才，所需的不过是一支钢笔、一张纸而已。如果世上出现更多的约翰尼，人类将会很快实现物质繁荣，而且代价很小。有人问约翰尼在普林斯顿的同事爱因斯坦（Albert Einstein）："你的实验室在哪里？"他指指自己的脑袋；"你那些昂贵的设备在哪里？"他挥了挥手中的自来水钢笔。在这一点上，约翰尼和他的同事爱因斯坦很相像。尽管（参见后文）一些人回想起1945—1956年时会说，他的温和、慷慨、喜欢做梦确实像爱因斯坦，不过还好他们在政治观点上迥然不同。爱因斯坦的梦想使他更加接近宇宙，这些梦想的伟大之处在于，它所闪现出的非理性直觉的火花改变了科学进程的方向。约翰尼对此既羡慕又嫉妒，因为他自己永远无法做到非理性。

约翰尼的助手豪尔莫什（Paul Halmos）说："对于冯·诺伊曼来说，不论是思想还是表达，都似乎无法不清清楚楚。"尽管"我们都可以在某些时候或多或少地清晰地思考，然而不论何时，冯·诺伊曼的思路都远远比我们的清晰"。当豪尔莫什把一些科学家比作G小调赋格曲的创作者时，脑子里很有可能想的是爱因斯坦。随后他又加了一句话，而"伟大的冯·诺伊曼使全人类受益"。

仅属人类才具有的一大优势是，人类可以从婴儿期就开始培养约翰尼这样的人。本月出生的几百万婴儿，可能没有一个人能够成长为爱因斯坦或伟大的G小调赋格曲的创作者；然而从基因角度来讲，一定会有人能做到像约翰尼那样高度专注、充满智慧、头脑灵活地进行思考。

遗憾的是，能像约翰尼那样利用业余时间同时发明计算机并拥有其他诸多成就的人寥寥无几。因为各种各样的事故或误导会妨碍他们的成长。某些误导可能源于父母、学校、青少年时期自信心受挫以及成年后遭受的来自老板、配偶或朋友的遏制。对于这类大脑的运转状况并没有足够的研究，因此不论是他们本人还是周遭的人都不太知晓如何应对他们独特的（因而也是具有争议性的）所思或所讲。

本书研究的是一个平衡力特别好的人——一个并非雄心勃勃，也没花钱改善公共关系的人——如何不声不响地成为20世纪最伟大的数学家。约翰尼的头脑形成于4个疾风骤雨的时代,他成功地经历了1903—1921年匈牙利的战败时期、20世纪20年代德国的魏玛时期、20世纪30年代普林斯顿的经济大萧条时期、20世纪40年代及50年代华盛顿的热战和冷战时期。

第一个阶段,布达佩斯。我们发现,约翰尼经历的家教正是天才所需要的(很成功也很宽松,而且相当融洽、快活)。约翰尼所接受的20世纪早期匈牙利式的教育是当时世界上最为先进的教育体系(关于这一点本书将会进一步论证)。1945年后日本的教育便是照搬匈牙利的一套。不仅如此,由于匈牙利是1914—1918年第一次世界大战的战败国,因而失去了三分之二的领土和战前的经济繁荣,还爆发了共产主义革命。在约翰尼15岁时,一位原本反犹的海军上将*骑着一匹白马闯入了这个内陆国家的首都,并开始了他长期的统治。如果约翰尼不离开他的祖国,或许就不会有什么大作为了;他还得用三种不同的常用语言进行深邃的思考(一般人想到这一点就害怕)。

作为一个知名的犹太人,在井然有序的魏玛时代的德国,约翰尼在优异的学术氛围中——学术同行几乎每个月都能作出科学上的突破——度过了人生中又一个10年。然而,在德国他真切地感受到民族疯狂和大屠杀的迫近。

1929年的股市崩盘引发了20世纪30年代的经济大萧条,此时,约翰尼接受了美国的邀请。他的同伴,几乎是乘下一班船紧随其后来到美国的维格纳说,约翰尼"第一天就爱上了美国,他认为美国人很理性,不像其他民族那样墨守那些毫无意义的陈规。在某种程度上,约翰尼甚至喜欢美国比欧洲更甚的物质主义"。喜欢物质上的财富,可能是智

---

* 霍尔蒂·米克洛什(Horthy Miklós,1868—1957),1919年11月进驻布达佩斯,1920年3月掌握匈牙利政权,1944年10月下台。——译者

慧的头脑(约翰尼就是这样的人)的共同特点,尽管圣人(约翰尼不是圣人)不爱财。

在去世前的10年里,约翰尼理智地计算到,斯大林已然从约翰尼身边的间谍那里得到了他参与研发原子弹的秘密,并很有可能利用原子弹毁灭地球或奴役全人类,只有坚决的威慑才可以阻止斯大林。约翰尼出手阻止了这场毁灭,他采取行动时果敢、冷静、智慧,却也因此得罪了许多神经敏感的科学家。

本书有两个问题:一是有可能得罪各界的学者,论聪明才智,他们可能比约翰尼略为逊色,但比起你我这样的普通人来要强得多;二是可能对约翰尼有过多的溢美之词。对于第一个问题,除了对这世界的半边天——女性之外,约翰尼本人对每一个人都彬彬有礼,甚至有点过分。尽管他彬彬有礼,但在他已经是50岁的胖老头时,还忍不住盯着年轻女人的美腿。很多人都要同情他那两位长期忍受这种状况的妻子。为了避免写上过多的溢美之词,我们假想一下,如果约翰尼读了就有可能会叫"Nebbitch two!""Nebbitch"是意第绪语中"nebbish"的冯氏拼写法,意思大约是"那是个失败者!"一些科学上十分自负的论断,其结果却使人走入误区。约翰尼没事时就给这些论断按谬误程度排序,"失败者一号"、"失败者二号"、"失败者三号"、"失败者四号"(最差的一个),这些失败者中也包括约翰尼反思时发现的他本人所犯的一些错误;这样的休闲或许有点令人丧气,但确实也有它的意义。

令人惊奇的是,约翰尼没有虚荣心。在数学界,许多顶级数学家,甚至包括艾萨克·牛顿爵士(Sir Isaac Newton, 1642—1727)在内,都像孔雀那样虚荣到不可救药。牛顿在青年时期一直都在否认他剽窃过任何人的任何成果(尽管他幸运地剽窃过)。中年时,他又曾成立所谓公正委员会(委员会报告是他自己撰写的),该报告错误地宣布莱布尼茨(Gottfried Wilhelm von Leibniz, 1646—1716)剽窃了牛顿所有的成果。

实际上，牛顿只是有一些导致莱布尼茨发现微积分的想法，却从未发表，更谈不上莱布尼茨拜读过它们了。

与之相反的是，约翰尼不论从谁那里借鉴了（我们肯定不能说是剽窃）任何成果，都会非常客气和自信。他的头脑尽管不像莱布尼茨、牛顿、爱因斯坦那样具有独创性，但是他可以抓住别人原创的思想（尽管还很肤浅）并很快对它们进行详细的拓展，使之为学术界、为人类所用。他正确地认为这是聪明人的职责和伟大的乐趣；他并不担心自己在大众的心里或报纸上（对于报纸，有时他似乎怀着某种普鲁士人的蔑视）未能名至实归。同样是每天24小时，约翰尼却作出了超过24小时的工作，其中一种职业方式是对合作者的项目进行枯燥乏味的研究；他总是激励合作者说，他们将会通过拓展自己的想法而成名。

一个奇怪的结果是，约翰尼和那些骄傲的二流同事合作作出的贡献往往受到贬抑。相反，当他影响到和他智力水准相近的顶尖人物时，他们就会赞不绝口。一位诺贝尔经济学奖得主这样写道："约翰尼·冯·诺伊曼是无与伦比的，他不过在经济学领域蜻蜓点水，其后，这一领域便今非昔比了。"1983年，另外一位经济学教授写道，冯·诺伊曼所著的是"迄今为止最伟大的数理经济学论文"。令这位经济学家的众多同行感到吃惊的是，直到1983年他们还未真正拜读过这篇论文。

一次在伦敦举行的哲学教授和讲师的研讨会上，我以约翰尼为题发言，阿姆斯特丹大学哲学教授多林（John Dorling）提出的第一个问题令在场的所有人都很惊奇。他问，约翰尼是否认为自己是一个哲学家，因为我们完全有理由认为他是本世纪最全面的一位哲学家。"在大约6个哲学领域中，冯·诺伊曼都作出了相当大的贡献……把一些模糊的问题用数学语言精确地阐述了出来。本世纪也有一些知名的哲学家作出过类似的贡献，不过谁都没有达到6个领域之多。"1990年，一位35岁的教授告诉我："在所有教过我的教授中，只有冯·诺伊曼让我对数学不再恐惧。"

20世纪50年代因探索太阳和恒星的能量而荣获诺贝尔奖的物理学家贝特（Hans Bethe），是约翰尼在洛斯阿拉莫斯的前辈。贝特曾经很奇怪："冯·诺伊曼这样的大脑是不是意味着存在比人类更高一级的生物物种。"来自普林斯顿的回答说：必须承认，约翰尼不是人，而是半人半神，"这个半人半神仔细地研究了人类，并能够完全模仿他"。另外一位诺贝尔奖获得者维格纳12岁时在布达佩斯与11岁的约翰尼一起念过书，从那时起他对约翰尼就怀有自卑情结。星期天下午一起散步时，11岁的约翰尼教他集合论。

这一切听起来让人觉得约翰尼是教授中的教授。美国科学院在约翰尼谢世前夕问过他，在他看来，他的最伟大的三个成就是什么；约翰尼的回答让人对此略见端倪。记住，当时人们把约翰尼视作现代数字计算机、数值气象学的主要幕后策划者。他是美国威慑计划的协调员，促使苏联从斯大林主义转变到赫鲁晓夫主义。他被一些人认为是世界上最有成果的聪明人。

约翰尼回答说，他认为他最重要的贡献是希尔伯特空间自伴算子理论、量子论的数学基础和遍历性定理。读者朋友如果反问一声"啊？"是可以理解的。不论是约翰尼故事的作者还是读者首先面临的问题是恐惧，然后是震动和极大的乐趣。这样的天才令人恐惧的地方首先在于，大约只有300人明白他们到底在讲些什么。一开始明白阿基米德的人不过几百人，即在古希腊听力所及的范围内一切受过良好教育的人。20世纪20年代早期，当本科生约翰尼撰写他的论文《浅谈超穷序数》(Toward the Introduction of Transfinite Ordinal Numbers)和《集合论公理化》(An Axiomatization of Set Theory)时，知其所云的不超过300人，即比他年长的、震惊的、有时还心怀愤懑的数学同行们。

从20世纪20年代直到约翰尼去世,这种情形越来越严重,使他忧心忡忡。约翰尼在去世的那一年感叹道:"在20世纪20年代,一个数学家能够掌握所有的数学知识,然而现在不行了。"有人问他:"一个人最多可能掌握多少数学知识呢?"约翰尼进入他典型的恍惚状态,10秒后答道:"大约28%。"

这个回答对约翰尼本人来说可能并不公平。诚然,现在每年各类数学出版物上刊登着数以千计的定理(比1955年还多),没有哪一个数学家可以随时更新自己的知识。但是,约翰尼运用超人的技巧从洋洋万言中挑选出奇异的、因而也会是有趣的著述。约翰尼对一些早该作出(或者已经作出)的发现十分厌倦。在有些人的讲座中,礼貌地嘟囔"失败"(当然别人听不到)之后,他有时会不顾礼节打着呼噜睡去。可是,一旦发现有趣的数学观点,他会饿虎扑食一般把握住,并把它们捶打成型。在数学以外的领域,约翰尼能抓住更令人称奇的观点,并把它发展得更为详细。

现在,大部分人认为约翰尼是一个右翼共和党人。其实,在每一次总统选举中,他和大多数美国人一样,把票投给了罗斯福(F. Roosevelt)和杜鲁门以及1952年的艾森豪威尔。因此,对于他的一项指控,即他是一个战争贩子、军事权威的马屁精——一个在1945—1953年叫嚣反苏防御战的人(其实如果大战发生,世界会毁灭),现在可以有一辩了。真实的情况是,约翰尼毕生支持人类自由,无悔地坚持冷静的逻辑。

约翰尼是一个欧洲犹太人,在美国落地生根。在20世纪30年代,他就预见到一场惨绝人寰的大屠杀。在柏林的生活使他预知会发生什么。在希特勒(A. Hitler)1933年就职之际,约翰尼写道,"如果这些家伙[指纳粹分子]长时间得势,不幸的是,这种可能性极大",后果将会不堪设想。到了20世纪30年代后期,他给匈牙利的欧尔特沃伊(Rudolf Ortvay)的信中写道:欧洲将发生战争,被德国一方抓获的犹太人将面临可怕的命运,就像1916年惨遭土耳其人屠杀的亚美尼亚人一样。

在1941—1945年,约翰尼对朋友说的话就是1954年他对格雷委员会的公开声明。他认为,作为自由世界的领导者,美国"参与到一场三角战争中,我们的两个劲敌[德国和苏联]正在鹬蚌相争,我们可以坐收渔利"。早在1939—1940年,约翰尼就曾预言他所了解的德国将会很快征服他曾经去讲学的孱弱的法国。

这类言论使约翰尼遭到当时盲目相信西欧和苏联的一些人的排斥。而更有思想的一些人赋予他未卜先知的美名,这些人中就有美国的政治军事领导人。约翰尼很高兴被他们挑中。他喜欢"直升机落在他家草坪上时发出的声音"。他对官场有一种德国式的崇拜。他在改造气象学时,一位同事指责他"对美国气象局表现出的态度几乎是过于尊敬"。

有一次,约翰尼的未卜先知出了错。他认为1945—1953年美苏之间最终极有可能发生战争;还好,他错了。约翰尼认为,他有责任想出办法让他的美国和这个星球的其他地方在这场浩劫中幸免于难。

很明显,约翰尼参与"秘密设计,令人心痛地投掷"的原子弹,其杀伤力将会很快扩大至投至广岛的那一颗的几千倍。约翰尼猜到洛斯阿拉莫斯的充满幻想的左派正在谋划些什么。富克斯(Klaus Fuchs)[*]出于真诚的理想主义想方设法把原子弹的秘密交给斯大林。可惜,他不堪此任,败坏了自己的名声;他常常在睡觉前酩酊大醉借酒撒疯,居然因医生对这种越来越糟的状况无能为力而要干掉他们。对于间谍,约翰尼并不像大多数了解斯大林的人那样神经过敏。他认为苏联人迟早会发现原子弹的秘密其实很简单,受过教育的人都会研制出来。

---

[*] 参见《鹰首飞狮——"二战"中最大的间谍英雄》,阿诺德·克拉米什著,高蕴华译,上海科技教育出版社,2008年。——译者

因为存在这种可怕的风险,约翰尼转而思考面对它的方法。1945—1949年,苏联在欧洲大陆强行扩张。在这段时期,约翰尼确实宣称总有一天美国要对斯大林说"到此为止";大家纷纷表示赞同。他还认为这话要趁早说,在苏联还没有原子弹之前(他推测苏联很快就会发现原子弹的秘密)就开口。

这种观点被解释成约翰尼主张对苏联先发制人。遍寻他的论文,我没有发现这种企图的任何暗示,尽管很多诚实的人认为他的确如此。在前艾森豪威尔时期(1952年之前),约翰尼对政府行动并没有太大影响,但和鹰派似乎颇有默契。在他受邀加入政府内部顾问班子时,对抗苏联已经成为美国的外交政策。在那些内部顾问中,约翰尼所扮演的并非鹰的角色,而是一只猫头鹰的角色,当然猫头鹰也要亮亮它的爪子。

一种可能是,假如和苏联的战争是不可避免的,那么美国究竟是打常规战争还是首先采用核攻击。约翰尼勇敢地想到这个问题,他还运用数学冷静地算出,首先采用什么样的武器最有成效。另一种可能是,苏联人可能会小心筹备首先发动攻击,在这种情况下,美国必须有能力进行一场具有相当破坏性的反击。正因为这个原因,约翰尼和特勒(Edward Teller)以及其他人一道,敦促并参与研发热核弹。他还冷静地运用数学方法计算出如何使用这种武器最有效。他也很清楚需要什么方能把自己的主张坚持下去。

1938年,当希特勒告诉他的将军们他想发动一场战争时,只有几个人表示反对;其余的人都在算计,法国很弱,德国人会旗开得胜(在某种程度上他们的想法符合逻辑)。如果他们知道有一种核武器正在瞄准他们,并能在开战的几分钟内将他们消灭,他们的反应会大不相同。1945年之后,约翰尼在每一次讲话中都会强调,苏联的最高决策者应该对此十分清楚。1957年约翰尼逝世时,斯大林已经去世4年了,在赫鲁晓夫（N. S. Khrushchov）*的领导下，苏联的境况改善了许多。

在拯救我们的人当中，约翰尼是思想最深刻的人物之一。

许多和约翰尼一样的科学家宣扬的政策表明，他们并不了解当时自由是多么脆弱，也不了解苏联前仆后继取得进步的本质是什么。科学家同行中的和平主义令约翰尼很苦恼，因为和他的鹰派盟友相比，持近似和平主张的大多数人都是好人。约翰尼并不和对苏联持绥靖主张的人争辩，这正表现出他的特点：不喜欢和人争辩。向他征询意见的人，会得到他的帮助；不理会他的人，他也不会与之争吵。

这使约翰尼这个委员会主席开始时当得并不成功。听上去有可能令人费解，在约翰尼生命最后的3年里，有些人把他视为艾森豪威尔政府最好的委员会主席。当他可以自己挑选委员会成员时，他才得心应手起来。这时，他才可以设定非常具体的问题——如，为了能够进行有效的威慑，我们需要多重的爆破能量？我们可否用火箭运送？他使讨论始终围绕这些具体的事实。斯特劳斯说："他有一种非常宝贵的能力，能够抓住最困难的问题，把它分解开来，所有的问题一下子变得非常简单。我们都奇怪怎么自己没能如此清晰地看穿问题得出答案。"在别人挑选成员、他做主席时，委员会的方向就没有那么明确；在你一言我一语的争论中，约翰尼又过于害羞，不好意思出面反驳他们——尤其是当开诚布公会伤害到别人的自尊心时。

人们通常把这种性格称作软弱的性格，但事实真的如此吗？历史学家劳拉·费米（Laura Fermi）——恩里科·费米（Enrico Fermi）**（与约

---

* 原文误为拉夫连季·贝利亚（Lavrenty Beria, 1899—1953）。贝利亚是苏联政治家，是斯大林清洗计划的主要执行者，第二次世界大战后被斯大林晋升为军事元帅。第二次世界大战之后到斯大林逝世之前，他是苏联实际上的二号人物，但之后在争夺斯大林继承权的斗争中失败。——译者

** 恩里科·费米（1901—1954），出生于意大利的美籍物理学家，因发现中子辐射产生新放射性元素而获得1938年诺贝尔奖。——译者

翰尼意见不一致,他反对研发热核弹)的妻子写道:当年在如何避免毁灭世界的这场争论中,参与的科学家没有几个人不挨骂的,"冯·诺伊曼博士是我没有听到过任何批评的极少数人之一。那么多沉着冷静的人、那么多知识分子会聚集在一个并无突出外表的人周围,这是令人惊讶的。"沉着冷静、默默无闻就是约翰尼埋头做事的方式之一。

约翰尼是20世纪举足轻重的人物,这一点已经说得够多了。他还是一个善良的人、一个忠诚的朋友和一位公民典范。在他辞世35年后,早该公正、分析地讲讲他的故事,传佳话于人间了。

◆ 第二章

布达佩斯优越的学前时光

1903—1914年

　　盛世出奇才。约翰尼出生于1903年,当时的布达佩斯经济迅速发展,即将孕育自意大利文艺复兴以来最优秀的一批科学家、作家、艺术家、音乐家,以及来自海外的大有作为的百万富翁。在1867—1913年的大部分时间里,布达佩斯是欧洲经济发展速度最快的地方。自给自足式的财阀统治(而不是自我质疑式的民主制度),暂时使民丰物阜。

　　在多瑙河下游一片歌舞升平之中,布达佩斯步入20世纪。在这个正在工业化的城市里,"依旧可以嗅到春天紫罗兰的气息"。到1900年,在多达600个供中产阶级消费的咖啡屋里,在完善的精英教育制度下,思想分外活跃。这是一个具有双重性的城市,在这里,(像约翰尼这样)聪明富裕的小男孩10岁前有来自世界各地的家庭女教师可供选择;10岁以后,(只要通过考试,交得起学费)至少有三所世界上最好的中学可读。在多瑙河对岸,"敞篷四轮马车上的妇女衣衫锦绣,她们的伯爵们身穿红色军装,头戴饰有羽毛的帽子,驰骋过布达佩斯古老而满目战争疮痍的山脉",任何中产阶级或者中上阶层的生活方式都令人羡慕。

　　大部分具有吸引力的中学都由教会主办。最成功的学者大多是犹太人。在生于1875—1905年的布达佩斯的6位诺贝尔奖得主中,有5位是犹太人;其中一位诺贝尔奖得主维格纳被问及为什么匈牙利在他这一代产生了那么多的天才时回答说,他不明白这个问题,那个时期的匈牙利只诞生了一位天才,就是冯·诺伊曼。

现代的匈牙利人不像维格纳那样谦虚,他们能够发现自己的许多同胞身上闪烁着天才的光芒。在本书的不同阶段,我们不得不岔开话头来说说,有那么多与约翰尼同时代的匈牙利人在数学、医学、技术、科学、音乐、艺术、娱乐、经济等方面改变了世界,尤其是美国。与此同时,我们还要记住,在区区布达佩斯中产阶级以及中上阶层的男性——仅在50年间且主要来自3所优秀的学校——中间,居然诞生了这么多改变世界的人!

这些最杰出的人中间有10位是自然科学家,其中3位的研究领域与约翰尼和维格纳不同:贝凯希(George Bekesy)研究内耳构造及功能,生理学家圣捷尔吉(A. Szent-Gyorgy)研究物理学和医学,诺贝尔奖获得者伽博(Dennis Gabor)是全息摄影学的先驱。其余7位在量子时代更是直接参与到数理物理学中。

这7人中有6个犹太人。以出生先后为序,这7人分别是:西奥多·冯·卡门(Theodore von Karman)(1893年就读于布达佩斯明塔学校),德·赫维西(George de Hevesy),波拉尼(Michael Polanyi),齐拉(Leo Szilard),维格纳,约翰尼,特勒(1918年就读于明塔学校)。20世纪30年代,当特勒来到美国时有人告诉他,时下传言,他以及和他一样的匈牙利人实际上并非生在匈牙利,他们其实来自火星,使命是统治美国科学。特勒显出一副忧虑的神情,说:"是冯·卡门说的吧!"

探究布达佩斯天才的一代——来自火星,会在布达佩斯和同时繁荣起来的纽约之间的三项对比中发现原因。两项对比表现出相同之处:国民经济繁荣高涨的自信和明智的自由移民制度。一项不同之处:匈牙利绝不是民主制度,半封建、半精英统治创造出纯粹为培养精英而存在的教育制度。

首先,我们要了解的是自信心问题。在1903年(约翰尼出生)前的35年中,布达佩斯是欧洲发展最快的大城市——仅次于可能是全世界范围内发展最快的城市纽约和芝加哥。1865年,纽约、芝加哥获得了信心,因为它们是美国南北战争战胜方最大的城市,它们的大草原盛产食物,它们的国家肯定会赶上并超过古老的欧洲。1867年,匈牙利同样急剧上升,从奥匈帝国赢得自主权,这个食物充裕的草原国家感觉能够赶上并超过古老的奥地利。实际上,匈牙利的自主权拜俾斯麦(Bismarck)所赐,此人在1866年与奥地利打了一场持续几个星期的战争,令奥地利蒙羞,但匈牙利人的感觉良好。

现在,我们没有欧洲在19世纪最后30年国民生产总值(gross national product,简称GNP)增长的可靠数据,但有一点很清楚,布达佩斯的GNP增长大约是最快的。根据历史学家约翰·卢卡奇(John Lukacs)的统计,匈牙利铁路货运量由1866年的3 000 000吨上升到1894年的275 000 000吨,客运量增加了将近17倍。1870—1900年,匈牙利的小麦产量增加了一倍多,其他谷物的亩产量和牲畜数目也是如此。匈牙利的出口也增加了两倍。在19世纪90年代,匈牙利是世界上最大的面粉加工地,直到明尼阿波利斯后来居上。在19世纪80年代,匈牙利一跃成为最大的面粉出口国,出口远至巴西等地。在约翰尼出生前后,匈牙利的制造业发展最快。布达佩斯的产业工人的数量由1896年的63 000名增至1910年的177 000名。

在1867年赢得自主权时,布达佩斯总人口为280 000人,这意味着它是欧洲第十七大城市。1903约翰尼出生时,布达佩斯的人口已超过800 000人,跃居欧洲第六大城市,前5位分别为伦敦、巴黎、柏林、维也纳和圣彼得堡;它一路超过了罗马、马德里、那不勒斯、汉堡、里斯本、利物浦、伯明翰、曼彻斯特、格拉斯哥、布鲁塞尔和阿姆斯特丹。1866—1905年,布达佩斯的人口增加了两倍;但由于它执行欧洲严格的城镇规划(绝大多数建筑物限高五层),它的建筑物数量只增加了一倍。

布达佩斯和纽约明显的区别在于,迅速发展的匈牙利不是民主制度。1906年,在约翰尼出生后不久的一次大选中,只有5%的匈牙利人参加选举。1871—1872年,布达佩斯由贵族统治转变成灵活的财阀统治,并通过立法宣布,布达佩斯400名城市众议员中半数应当是该城纳税人中纳税最高的前200名。这种财阀统治很快得以修正,并被指斥为最邪恶的统治。令我们这些民主人士尴尬的是,在短时间内它的效果出奇地好。

在一个繁荣的城市里,最高额的纳税人是逐步变革的力量。布达佩斯有一批民族主义者和一些城市新贵的父辈们,他们花钱纳税,希望布达佩斯变得比维也纳更有文化、更美丽。不得不承认,在1871—1910年,当一些审美家退缩时,这些富裕的城市新贵父辈,把城市建设成只有新贵、帝王、游客才会喜欢的样式。约翰尼出生时,布达佩斯拥有世界最大的议会建筑和欧洲最大的股票交易中心。经常无人居住的皇家宫殿居然还要扩建。1897年,德国皇帝威廉二世(Kaiser Wilhelm Ⅱ)来访时说,这座城市看上去繁荣兴盛,不过就是雕塑少了点。在其后的10年间,市议会几乎在每一个广场上都竖立起雕像。这些现代主义风格的雕塑,就像财阀政治雄心勃勃的卫士。

在19世纪90年代,布达佩斯人在安得拉斯大街(布达佩斯的香榭丽舍)的下面修建了欧洲第一条电力地铁。布达佩斯先于其他任何城市,用电车取代公共马车(同时彻底清除散布病菌的马粪)。1903年,横跨多瑙河的伊丽莎白大桥是当时世界上最长的单跨桥。尽管布达佩斯歌剧院比维也纳歌剧院少了200个位子,但其设计科学的音响效果却好得多。布达佩斯的夜间娱乐场所(类似夜总会和咖啡屋的混合体)呈现出巴黎的气息,咖啡屋也有浓郁的文化氛围。约翰·卢卡奇的著作《布达佩斯1900年》(*Budapest 1900*)生动地描绘了这样的气氛,也记述了上文提及的史实和数据。

最具文化气息的咖啡屋叫纽约咖啡屋（这也不足为奇），克鲁迪（Gyula Krudy）以它为视角，充满诗意地翻译出卢卡奇作品中描绘的布达佩斯：

> 在这里，剧院上演的舞蹈是最美的。混迹于人群中，即使是前一天刚刚出狱的人也会觉得自己是个绅士。医生的医术是高明的。律师是世界闻名的。即使是最小的出租房间也有浴缸，店主会翻新花样，警察保卫公共治安……路灯彻夜通明……就算去最远的地方，乘上电车1小时也能到达……剧院的杂志让女人们识文断字……售货女郎发誓说你的妻子是最美的女人，夜总会里的女孩礼貌地倾听你的政治主张……要是你和这个城市永别了，殡仪员会裂开嘴巴露出他的32枚金牙大哭。

克鲁迪宣称，即便是布达佩斯的妓女也"既漂亮又年轻，完全可以当上柏林的公主"。除了一些自由职业的和在夜间娱乐场所活动的妓女外，还有一些被选进定期体检的妓院，正是她们制造了英国下议院丑闻。1907年，一组英国议员受邀到布达佩斯，目的是对匈牙利的财阀政治作正面报道。有些议员以为去最好的妓院消遣消遣自然也由东道主埋单。妓院老板没拿到钱，一气之下曝光了账单，议员们的妻子实在郁闷，媒体可幸灾乐祸了。

布达佩斯纽约咖啡屋充满激情的作家中，有许多人在政治观点和浪漫主义写作手法上是狄更斯式的富于同情心的左派。人们认为，在1867—1913年匈牙利的统治体系下——贵族统治农村，财阀和部分贵族统治布达佩斯——穷人饱受压迫这种看法是历史的、明智的。

布达佩斯的情况与农村不同，数据（多数来自约翰·卢卡奇）并没有证明这一点。1869—1900年，布达佩斯的新生儿死亡率下降了一半，尽管维也纳拥有著名的医生，但布达佩斯的婴儿相比之下更健康。布达佩斯的文盲率下降到10%以下，但是直至1910年，匈牙利农村的罗马尼亚人和卢西尼亚人中文盲率还接近70%。布达佩斯的犯罪率、贫困地区火灾和居民病死率极低，1867—1913年带动东欧可怜的平均水准直追较好的西欧。布达佩斯的劳动阶层吃得也比维也纳的劳动阶层强，这一点在奥匈帝国时期当1914—1918年第一次世界大战末期维也纳人忍饥挨饿时煽动起强烈的情绪。1900年，布达佩斯的外国人议论说，普通民众的衣着都达到正式甚至高贵的水准。

布达佩斯不和谐的音符在于日益严重的阶层体系。在19世纪末期，布达佩斯普通的中产阶级家庭雇用的仆人是维也纳类似家庭的两倍，是柏林的三倍。有数据显示，在1910年，如果布达佩斯的一个家庭租得起三间以上的公寓，他们就会雇一个女佣。势利之风蔓延到每一个阶级，不过还算体面，这是布达佩斯和纽约的第二个也是最惊人的相似之处。

1870—1914年，布达佩斯和纽约是世界上聪明的犹太人选择迁居的两大城市。在这两个城市里——其他地方很少这样，犹太人只要聪明能干就可以有钱、有地位。在布达佩斯，犹太人很快成为专业人士（医生、律师）和商人。

犹太移民的品质非常适合1890—1914年企业家革命时期的布达佩斯，就如同东亚移民的品质适合20世纪90年代的布达佩斯。不论是1890年的犹太人还是1990年的东亚人，他们都重视家庭团结、肯动脑子、渴望受到良好的教育、不愿给移居地添麻烦、不热衷政治、不会为过上最体面的生活而形成特殊阶层，而是积极努力地抓住机会。到1903年，布达佩斯的第二代和第三代犹太人变身为成熟世故、热爱音乐和美术、温和、幽默、文明、富裕的中产阶级，和纽约的犹太人很相像——不同的只是有仆人照顾,这一点本书以后还要讨论。

约翰尼正是出生在这样幸运的一个家庭和社会。

1903年圣诞节过后的第三天,约翰尼出世了;他是家里的第一个男孩,父亲是诺伊曼·米克绍(Neumann Miksa),母亲原名是卡恩·玛吉特(Kann Margit)。实际情况可能并不像我们说的那样清楚明白。匈牙利语习惯姓在名前。匈牙利人的姓名转化成其他语言并不简单。米克绍可能变成马克西米利安(Maximilian),有时也会是马克斯(Max),但是同龄好友叫他马克西(Maxi)——和匈牙利语最接近。玛吉特很显然就是玛格丽特(Margaret),熟人可能叫她吉塔(Gitta),丈夫和儿子叫她吉塔诗(Gittush),这两种称呼在发音上而不是在意义上更接近吉蒂(Kitty)。因为本书不是一本匈牙利语著作,所以我们说约翰尼是马克斯·诺伊曼和玛格丽特·卡恩的儿子。

马克斯(生于1870年)在19世纪80年代末从现位于南斯拉夫边境的佩奇小镇迁到布达佩斯。那是一个古老的罗马小镇,1990年在欧洲的电视荧屏上亮相了1小时。因为当地足球队出人意料地赢得了匈牙利预选赛并取得与曼联队比赛的资格。

马克斯温文尔雅,是至少历经四代的、非开拓性的匈牙利犹太人,他在天主教会——很可能是西多会——开办的乡下中学(匈牙利最好的高中之一)受过经典的教育。他非常适应世纪末的奥匈帝国;实际上,在任何时代,他都会是一个活泼的知识分子。每逢聚会,他都会或根据最新的个人生活状况和生意好坏,或根据国内国际政治创作出两段歌词,配上施特劳斯(Strauss)和舒伯特(Schubert)轻快的曲子或出于反讽配上德国进行曲,唱上一段。他们就像爱德华·李尔(Edward Lear)*

---

* 爱德华·李尔(1812—1888),英国画家、作家,以写 literary nonsense 著称。——译者

和蒙蒂·派松(Monty Python)*一样,放肆而颇有点曲高和寡的感觉。

马克斯轻松通过律师考试(实际上成了法学博士),为一家银行做律师,事业颇为发达。他广交朋友,和另一位与他年龄相仿的法学博士奥尔丘蒂(August Alcsuti)尤其要好,此人后来成了他的连襟。奥尔丘蒂比马克斯家境殷实,他在布达佩斯最好的中学(明塔或"模范"学校)受过教育,那里的学费相当昂贵。他和马克斯一样喜欢沉思(他也是第一个叫马克斯为马克西的人),精力充沛,会为我们的故事增添几个有趣的转折。

首先,奥尔丘蒂是一名法官。实际上,他最终成为布达佩斯上诉法庭的大法官。有能力的律师认为奥尔丘蒂完全有可能成为匈牙利的司法部长,但20世纪30年代的匈牙利政府不喜欢他的犹太人脉关系。纳粹时期他被迫退休,活了下来。后来,匈牙利政府把他划定为人民公敌,一分不剩地剥夺了他的养老金。幸好他的女儿帮他离开匈牙利去了美国,1963年他作为美国公民去世,享年92岁。奥尔丘蒂比约翰尼长寿,看到这位外甥成就辉煌、享誉国际。但是,奥尔丘蒂到死都坚持认为约翰尼的父亲马克斯才是他见过的最聪明的人。奥尔丘蒂的女儿认为,父亲可能没把约翰尼算在内("我们都知道约翰尼是个天才,天才不能算作凡人"),但19世纪90年代蓝色多瑙河边智慧的马克斯给他所有的同龄人留下了深刻的印象。很明显,马克斯不仅给予约翰尼极好的教育,还遗传给他一些智慧的基因。

此外,奥尔丘蒂从学生时代就开始结交布达佩斯的富家小姐,其中包括雅各布·卡恩(Jacob Kann)家一对待字闺中的姐妹花。奥尔丘蒂把文雅的马克斯介绍给她们。马克斯很快向文静的姐姐玛格丽特(生于

---

* 蒙蒂·派松,英国六人喜剧团体,成立于20世纪60年代后期,其电视喜剧于20世纪70年代风靡全球,拿手戏便是以现代意识解构大家熟悉的神话故事。——译者

1880年)求爱,玛格丽特答应了;于是,他们结了婚。小女儿维尔马(Vilma),大家都叫她莉莉(Lily),在少女时期就爱上了奥尔丘蒂;直到奥尔丘蒂娶了她,她才眉开眼笑。1945年之后,奥尔丘蒂成了潦倒的美国移民;维尔马从一个娇小姐变成一位女英雄,照亮了奥尔丘蒂的晚年生活。奥尔丘蒂有点含糊地说:"我从未见过变化如此之大的女人。"

很明显,马克斯和玛格丽特的婚姻一开始就琴瑟和谐,即使从世俗的意义上说,也是一段好姻缘。马克斯的岳父雅各布·卡恩相当成功。他和别人合伙经营农业设备,生意兴隆,1880—1914年生意的发展速度比匈牙利直线上升的国民生产总值的增长速度还要快。早期的一种特别产品是磨石,这在布达佩斯附近地区非常有用。19世纪90年代,布达佩斯成为世界上最大的磨石中心,卡恩—海勒(K.H.)公司从西尔斯(Sears)公司在美国的做法中学习,实施了一项更重要的革新。他们把产品汇编成册,寄到匈牙利的各大农庄,扩大销售。不管马克斯的出身有多么卑贱,通过联姻,他成为殷实的犹太家族中的一员。

在中欧所有地区,犹太人的身份都低人一等。在19和20世纪之交的匈牙利,情形却不一样。有人认为这是因为匈牙利非常自由开明;真正的原因恰好相反,在所有中欧国家中,匈牙利的封建制度一直坚持到不能坚持为止。

即使是在1913年,匈牙利的半数土地也还是控制在拥有土地面积超过60公顷的大庄园主手里。匈牙利有骄傲的持有土地的贵族阶层和被称为"穿凉鞋的贵族"的绅士阶层,后者想方设法牺牲贵族头衔换得土地继承权。这些人渐渐成为政府官僚,因为在他们眼中,尊严、面子最重要。实际上,"穿凉鞋的贵族"这种翻译法太客气了。在匈牙利语中,bocskoros这个词是指上了年纪的乡巴佬连凉鞋都买不起,只好在脚上用草绳绑上一块破布,走起路来很不方便。

直到1848年,许多匈牙利人基本上还是农奴,被土地束缚。1848

年之后,他们成了自由的公民,但是经常看不到这个事实。他们依旧离不开土地,在外省拉着脾气暴躁的马找富裕的乡绅讨口饭吃。不管是"穿凉鞋的贵族",还是有钱的贵族,都要服兵役,但是可以设法逃过大部分税款。这样,就需要企业家阶层,一方面可以促使匈牙利在1867年后成为工业大国,另一方面可以上缴税款;也需要医生、律师、芭蕾舞编舞等这些有用的人。

直到1867年,犹太人的数量还少得无足轻重。当时移居到匈牙利的犹太人不过是些小商人,贵族不把他们当作威胁,农民也不把他们当作压迫者,因此他们被两者所容。接着,到了19世纪结束时,犹太人成了贵族的联盟。在农村,很多人都不把匈牙利语当作母语,而认为自己是克罗地亚人、罗马尼亚人、卢西尼亚人、塞尔维亚人和斯拉夫人。在中部平原以外的地方,这些使用多语种的居民不情愿马扎尔*化,开始偷偷酝酿叛乱。城镇里的犹太人则情愿马扎尔化,不愿参与叛乱。当1867年匈牙利赢得不完全独立时,犹太人得到了回报。

1867年确立的奥匈双重帝制使匈牙利获得处理内部事务的很大自由。第二年,为数不多的几项歧视犹太人的法令被废除了,它们直到1919年以后才再次出现。因此,在19世纪80和90年代,大量的犹太移民涌向匈牙利;与此同时,纽约也接纳了大批犹太移民。

20世纪初,像佩奇(马克斯·诺伊曼的出生地)这样坐落在犹太人前往匈牙利的主要路线上的小镇,40%的居民是犹太人。尽管布达佩斯的匈牙利官僚越来越多,但25%以上是犹太官员。在1900多万匈牙利人中,犹太人仅占5%,因为只有极少数犹太人住在农村。在城镇,匈牙利犹太人逐步形成重要的中产阶级和中上阶级——这一阶层贵族没有兴趣加盟,农民没有能力企及。

到了1910年,布达佩斯的医生、律师和银行家中,60%是犹太人。

---

* 马扎尔人,匈牙利的主要民族。——译者

这时，犹太人并没有涉足匈牙利的政治(那时匈牙利政治还不民主)，也没有涉足公务员系统(因为公务员系统是"穿凉鞋的贵族"的专利)。但是他们在艺术、文学、音乐和电影中发挥了极大的作用，形成一种浪潮；诋毁犹太文化的人称这种现象为"犹太佩斯"。犹太音乐和电影将会影响整个世界，尤其是美国。音乐方面，这一代犹太人中涌现出许多著名的美国指挥家：芝加哥的赖纳(Fritz Reiner)和佐尔蒂(George Solti)，费城的奥曼迪(Eugene Ormandy)，克里夫兰的塞尔(George Szell)以及达拉斯的多拉蒂(Antal Dorati)——一份来自这一狭小行当的非凡记录。

美语movie一词很有可能源自匈牙利语mozi。玩世不恭的人认为，匈牙利的电影潮使得匈牙利人在1913—1943年的美国创造了好莱坞，其后的匈牙利人在1943—1953年为美国制造出氢弹，可是威力比不上好莱坞。在银幕上，大多数人认得出莎莎·嘉宝(Zsa-Zsa Gabor)和保尔·卢卡斯(Paul Lukas)，但是可能认不出土生土长的维尔马·班基(Vilma Banki)和拉斯洛·斯泰纳(Laszlo Steiner)[后来，他们显然成了英国绅士的典范，如莱斯利·霍华德(Leslie Howard)]；在银幕下，最早的电影公司(如福克斯和祖科尔*)、梦想家(如柯达)、制片商[电影《卡萨布兰卡》(Casablanca)的制片人柯蒂兹(Curtiz)]和许多编剧来自布达佩斯的第一家电影厂(mozi)以及纽约咖啡屋周围的电影讨论小组。年轻时喜欢唱上两句的马克斯也是这种群体的一分子。成为一名银行家以后，马克斯出资资助电影和戏剧业。

布达佩斯另外一个伟大的浪潮就是1910—1930年在科学和数学方面迸发出来的创造力。犹太人似乎无处不在，或许因为他们在这两方面拥有非凡的才能。对于犹太人来说，研究理性的数据比和人打交道要容易一些；正如爱因斯坦(不无遗憾地)说的，因此他们往往会选择

---

* 祖科尔(Adolph Zukor)于1912年成立Famous Player制作公司，后来演变为派拉蒙(Paramount)电影制作公司。——译者

从你我的世界逃离,去物的世界。

现在我们明白,在1870—1910年,聪明的犹太人为什么会选择布达佩斯而不是通过埃利斯岛到美国。古老的布达佩斯在世纪之交比纽约更加成熟。布达佩斯正在建造世界上最好的中学,而纽约没有;移民布达佩斯的犹太人可以很快雇用仆人,在纽约也不行;他们还能够创造有趣的餐桌文化。不论从沙皇统治的俄国的贫民窟、犹太人被视作二等公民的德意志帝国,还是从德莱弗斯时期的法国,到达布达佩斯都不必经受海上的长途颠簸。

尽管19世纪90年代海上航行不再令人恐惧,到美国的路费也很便宜,但是只有社会最底层的人才去美国。19世纪90年代轮船公司的价格战就像80年后航空公司的价格战一样如火如荼,老百姓可以买到许多低价票,但是有钱人不行。在一轮轮的价格战中,19世纪90年代汉堡到纽约的统舱船票从20美元折半到10美元;而非统舱船票依然很贵,尤其是像"泰坦尼克"号这样的巨轮。只能乘得起统舱的犹太家庭上了去纽约的船,更多的犹太中上层奋斗者来到了布达佩斯。在理想的中学教育环境里,这些中上犹太阶层培育了一代天才。

一味地强调约翰尼的犹太出身是危险的。除了约翰尼一生保持的犹太式的幽默之外,犹太身份对他来说并不重要。他的女儿说,她直到少年时期才了解犹太传统,这不仅仅因为父亲和母亲在1930年结婚时成为天主教徒。家族一旦步入中产阶级,情况往往如此,即使在约翰尼小时候,诺伊曼一家也没有教育孩子信奉原教旨主义。约翰尼和他的两个弟弟平静地接受了洗礼,但是幼儿时期并没有受到宗教教条的限制。雅各布·卡恩和他的妻子并不试图强加给他们的女儿或外孙任何犹太教的烙印。雅各布·卡恩一年去一次犹太庙,他的妻子在赎罪日的那一天斋戒,一家人跟她一起吃蛋糕,喝带有厚厚奶油的巧克力,这就算是卡恩一家的犹太教烙印了。卡恩夫妇的四个女儿中的两个还嫁给了基督徒。

当马克斯的一个儿子问,既然诺伊曼一家人连外公外婆的做法都不能做到,为什么还要称自己是犹太教徒时,马克斯回答说:"传统。"奥尔丘蒂一家很早就皈依了基督教,成为虔诚的基督徒。马克斯没有,尽管奥尔丘蒂的女儿说,早在1910年,"聪明的马克斯就看穿了希特勒"。马克斯对奥尔丘蒂说反犹主义可能抬头,他觉得像他们这样受人尊敬又成功的人坚持下来,就有可能帮助和他们信仰相同的人。马克斯在1929年去世之前,诺伊曼一家的信仰没有改变;他去世后,一家人才皈依基督教。

约翰尼经常用犹太语和他的数学家同事们开玩笑说:"上帝已经证明了下面这个公理。"他曾经和普林斯顿的乌拉姆(Stan Ulam)谈论一些非犹太数学家的成果时暗示说,作为犹太人,乌拉姆和他本应该首先发现它们。这表明虽然信仰不同,他和乌拉姆依然团结一致。但是约翰尼也是一个伟大的逻辑学家,不像通常的逻辑学家那样热衷于不可知论。晚年时,他对母亲说:"或许应该有个上帝,不然许多事情就更难解释了。"在最后临终时刻的病榻上,这位数学领域里最聪明的人在面对古老的、迫近的消亡时,做了一个宗教决定。在第十五章读者会发现是什么,不过还是请读者通过接下去的十三章去思索会是什么。

这是1903—1913年,所有事情都已经过去许多年了。有意义的是,约翰尼出生在轻松的环境中,对于大多数出生于1903年的中欧犹太人来说,这一点非同寻常。他有希望受到良好的教育,有希望上大学以及自主选择一份事业。尽管他还不能完全逃离反犹主义,但是不会遭受残酷、原始的反犹主义在其他地方造成的心灵创伤。他所在的文化环境非常尊重科学和数学成就,实际上尊重任何一种智力上的成就,他的文化似乎拥有完成这种严格成就的素质。简而言之,约翰尼的嘴巴里含着银匙，想吃什么就吃什么。

在1903—1913年，由于历史原因和个人缘故，马克斯和玛格丽特赐予他们的长子一大笔财富。这笔财富究竟有多大，一时间他们也不得而知。

卡恩—海勒公司占据了当时维齐大街62号的大部分底楼，这条街1945年改以英雄鲍伊奇-日林斯基（Bajcsy-Zsilinszky）命名，他在第二次世界大战期间被匈牙利的德国纳粹联盟杀害。在约翰尼少年时期，这条街还曾根据第一次世界大战时期匈牙利的德国联盟更名为威廉皇帝大街。不管街名怎么变化，维齐大街都是一条宽阔的街道，从布达佩斯中部通往维齐市，街道两边矗立着三或四层的牢固建筑，底楼是商铺，上面是公寓。尽管整条街商业繁华，但是有一段时间，这里是中上阶层的居住区；假如仅靠新郎马克斯一份工资收入，这对新婚夫妇恐怕还住不上这样的公寓。在19世纪90年代雅各布·卡恩就非常富有，完全可以担负一幢地处城市公园——布达佩斯最上档次的住处——价格合适的贵族老房子。马克斯拒绝了，原因是像他这样的犹太工薪阶层，住这样的房子太过排场了。于是，约翰尼和20年后出生的撒切尔夫人（Margaret Thatcher）一样，在店铺的楼上长大。事实证明，这样的环境对孩子的成长有好处，因为他们受到商业氛围的浸润。

维齐大街半个街区的底楼几乎都是卡恩—海勒公司的店铺，卡恩一家和海勒一家就住在上面的三层楼里。海勒一家最终占据了整个美国人所谓的二楼，欧洲人概念里优雅的一楼；第二任卡恩太太（第一任太太于1914年去世）对此颇为不快。在二楼，卡恩和第一任卡恩太太（海勒家的一位亲戚）本来拥有一间大套房。她死后，随着卡恩和他的第二任太太的四个女儿相继出世，他们就住在上面两层。

卡恩的女儿结婚组建家庭后，还是和父母住在一道。大女儿莫尔纳（Molnar）一家、二女儿阿尔多尔（Aldor）一家，之后是诺伊曼一家和奥尔丘蒂一家。卡恩还在街道拐角处买了一处公寓楼，远近的亲戚在那里租房居住；但是家族的中心在62号。诺伊曼家先后添了约翰尼、迈克尔（Michael）和尼古拉斯（Nicholas）几个孩子，他们住在顶楼的一套非常宽敞的18间房（如果浴室之类也算房间的话）的公寓。阿尔多尔住另外一套公寓。奥尔丘蒂夫妇一家带着女儿们和莫尔纳一家一起住在楼下。雅各布·卡恩在四个家庭的漫步比自己此前想象的还要悠然。马克斯和奥尔丘蒂这对朋友娶了姐妹俩个，还住楼上楼下，交情自然越来越深。

1903年，约翰尼就是出生在这样一个温馨的大家庭，1907年和1911年他的弟弟迈克尔、尼古拉斯相继出世，这样的环境对于他的未来必然造成影响。1905年，马克斯在布达佩斯社交圈内和银行业内都进展神速。他转投另一家更大的银行，逐步成为合伙人，成为既有实力又有成就的人。他还是一位伟大的教育家，这方面是出于本能。

尼古拉斯在他颇具洞察力的《弟弟眼中的约翰·冯·诺伊曼》（*John von Neumann as Seen by His Brother*）一书中写道："父亲非常重视精神生活。"这一点首先体现在马克斯为孩子们挑选家庭女教师和学前辅导老师上，其次体现在诺伊曼一家用餐的方式上——这一点尤为重要。一家人在午饭和晚饭时，边用餐边开研讨会，任何话题及智力上的问题都可以讨论；研讨会郑重其事，但是气氛很活跃，因为马克斯充满智慧，还与妻子玛格丽特和孩子们一起唱上两句爱德华·李尔式的小调。

在那个时代，保姆、家庭女教师和学前辅导老师也是欧洲中上阶层家庭的一分子，尤其是孩子们10岁前还没上学时。随着卡恩其余的外孙们以及约翰尼的远房表亲相继出世，维齐大街完全可以称作一个教育机构。孩子们还小的时候，家里就十分注意外语的学习。马克斯认为只会说匈牙利语的人不仅无法在当时越来越黑暗的中欧有所发展，甚至有可能没法活下去。

大家戏称约翰尼的第一个保姆是齐包克哈佐的玛丽（Mary of Cibakhaza）。这个玛丽和卡恩家另一位玛丽要区别一下。另一位玛丽上了年纪，深受爱戴，颇有地位，孩子们叫她玛丽阿姨，她同样来自齐包克哈佐。一位来自布雷斯劳的年轻姑娘玛尔特·奥托（Marthe Otto）教孩子们学德语，同时负责照料他们。她在这个家里过得很开心，还把妹妹海伦妮（Helene）叫来帮忙。玛尔特和海伦妮后来都移居美国，并依然和冯·诺伊曼一家、奥尔丘蒂一家保持联系。20世纪50年代，她们在回到联邦德国后去世了。

从约翰尼6岁起，奥古斯蒂娜·格罗让（Augustine Grosjean）小姐（大家叫她蒂蒂小姐）就来到诺伊曼家教他法语，她也教过6岁的奥尔丘蒂。西尼奥拉·普利亚（Signora Puglia）教意大利语，汤普森（Thompson）先生和布莱思（Blythe）先生作为自由教师教英语。马克斯和约翰尼一起上英文课，1914—1918年的战争期间还帮助两位先生解决了被拘留的问题。那次战争期间，大家认为（阿尔多尔最先想到）要找到一个不是敌人同盟的法语老师最好的办法就是从阿尔萨斯（直到1919年才并入德意志帝国）请人。结果证明这个主意并不高明，阿尔萨斯来的法语教师的民族自尊心比一般的法国女人还要强；法语家庭女教师和德语家庭女教师彼此无话，即使是在圣诞节。诺伊曼一家的孩子们以快活的德国方式庆祝圣诞节，装点圣诞树，互赠礼物，互相祝福。1914年以前，也就是约翰尼上学前，一个又一个小学老师让约翰尼接受常规的小学教育，还教约翰尼算术；他们为约翰尼改变世界出了一份力。

1910年前后，马克斯举止依旧文雅、皮肤依旧很黑，留着小胡子，戴着圆点领结；卡恩只戴黑色领带，奥尔丘蒂戴黑白领带。五短身材的马克斯开始发福，这使他本人十分忧虑，甚至比约翰尼20年后对自身发胖的担心更甚。因此马克斯热衷于锻炼身体,而约翰尼从不锻炼;于是一位击剑大师被请到62号。宽敞的门厅处的家具都被搬走,精力充沛的马克斯和小诺伊曼们一个个地学习进攻和躲避的招数。这位击剑大师自然被称为教授。约翰尼没学会击剑术的什么技巧,倒是等到他自己当上教授时,据他本人讲,始终都反感人家叫他教授。

还有一位教钢琴的音乐老师也教不好约翰尼,尝试教他大提琴简直是对牛弹琴。他似乎总处于练习指法阶段,而没有什么长进;家里人都很失望。后来才发现,他学会了把数学书或历史书放在乐谱架上,手指虽然动着,心却专注于阅读。后来,在驾驶汽车时,他还习惯性地这样做,这着实危险。当有人说约翰尼是 botfulu(匈牙利语"塞住耳朵的或不懂音乐的乡巴佬")时,尼古拉斯却为他辩解。一些匈牙利人说,botfulu 这个词源自 bojt(狗耳朵后面的一撮毛),而诺伊曼一家都没有音乐细胞。马克斯唱小调时,约翰尼能跟着他一起唱,而且基本不跑调;和任何一个奥匈帝国的子民一样,约翰尼能哼出通俗歌剧的主要旋律。在普林斯顿,有人指责他在留声机上大声地放德国进行曲,即使在他和他的邻居们——如爱因斯坦——工作时也不例外。或许,这些曲调能让约翰尼想起爱讽刺的马克斯。

马克斯还热情地向约翰尼灌输另外两门学科,拉丁语和希腊语;在约翰尼对计算机技术作出贡献的过程中,这两种语言举足轻重。除了爱好音乐、诗歌、银行业务和作为一个世纪末的奥匈绅士外,马克斯还热爱语言、文学以及古希腊和罗马历史。约翰尼后来告诉他在普林斯顿的同事说,他在早慧的6岁就喜欢和父亲用特殊的方式交流,而其他人都不知其所云;他们用古希腊语聊天。需要说明的是,其他家庭成员对此进行了否认。

当时,拉丁语是匈牙利优秀中学的主要课程:中学8年,每天1小时,每周6天。从14岁开始,希腊语就成了必修课。因为匈牙利人教拉丁语已经有几百年的历史了,所以乡下中学和布达佩斯最好的中学几乎教得一样好。随着新知识的不断出现,有些科目如物理学(在某种程度上数学也算),乡下中学和布达佩斯中学的差距就拉开了。于是,乡下中学最聪明的学生习惯说,拉丁语和希腊语是现代教育最根本的基础;马克斯尤其如此。他把拉丁语视作公理化的语言,对时下的语言失去了拉丁语的严谨和纯正而颇为不满。儿童时期的约翰尼就继承了这种观点,并利用它帮助创造了计算机语言——这(除了数学以外)也许是人类5万年来创造的最可扩展的新语言。

马克斯的一个同代人对拉丁语使语言规范、公理化的作用给出了最好的阐述,不过马克斯对这种作用不以为然。在19世纪80年代,哈罗公学老师告诉丘吉尔(Winston Churchill)*,格莱斯顿(Gladstone)**先生在阅读《荷马史诗》(Homer)时得到大的乐趣。格莱斯顿在议会里最尖酸的对手的这个儿子回答说,这本书最适合那位老傻瓜了。不过后来丘吉尔在他的回忆录里做了反思:

> 在英语这样合理的语言中,重要的词有小词彼此相连。严肃的古罗马人认为这种方法不管用,也没价值。除非每一个词的结构都遵照复杂的规律,随着它左右的词进行变化以满足使用时的不同情况,他们才会满意。毫无疑问,这种方法不论听起来还是看上去都强似我们的方法。整句话组合在一起仿佛是锃亮的机器,每一个短语都充满意义。即使你生来就是拉丁语一族,学起来也会非常吃力。毋庸置疑,在某种程度上,它成就了罗马人、希腊人死后的英名,他们是思想和文

---

* 丘吉尔(1874—1965),英国政治家、演说家及作家,20世纪最重要的政治领袖之一。曾于1940—1945年及1951—1955年两度任英国首相。——译者

** 格莱斯顿(William Ewart Gladston,1809—1898),英国政治家,曾作为自由党人4次出任英国首相(1868—1874,1880—1885,1886及1892—1894)。——译者

学领域的先驱。他们在对生命、爱情、战争、命运或行为进行明确的反思之后写成口号或警句。拉丁语非常适合这些口号或警句,并被视为这方面的专利,这些人因而声名鹊起。在学校里没有人教我这些,这是我自己后来捉摸出来的。

马克斯和约翰尼认同日耳曼学者们的看法,认为"每一个词的结构都遵照复杂的规律,随着它左右的词进行变化以满足使用它的不同情况"这种看法很好。在我们这个信息处理的时代,这种观念突然变得有用起来。孩子们甚至成年人有时仍然会问:"学习拉丁语有什么用处?"从今以后,答案应该是:它会使你的头脑充分条理化,长大之后发明像计算机这样逻辑性强的东西。

小约翰尼的抚育过程就有外祖父卡恩教育的影子。卡恩留着络腮胡子,浅蓝色的眼睛,身材瘦小,衣着时而正式时而为类似天鹅绒材质的夹克衫,还常常带着金表和表链。外祖父一到四个女儿家,往往会径直走向育婴房。年幼的孩子们让他重新爱上了古典音乐,他在留声机上放古典音乐,和孩子们讨论古典音乐。卡恩的另外一个特点令约翰尼尤其着迷:他商校毕业后就开始经商,可是他的算术非常好,能心算一大长串数字的加法,还能心算两个千位甚至是百万位数的乘法。当6岁的约翰尼用铅笔在纸上吃力算数时,外祖父就得意地宣布他已得出答案了。后来,约翰尼本人的心算能力也非常出名;不过,他早就自认自己的本事远不能和外祖父的相提并论。回忆外祖父的这种能力时,约翰尼满心欢喜,还要乐此不疲地添点油加点醋。

在这种氛围下,约翰尼的教育是希腊语加舒伯特式的,多种语言教育分类进行,成效卓著又相对轻松。不过,约翰尼在未满10岁时,就已经开始探索成年人也很少涉足的领域。他发现,简单数字的算术不仅仅是枯燥的计算,而是有一定的规律可循。它们的特征非常有趣,有的是奇数,有的是偶数,有的是素数,有的是平方数。除了2+2=4之外,还有很多好说的,这使约翰尼十分着迷。马克斯注意到这一点,他后来雇请的家庭老师都拥有很好的数学技巧。马克斯并没有逼迫自己的大儿子,不过他不声不响地指明了前方的道路。

玛格丽特也同样支持儿子,不过以更轻松的方式。她是一个家庭主妇,远不像她的丈夫那样严格;她有艺术倾向,身材瘦小,后来一根接一根地抽烟,特别喜欢她这种所谓的"优雅"举止(优雅一词后来成了约翰尼对漂亮的数学计算的最高赞扬,如氢弹发明中的一些重要数据)。玛格丽特就像老母鸡一样照料和保护着孩子们。她的二儿子迈克尔满怀深情地回忆道,哪个孩子最需要她,她就最爱哪一个。实际上,约翰尼并不是母亲最关注的孩子;但是约翰尼在情感上更接近母亲而不是严肃的父亲。马克斯去世后,在布达佩斯的日子实在过不下去了,玛格丽特来到美国和约翰尼生活在一起。她在世时,既看到了约翰尼伟大的成就,也伤心地目睹了约翰尼离世前身体每况愈下。1956年夏天,当她得知约翰尼将不久于人世时,就先走了一步。或许这样对她来说更好一些。

现在记得起约翰尼1903—1914年早年岁月的人已经所剩无几了。上学后,约翰尼交了一些朋友,他们的友谊保持了一生,其中一些人还保留着对小约翰尼的记忆。但是,随着他步入一个更广阔的世界,这些左邻右舍的小朋友或操场上学龄前的小伙伴也很快就被遗忘了。维奇大街是犹太人相对集中的地方,有相当一部分人在他们40多岁时悲惨地死于大屠杀中。能够回忆起那些日子的人告诉我们,种种迹象表明,即使还是孩子时,约翰尼就和别人有所不同。他的脑子转得很快,孩子们在客厅做游戏时,他的加盟很有用。就算是孩子也能感觉到,约翰尼观察他们的时候比和他们一起玩的时候多,他们对此有点不安。俗话说"3岁看老",在这方面,约翰尼也不例外。成年以后,约翰尼尽管拥有忠实的朋友,但在处理人际关系方面,他总是不能得心应手;

即使在家里也是如此,他越是努力改善,越是让人觉得不自然。

约翰尼断奶后不久,大家似乎就肯定他长大之后会成为数学家;然而还不仅如此。很早就认识他的人回忆说,他好像总会从周围的事务中汲取知识,也善于理解抽象事物。有一回,他的妈妈有点茫然地看着前方,6岁的约翰尼问:"你在计算什么?" 8岁时,他沉迷于历史,他在刚刚能够阅读时就要看历史书。他的父亲立刻意识到他养育了这么一个了不起的、看起来会很有前途的儿子,就赶快满足他。

马克斯特别能买书。他在工作中得到一次机会,可以买下柯尼希(König)家的一个庄园的整个图书馆。这位柯尼希先生眼睛失明了。这个图书馆的镇馆之宝是德国著名历史学家翁肯(Wilhelm Oncken)所著的整整44卷的《世界史》(Allgemeine Geschichte)。在维齐大街62号的图书室里陈列着这套书和家里的其他藏书,马克斯把书架一直安装到天花板。这间图书室就叫柯尼希图书馆,成了一家人的阅览室和学习中心。

约翰尼的大弟弟迈克尔回忆说,约翰尼几乎是以一种野蛮的方式啃完了这44卷书。后来轮到迈克尔来到书架前,他发现一卷卷书里夹着许多小纸条。让迈克尔大感不解的是约翰尼读书过目不忘的本事,朋友们震惊地发现他依然记得几十年前读过的内容。他可以整章整章地逐字背诵。他一生都热爱历史,不断地学习和记忆。当26岁的约翰尼到达美国时,他对美国南北战争的熟悉程度,令美国朋友都自叹弗如。一旦条件允许,他就立即出发参观战场遗址,丰富他的书本知识。在20世纪20年代到20世纪50年代的政治对话中,为了避免争执不休,他有时会提醒人们公元前500年的政治风云*是如何突变的。

---

* 希波战争(公元前500年—公元前449年),是古代波斯帝国为扩张版图而入侵希腊的战争,战争以希腊获胜、波斯战败而告终。希腊城邦反抗波斯帝国侵略的战争导火索是公元前500年小亚细亚的希腊城邦米利都发生的反波斯统治起义。——译者

让尼古拉斯印象深刻的是，约翰尼在读过翁肯和其他人的书后会在他们的小型讨论会上给出最生动的描述，有时仅仅是重复书本上写的，但也常常表达他读书时获得的一些新思想。例如，约翰尼推测大型爬行动物巨大的腿部关节附近一定有一些大脑中枢来操纵爬行。他注意到眼睛的视网膜成像原理不同于照相负片上的小颗粒，也不同于课本上学到的任何人造仿生设备。视网膜提取样本，然后沿着作为视神经向前穿过眼睛的神经通道进行处理，最后，在完全透明的介质里折回——然而在大多数人造的镜片里，光束向后穿过。令约翰尼担心的是，眼睛很明显有多道或区域输入，而耳朵在他看来好像只有单道或线性输入。他琢磨着，耳朵里螺旋形腔记录的不是一系列变化的频率，而可能是一个总波形或我们周围声波的其他杂音。约翰尼一生都对中枢神经系统的运转技术和工程师们试图输入机器和机器人的人工技术之间的区别兴奋不已。

这些就餐时间的思索在约翰尼10岁上学后达到高峰。但是在这一章值得把它记录下来，因为马克斯的就餐时间研讨会，是他对孩子出育婴室后进行培养的重要特点。尼古拉斯在他的书中再一次生动地描绘了这幅画面，这样的教育灌输在现代家庭已几近丧失。在没有电视机也不必通勤上下班的时代，午饭一般较晚，也相对丰盛，一家人围坐在一起。父亲饭后要回办公室，孩子一般不再回学校。匈牙利的学校下午进行运动、个别辅导或学习。晚上，一家人吃晚饭的时间也比较长。

马克斯鼓励的就餐习惯是，每一个家庭成员包括他本人，都要提出白天令自己感兴趣的特别主题供大家分析讨论。尼古拉斯先是到柯尼希图书馆阅读，然后让大家讨论海涅（Heinrich Heine）的诗，最后分析反犹主义可能会在多大程度上破坏他们的未来。玛格丽特介绍的外祖父的成就——白手起家建立了大规模的K.H.公司且每一天都在"创造奇迹"，给孩子们留下了深刻的印象。约翰尼毕其一生都在用数学寻找别人认为数学无法解决的问题的答案，尼古拉斯巧妙地把这种决心和能力与母亲的讲述联系在一起。

尼古拉斯通过调查提出另外一个问题供大家讨论。调查表明，假如一些小的细节不出差错的话，"泰坦尼克"号的灾难*也许会避免。理性的约翰尼对"假如怎样"这一类讨论都嗤之以鼻。约翰尼宣布，尼古拉斯按照逻辑推论出来的不过是有可能存在另一套偶然情况，但有一些情况（尽管并非全部）可能使灾难更严重。迈克尔受到了一位要求安全因数的结构工程学教授的启发，认为如果可能，新建的桥"在头5年中一次也不会倒塌"。约翰尼计算出把安全特性乘以因数5然后换成乘以10所产生的财务问题。约翰尼说，根据统计公式，人们肯定能够达到接近100%概率的安全性，只是为了实现它要太多的成本，以至根本没有人会朝这个方向努力。

约翰尼对就餐时间研讨会的贡献往往出自他自己的科学课。有些听众连最基本的科学常识可能都没有，为了他们，他会在前几分钟里耐心地把问题讲解一番；如果问题太深奥，听众无法理解，他就会巧妙地转到另外一个问题。在这样的讨论中，他可以表达他的困惑，这对聪明的大儿子来说可不是一件容易事。在温暖的家庭氛围之外，神童的压力实在太大以至不能说自己困惑；尽管聪明的男孩对自己不确定的事产生疑问并最终得到答案的最好方法就是困惑。约翰尼问，大多数人认为什么是大脑的主语言？因为匈牙利的小孩学说匈牙利语用的时间和日本小孩学日语用的时间差不多。他担心，他学骑自行车这一非常

---

* "泰坦尼克"号（RMS Titanic），20世纪初由英国白星航运公司制造的一艘巨大豪华客轮，是当时世界上最大的豪华客轮，被称为"永不沉没的船"。在1912年4月从英国南安普敦到纽约的处女航中因撞上冰山而沉没，1500人葬生海底，是迄今为止最广为人知的一次海难。——译者

复杂的过程是通过某种潜意识过程完成的——完全没有用到他的逻辑和推理能力。当他第一次看有声电影时,他很奇怪声音明明是通过银幕上看不到的扬声器里发出的,怎么好像是从演员的嘴巴里说出来的?

尽管约翰尼光芒四射,但这些研讨会里起主宰作用的真正明星是马克斯(偶尔出席研讨会的奥尔丘蒂这样坚持)。马克斯会把白天银行里的决策带回家,问孩子们,换成他们,他们将对某个投资机会或负债风险作何反应,如何权衡:一方面,他们有社会责任去帮助有赞助价值的项目,另一方面,他们有义务为公司的方方面面(包括持股人和工人)赚钱。马克斯讨论把哪些任务分配给哪些手下去做,还问孩子们,他应该把困难的决定多留给自己还是推给别人。

马克斯还把他资助的新型的企业样品或模型带回家。有一回,他碰巧拿回了匈牙利雅卡尔纺织厂的样品。那是在1805年拿破仑统治时期的法国,约瑟夫—马里·雅卡尔在他们的织机附上穿孔卡片,卡片上巧妙地分布着许多小洞。穿过小洞可以挂上钩子,推上拉下各种彩线,这种织机的动梭可以穿过一根线的上端再穿过另一根线的下端,织出雅卡尔设计出的花型。发明第一台计算机的脾气暴躁的天才巴比奇(Charles Babbage)*在他的日记里写道:"雅卡尔织机上能织出人类想象出来的各种设计。"巴比奇得出结论,他可以设计出一种由两部分组成的解析机器:一个存储器(或计算机存储器)和一个制造厂。在计算机存储器里,"当需要计算一个公式时,把一套操作卡绑在一起,这些卡片包含按先后顺序进行的一系列操作"。在这些卡片的下面,巴比奇的蒸汽驱动钩子将会运行,钩子将会"把各种变量召来制造厂,它们将按照要求依次行动"。

在布达佩斯的午餐桌上,还是学生的约翰尼就得以了解这一切,因为他的父亲资助雅卡尔织机打入匈牙利市场。父亲还让约翰尼了解银

---

* 巴比奇(1791—1871),英国数学家,现代自动计算机的创始人。——译者

行业是一份浪漫的职业。和许多现代科学家不同，从学生时代开始，约翰尼的一部分大脑就被训练根据对社区的潜在贡献来评估他所做的每一件事；经过衡量，如果成本太高，就作罢。

从小时候起，马克斯就允许他的儿子们坐在家里举行的当今所谓的商业午餐、商业晚餐桌旁。这可不是喝上3杯马提尼鸡尾酒那么轻松；马克斯的客户有些是从德国、英国来的商人，他们会发现这类谈话更费脑筋。话题涉及公共事务，以理智而不是政治的方式进行；因为马克斯清楚，他处于中欧的中心，而时局不稳的中欧，1914年可能会开战。当慕尼黑的会计们、曼彻斯特的磨房主们、马赛的船商或维也纳的剧院老板们聚集在诺伊曼家的晚餐桌旁时，约翰尼会轻声问："国际上有什么新情况？"然后他会失望地总结说："我不知道，我不是从那里来的。"

来布达佩斯到过诺伊曼家餐厅的人中几乎没有谁会感到失望，因为马克斯吸引着他们。弗洛伊德(Sigmund Freud)的5位重要助手之一、心理分析家费伦奇(Sandor Ferenczi)(后来娶了奥尔丘蒂的妹妹)是这里的常客。(后来约翰尼探寻电脑与人脑的关系时，有人批评他太弗洛伊德化；小时候，他一定接受过许多心理抑郁的透彻分析。)马克斯的晚餐客人中还有物理学家欧尔特沃伊、布达佩斯大学的数学教授费耶(Leopold Fejer)。马克斯并没有利用这样的聚会炫耀约翰尼，而是向约翰尼展示他们的头脑，让他观察。马克斯与艺术圈里的人的这种交往更为轻松一些。马克斯的银行资助匈牙利的连锁剧院。这样就可以光临有趣的首演之夜，也会听到一些令人着迷的关于赖因哈特(Max Reinhardt)*在维也纳的影响及莫尔纳(Ferenc Molnar)的戏剧——莫尔纳是匈牙利人，20世纪20年代同时有他的两三个戏剧在纽约的百老汇上演——的谈话。约翰尼因此很清楚什么样的艺术令票房满意，令银行

---

* 原文误为 Reinhart。——译者

家满意。小时候的约翰尼会说:"舞台前部是幻想与现实的界面。"但是后来他发现,现代剧作家和导演并不这样做。

1910年以后,诺伊曼家的餐桌更是高朋满座,尽管当时马克斯还是年轻人,但他已经是布达佩斯社会的一位重要人物,受邀于匈牙利政府为迅速发展的匈牙利经济担任顾问。他是塞尔(Kalman Szell)部长的特别顾问。1913年,43岁的马克斯被授予世袭贵族头衔,这样在德国他的后代可以以"冯·诺伊曼"为姓;在那个时代,杰出的银行家和工业家被封为贵族在奥匈帝国并不稀奇。1900—1914年,匈牙利有多达220个匈牙利犹太家庭受封(在整个19世纪也不过有100多家)并匆匆改姓。受封而更改姓氏是使姓氏不那么犹太化的一种方式。马克斯·诺伊曼故意没有更改他的姓名。一些美国人认为,欧洲的贵族头衔往往分发给那些向政客捐款的人;马克斯并不如此,不管怎么说,对欧洲人这种指控的味道就像相应地说美国人势利。在美国,向政党捐款的有钱人往往会得到大使的头衔。卖官比给别人的名字发放头衔对公共效率的威胁更大。不管怎样,约翰尼的姓氏中多了一个"冯"。他说这让他在工作中很令人关注。他的弟弟们到美国后,更在意人们对他们的姓氏评头品足。尼古拉斯把"冯"附在诺伊曼的前面简化为冯诺伊曼。迈克尔不管是在美国还是在欧洲,一般都自称迈克尔·诺伊曼。

马克斯地位变化的背后,隐藏着一个充满感情的故事。"冯·诺伊曼"是马克斯本来就有的头衔的德国版本。按照古老的土地所有传统,获得贵族地位会授予特权,把一个地名缀入马克斯的姓中。马克斯选择匈牙利的马尔吉塔镇,他的名字于是就成了马尔吉塔·诺伊曼·米克绍,也可以说是马尔吉塔的马克斯·诺伊曼;实际上,他和这个镇根本没有什么关系。在苏黎世时,约翰尼自称为约翰·诺伊曼·冯·马尔吉塔;刚守寡时,在正式的场合玛格丽特自称为马克西米利安·诺伊曼·冯·马尔吉塔博士的遗孀。在布达佩斯,有一幢可以被认为是象征性的男爵城堡的马尔吉塔大楼。但是,很显然,马尔吉塔这个名字会让已故的玛吉特·卡恩太太的丈夫想起她。马克斯受邀设计纹章;他并没有选择张牙舞爪的狮子,而是选择了绿色田野上盛开的三朵雏菊。玛格丽特时常被他的丈夫想起。

今天,在布达佩斯附近还可以清晰地见证马克斯的一步步进展。在离市中心几千米的地方是诺伊曼一家人当时的两个消夏住所:乡村住所(在现代化前的说法)或称为别墅。这个家由一座花园里的两幢房子组成,由卡恩购买,也属于卡恩所有。第二个是马克斯位于山上的精美住宅。沿漂亮的石阶向上10米,是刻满雏菊的雄伟的门厅。在门口的两边是带有三扇窗户的开间,每一扇窗户依次刻着轮廓鲜明的公鸡、猫和兔子——它们是马克斯对三个儿子的昵称:约翰尼叫公鸡,因为有时他确实会打鸣;迈克尔被称为猫是因为他长得真有一点像猫;尼古拉斯叫兔子因为他最小。

不远处就是玛丽埃特·克韦希(Mariette Kovesi)度夏的地方,她因此和这一家人关系亲密起来。大约20年后,在1930年,她和约翰尼结婚。这段婚姻失败后,约翰尼回到布达佩斯和另外一位邻家女孩结婚。约翰尼在匈牙利的童年生活留给他一生幸福的回忆。

建造消夏别墅是为了孩子们在那里玩耍。现在,那里同样成了布达佩斯郊区孩子们的娱乐场所,纹章和浮雕的宠物已经失去了它们的意义。人们所知道的就是,这房子是很久以前一位有钱的银行家建造的。马克斯应该知道这些特别的拉丁后缀到底是什么。

1913年,在约翰尼的姓变成冯·诺伊曼后不久,他就开始准备正式上学了。他刚满10岁,各种迹象表明他可能成为学者;当然,他不可能一下子就被称做学者。他将和同龄人首次进行竞争,这场竞争的初步结果就是:小诺伊曼·扬奇是个天才。

◆ 第三章

在路德教会中学

1914—1921年

几乎没有谁会怀疑,约翰尼将来有一天会上大学。大学之路的起点在"体育馆"(gymnasium)*,假如不是按照中欧的方式——一个重音 g 和一个元音 a——来发音,这种说法可能令人吃惊。对于古希腊人来说,体育馆是一种建筑,年轻人赤身裸体地参与或准备体育竞争;德国人借用这个词汇指为训练年轻人应运而生的高级中学,这些年轻人可都是衣冠整齐,全力以赴准备考大学。许多德国中学的动力在于相互竞争,争取让社区里最聪明的孩子入学,竞相为他们带来大学入学的最好成绩。这样,下一代聪明孩子的父母(最好是付费的)就会受到吸引,把他们的儿子或(有时也有)女儿送到这里来,而不是附近的学校。

大多数讲德语的欧洲国家都借用"体育馆"一词,包括奥匈帝国和其他把德国视为教育领袖的国家。大一些的欧洲国家用自己选用的名词来称呼精英中学。法国用公立中学,英国叫文法学校(公立的)或公学(私立学校,这种叫法有点混淆视听)。现代日本人完全照搬德国的教育体系并获得极大的成功,他们把11—18岁孩子入读的精英中学叫初级中学和高级中学;这些中学看起来好像和对所有人开放的美国中

---

* 体育馆,也可译为进大学做准备的中学,尤指课程中强调古典文学、历史、数学及现代语言的德国中学。——译者

学一样,其实并非如此。

这种精英中学教育系统的不足之处在于,孩子们在10岁或11岁时经常且最终被两极分化了。在某些学校里的孩子是上大学的材料,在另外一些学校里将来会做其他事情。美国的教育制度里时不时也有这样的成分,这种做法与以机会均等而自诩的美国格格不入。

精英中学教育的好处在于,在最好的中学里,学生可以受到激励以达到他们能力的极限。面对这些学生的是普通中学里难得一见的智者。值得一提的是,在顶级中学执教的老师被中学给以尊严;假如一位学者或科学家清楚自己的天赋在于教学而不是研究,并愿意一生在这样的中学执教,他也不会觉得自己低人一等。在布达佩斯的明塔学校或英格兰的温切斯特学校执教的某位优秀教师在60岁退休时将会发现,匈牙利或大不列颠的许多名人都出自他的门下,并对他心怀感激之情。

这种中学教育体制的热情支持者认为,历史上最成功的民主式中学教育的典范是第二次世界大战后的日本。虽然起点很低,却为日本90%的18岁年轻人争取了世界上最好的教育。或许他们并不是最轻松、最快乐的孩子,但他们的效率出奇地高。而历史上最杰出的精英教育体制则在约1890年到20世纪30年代的小小的匈牙利获得了巨大的成功。匈牙利把10%的智力水平高的孩子培养成真正的精英,而对其他90%的孩子不大经心。

不管是战后的日本还是1939年前的匈牙利,它们的成功之处在于在优秀群体中引入竞争以使之达到极致。今天,在日本的电视节目中仍可看到对考取东京大学人数最多的中学的大加赞美。每一个家长都知道本区哪一所或两所中学的大学入学近期记录最好;他们也知道,对智力要求不那么高的职业教育,哪些学校的记录最好,哪些学校会让自己的非学者型孩子在当地一家大型企业找到一份蓝领的工作。如果一所日本学校无法成功定位,它就得关门了。日本也因此不像西方国家有那么多的学校,生存下来的几乎都是好学校,一个班有40甚至40多个学生,这在西方人眼中是超大班。竞争实在是太残酷了,为了能考上一所理想的中学,东京的多数家长中学前就把孩子送到缴费的**填鸭式**(juku)教育学校学习。

第二次世界大战后迅速发展的日本最成功的特点是它不自觉地模仿了1929年前中产阶级迅速发展的布达佩斯。1914—1921年在布达佩斯,约翰尼所在的班级是有48个学生的超大班。他上学前数目庞大的家庭教师和导师们相当于日本孩子中学前的填鸭式教育学校。日本战后的许多教育改革是由赶超胜利的美国这一民族意愿驱使的。1890年后,匈牙利的许多教育改革同样由"超过可恨的奥地利"这一民族意愿所驱使。

为使学生能有更好的表现,日本的现代教育有点过于强调"可测量的学科",如数学;古老的匈牙利也是如此。只有1%的18岁美国尖子生才能和日本一般的18岁学生在数学方面相提并论。1914年,布达佩斯精英学校的学生情况也一定如此。日本学校以大学录取分数为标准进行竞争;匈牙利做不到这一点,因为最聪明的中学生分散到整个欧洲的大学。因此,匈牙利让最聪明的18岁毕业生参加一年一度的厄特沃什数学奖以及厄特沃什物理学奖竞赛。这两个竞赛的奖项是以厄特沃什(Eötvös)男爵父子命名的,他们是1890年后布达佩斯大学改革的风云人物。厄特沃什奖获得者约翰尼后来提议说,也许其他国家——实际上也许美国每一个州——都应该设立这样的奖项。

古老的匈牙利和新兴的日本的一个区别在于,在匈牙利,成功进入精英学校的学生10岁入学并在这个学校里学习直到18岁。匈牙利精英学校的另一个特点是,最好的学校往往是由宗教机构创办的,但并不存在想象中的宗教歧视。犹太人约翰尼1914—1921年就读的学校通常被称为布达佩斯路德教会中学,尽管它的全称更加优雅一些——奥古斯丁信仰教会学校。校名中的奥古斯丁(Augustine)用于纪念马丁·路德(Martin Luther)的家乡奥格斯堡。查一下学生名单会发现,1921年,也就是约翰尼在这里读书的最后一年,学校共有学生653名,其中340名(超过半数)犹太人。只有198名路德宗教徒,有54名属于其他新教教会,还有61名罗马天主教徒。在1919年以前,任何划分都以财力为标准:路德宗教徒缴纳的学费最低,天主教徒高一些,犹太人的学费最高。1919年之后,才逐渐出现针对犹太人的种种限制。约翰尼和弟弟们始终保持犹太教信仰,但他们还接受学校的拉比*和基督教神职人员的宗教教导。马克斯想让他们有所选择,当时很多人都觉得皈依基督教更方便一些。尽管卷宗显示,1921年路德教会中学的在校生中只有52%的学生是犹太教徒,但很可能有超过70%的学生原本属于犹太文化或犹太信仰。

"1890—1930年匈牙利教育成就的巨大秘密"的答案很大程度上就隐藏在这些数字之中。1870年后,由于马扎尔贵族轻视占人口多数的非马扎尔农民,匈牙利愿意接受中产阶级犹太人,从而吸引了欧洲大陆最聪明、最有文化、最雄心勃勃的犹太人来到布达佩斯。这群有文化、上进的人从俄罗斯的大草原、俾斯麦统治的德国、德莱夫斯时期的法国和匈牙利本土的山区来到布达佩斯,要给儿子(遗憾的是,女儿列在其次)自己从未接受过的最好的教育。许多人都在19世纪90年代来到匈牙利;同时,匈牙利的伯爵、男爵、僧侣和牧师们也满怀新的雄心壮志:超过维也纳,培养出一批更有智慧的学者和一代更有文化的年轻人。充满竞争的、优秀的教育体系中涌入了一批优异的生源。

---

* 拉比(rabbi),犹太教负责执行教规、律法并主持宗教仪式的人员,或犹太教会众领袖。——译者

1914年，当约翰尼准备好上中学时，布达佩斯有三所公认的优秀中学可供他的家人选择。三所学校都要付费，不过这对一个银行家的儿子来说不能称为问题。三所中学都能把一个聪明的小男孩培养成学者，将来想到欧洲的哪所大学也随他来挑。

1914年，这三所学校中最著名的是明塔中学（或称模范中学），这所中学由受封为贵族的上一代犹太人莫尔·冯·卡门（Mor von Karman）博士创立。他有着非常明确的办学理念，认为好中学应当纪律森严，他自己的儿子就是明塔中学教育的典范。西奥多·冯·卡门（生于1881年）*，匈牙利旅居美国的最为资深、最为著名的科学家，空气动力学先驱，长期在加州理工学院任职，硕果累累，据说开创了咨询工作。

1914年，仅次于明塔中学的是路德教会中学，它的历史比明塔悠久，但是已开始以明塔中学为典范办学——这正是老冯·卡门所期待的。

位列第三的中学是雷亚尔（Real）中学，雷亚尔一词发音有两个音节，意思为"城市"或"职业"，而非"真正的"。这样的学校在布达佩斯有好几所，它们拉丁语教得比较少，希腊语就更少，更注重现代语言以及实用的学科，如工程绘图。雅各布·卡恩就是从雷亚尔类的商业学校毕业。到1914年，其中一所比较突出，地位和明塔中学与路德教会中学相当。学校旨在培养学生考入技术院校，而非古老的名牌学府——在美国，相当于麻省理工学院或加州理工学院，而非哈佛大学或斯坦福大学。

马克斯为约翰尼选择了路德教会中学。路德教会中学讲授拉丁语和希腊语非常严谨，值得信赖。这对马克斯来说非同小可。这位父亲和别人不太一样，在他看来，约翰尼不一定非得成为数学家，孩子才9岁或10岁时，路还不能限定得太死。很显然，约翰尼非常喜欢历史，对

---

* 原文误为1883年。——译者

语言也很感兴趣，这些都是选择学校时需要加以考虑的。马克斯希望儿子受到全面的人文教育，因此只能选择明塔或路德教会中学。马克斯的连襟奥尔丘蒂投了明塔一张反对票；他本人在明塔中学学习过，觉得它实验性过强，改革性过强，对待课本不太严谨。一家人以此作出了选择。

1914年，约翰尼进入路德教会中学；当时，布达佩斯的中学学术成就达到了高峰，这有助于它培育了一个迷人的美国神话。这个神话的主角是4个年轻的匈牙利犹太人，他们差不多同时出生在布达佩斯的同一个区，上同一所学校，在布达佩斯成为出色的科学家并一起移居美国，在几乎没有什么协助的情况下发明了原子弹。

就像所有的神话一样，有据可查的内容不多。的确有4个年龄相仿的匈牙利人对美国核弹研发作出了很大的贡献，不过是和大量没有到过布达佩斯的科学家一起。

这4个匈牙利人当中，年龄最大的是齐拉，他1908—1916年就读于雷亚尔中学。约翰尼评价他时说，他是典型的布达佩斯人，从你的身后进入转门，却能从你的前面出来。齐拉毕业于1916年，应征入伍参加奥匈帝国部队担任骑兵军官，不过没有成行。在部队开拔到前线做炮灰的前夕，他成功地报告说自己病了。评论家说这是典型的齐拉做法，是他几乎每一桩怪事不落人后的典型。1916年生病是真的，而且几乎是历史上有名的——他差不多是第一个感染西班牙流感的人；3年后，这种流感夺去了几百万欧洲人的生命。

这位齐拉，出现在罗兹（Richard Rhodes）文笔优美的《原子弹秘史》(*The Making of the Atomic Bomb*)*的第一个自然段。文中写道，在1933年一个灰暗的早晨，齐拉走下伦敦南安普敦大街，"穿过马路时，时光隧

---

* 参见《原子弹秘史》，理查德·罗兹著，江向东、廖湘彧译，上海科技教育出版社，2008年12月。——译者

道突然在他面前打开,他看到了一条未来的路,看到了死神将走进这个世界,看见了我们所有的悲哀,看到了未来事物的面貌"。就在马路中间,齐拉突然灵光一现,如果科学家可以发现一种元素,在中子的作用下分裂时,其核吸收1个中子释放出2个中子,吸收2个释放出4个,吸收4个释放出8个,以此类推……这样,核链式反应就可形成了,也就有可能"释放工业规模的能量以制造原子弹"。齐拉赶紧申请了链式反应理念的专利,并指定英国海军部保管。没人知道,战争时期,他是否打算告诉希特勒或洛斯阿拉莫斯:炸毁整个世界侵犯了他的专利。齐拉认为,阻止别人申请这种理念的专利是十分重要的。

齐拉与1943—1945年"曼哈顿计划"中原子弹的制造关系十分密切。主管这一项目的少将格罗夫斯(Leslie Groves)很不以为然,他把齐拉描述成"一个会坏事的家伙,他的雇主都会炒了他"。有一段时间,格罗夫斯差点把他作为敌人、异己分子拘留起来,理由是这个怪人可能是纳粹的犹太间谍。可怜的联邦调查局(FBI)特工到处跟踪心不在焉的齐拉,日子可真是不太好过。罗兹在他的著作中精彩地描述了这一切,维格纳对此评论时说:"齐拉的贡献几乎往往为人所低估,但罗兹完全意识到了,而且或许还有点言过其实,这一点给我的印象颇深。"维格纳的判断通常都是正确的。在洛斯阿拉莫斯时,他就认定约翰尼是个真正的天才。

论年纪,4个匈牙利人中维格纳排在第二。他在1913年进入路德教会中学读书,比约翰尼早一年。在普林斯顿和田纳西州的橡树岭,他在生产制造原子弹的秘密材料方面做出了重要的理论贡献。1963年,他被授予诺贝尔物理学奖。

约翰尼是原子弹背后的4个匈牙利人中的老三。特勒(1918年入明塔中学,1926年毕业)是老四。在美国拥有热核弹和实施强硬外交方面,特勒起了重要作用。遗憾的是,就算脾气最好的人,特勒也能把他惹毛了；而约翰尼能把最难缠的人的毛捋顺。

这4位布达佩斯人背景虽然相同，差异却是天上地下。他们的相似之处不过是智力过人和专业性质接近。维格纳1992年时还在普林斯顿，害羞、过分谦虚、安静。特勒一生饱受争议，感情丰富、性格外向、锋芒毕露。齐拉热情、有点歪门邪道、爱掺和，让人恼火。我们会发现，约翰尼和他们三个完全不同。约翰尼一门心思想用自己的智慧把下一分钟变得更加有意义。

路德教会中学仍然矗立在创办它的教堂旁。1989年，当匈牙利社会主义工人党分裂后，它重新开门办学，把约翰尼和维格纳的特制画像挂起来供人瞻仰。在社会主义工人党执政时期，路德教会中学由匈牙利教育部接管，变成了一个教育研究机构。鲁比克（Rubik）教授——鲁比克魔方的发明者，曾经在那里工作过。当时，在一楼转向二楼的平台处依然有一块很大的匾纪念拉茨（Laszlo Ratz）——1914—1921年约翰尼的数学老师。

这块匾和所有的匾一样，唤起人们对逝者的回忆。至少拉茨的一位学生以更令人信服的方式怀念着他。20世纪70年代末，维格纳的一位客人问他："您还记得拉茨吗？"这时，维格纳离开路德教会中学已经将近60年了。维格纳指着他办公室墙上拉茨的照片回答说："他在那里。"1989年，在笔者对维格纳的采访中，他6次提及拉茨的名字。1963年，维格纳在斯德哥尔摩市政厅获得诺贝尔奖的致词中提及拉茨和约翰尼，感谢他们早期对他的影响。

拉茨校长是一位数学家，在布达佩斯大学十分出名并深受尊敬，尽管他本人并没有杰出的数学成果；他还主管路德教会中学的体育教学。在美国这种安排并不奇怪，不过是反过来：往往是足球教练也教数学。

维格纳和其他人回忆说，拉茨立即认可了约翰尼的数学天才。这个小孩的数学知识远远超过了他应该知道的。当拉茨更深刻地认识到这一点时,他便开始采取行动。他拜访马克斯。路德教会中学和拉茨本人所能提供的常规的数学教育本身很优秀,不过只教给这孩子这些就没有道理,甚至是有罪的。拉茨提议,假如家长不反对的话,他负责确保教约翰尼许多额外的数学知识;无须额外付学费,扬奇可以继续接受所有普通课程的教育。

马克斯立即欣然同意了,他完全有可能期待着这类事情的发生。拉茨把自己的学生交给布达佩斯大学的数学家,这些人的名气可不小。很快,库尔查克(Joseph Kurschak)教授写信给一位大学的导师塞格(Gabriel Szego)说,路德教会中学有一个男生天赋非凡,按照匈牙利培养天才儿童的传统,问塞格是否愿意教授这个孩子一些大学课程。

塞格本人对于其后所发生的事情的描述很平实。塞格写道,他每周去冯·诺伊曼家一两次,喝点茶,与扬奇讨论定理、定律以及其他课程,给他留一些问题思考。而布达佩斯其他人的描述就更具戏剧性了。塞格太太回忆说,她的丈夫第一次和少年天才见面后回到家里时,眼里噙满了泪水。在布达佩斯的冯·诺伊曼档案馆,至今还可以看到约翰尼写在父亲的银行信笺上的对塞格提问的聪明回答。

塞格导师后来成为匈牙利20世纪6位最杰出的数学家之一,他在柯尼斯堡任教授直至1933年被纳粹驱逐。之后他去了美国斯坦福大学;斯坦福的数学系原本规模很小,在系主任塞格的带领下,发展成为一流的院系。1940年,斯坦福大学还吸引了匈牙利的波利亚(George Polya),硅谷的诞生和这一切都颇有渊源。

在1915—1916年由塞格完成了初步训练之后,约翰尼接下来由其他几位出色的数学家指导。他接触过库尔查克,和聪明的哈尔(Alfred Haar)有过往来,也结识了国际著名的里斯(Frigyes Riesz)。约翰尼更直接受教于费克特(Michael Fekete,此姓在匈牙利语中意思为"黑色")

和费耶(此姓在匈牙利语中意思为"白色")。费耶本来姓犹太姓"魏斯"(Weiss),当有人提议他为教授时,一个反犹的基督教教授嘲讽地问:"这位候选人会不会让我们和神职人员伊格内修斯·费耶神父(Father Ignatius Fejer)扯上关系?""也许是他的私生子。"厄特沃什反唇相讥,他总是知道如何应付这类事情。

约翰尼完成中学学业之前,大学里就有许多数学家愿意与他共事。他17岁时就把论文寄给期刊发表。那是一篇与费克特联合署名的短文,讨论了一个17岁少年通常不会感兴趣的问题:某种极小多项式的零点及超限直径问题,目的是把费耶此前关于车比雪夫多项式根的位置的定理加以拓展。这篇文章"Über die Lage der nullstellen gewisser Minimupolynome"1922年刊登在《德国数学协会杂志》(*Journal of the German Mathematical Society*)上。受到这位17岁少年的激励,费克特后来的大部分科研精力几乎都投入到这个方面。

至于约翰尼其他的课程教育,拉茨严格地履行了诺言。约翰尼和他的同伴一起在教室里学习拉丁语、希腊语和历史。拉茨还坚持要求约翰尼按学校课程表的规定认真上数学课,约翰尼就把他在大学参与的工作放在一边,学习初级几何,等等。约翰尼的一个同学费尔纳(William Fellner)充满敬意地回忆说,很显然,约翰尼并不喜欢这类课程,但是他以自己的方式从中有所收获,尽管这种收获并非课程的目的所在。约翰尼在10岁前就明白了这一点。

约翰尼的同学中有两个朋友一生都和他保持着亲密的关系。诺贝尔奖获得者维格纳是他在路德教会中学的上一届同学;费尔纳是下一届的,在苏黎世联邦工业大学与约翰尼共事。后来,费尔纳去了柏林,在那里获得一个经济学学位;回到布达佩斯后,他开始在商海开创事业。1938年,出于理性的考虑,费尔纳先是来到加利福尼亚大学伯克利分校,之后去了耶鲁,并在那里成为经济学教授。费尔纳在美国的事业是杰出的,且不仅仅局限于学术方面。他是福特(Ford)总统的经济顾问委员会成员,他在经济顾问委员会的直接前任是约翰尼的女儿玛丽娜·冯·诺伊曼·惠特曼教授——生于1935年,比费尔纳年轻得多。这是一个历史巧合,说明高层智慧的世界是多么小。费尔纳在政府舞台一直十分活跃;在1983年去世时,他是华盛顿美国企业研究所(American Enterprise Institute)*的住校学者。华盛顿美国企业研究所是在里根—布什时代回归更为自由的市场经济的"发电站"。

维格纳和费尔纳从学生时代起就认识约翰尼;约翰尼在布达佩斯度夏时,费尔纳在布达佩斯的一家加工公司做合伙人。直到现在,维格纳对作为朋友的约翰尼满怀深情与温馨,对作为数学家、物理学家以及其他方面学者的约翰尼充满敬畏和仰慕。1963年,托马斯·库恩(Thomas Kuhn)为撰写量子历史档案采访维格纳,那一年刚刚获得诺贝尔奖的维格纳却对已逝的约翰尼似乎有一种近乎自卑的情结。库恩问:"您的记忆力很好,是吗?""没有诺伊曼的好,"维格纳回答道,"不管多聪明的一个人,和冯·诺伊曼一起长大就一定会有挫败感。"

费尔纳也一样崇拜和喜欢约翰尼。怀特(Steve White)和乌拉姆曾一道撰写约翰尼人生前20年的传记,但并未完成,也未出版(参见注释)。他们曾采访费尔纳和维格纳,请他们回忆青少年时期的约翰尼。下面的总结主要是怀特写的,和本书前面的说明非常相像。

在学生时代,约翰尼迫切地想和其他孩子打成一片,他并不想远离他们;但维格纳和费尔纳都看得出来,他在某些方面确实有点格格不入,就算不是同班同学,这也不算是什么秘密。12岁时,成绩优异的约

---

* 美国企业研究所全称美国企业公共政策研究所(American Enterprise Institute for Public Policy Research,简称AEI),是美国最大和最重要的思想库之一。——译者

翰尼把他的两个朋友远远地抛到后面，但他自己并不以此为傲。费尔纳说，约翰尼一点都不傲慢；维格纳补充说，约翰尼不是那种一心想着自己智力超群而不顾别人感受的人。

约翰尼喜欢他的同学，他特别想和同学们打成一片，不过没有如愿。约翰尼总是一个旁观者，没有害羞和妒忌，但他总觉得自己是个看客，而不是参与者。那时，他并不像后来那样胖，但一点都不好动。至少这一点上，拉茨的教育失败了。约翰尼喜欢猜谜，玩智力体操，解答问题、疑惑以及迎接所有这类挑战，但却扫了别人的兴；于是，他参加的体育活动越发少了。不论是孩提时代还是成年以后，他都很自信，知道问题的答案，他就讲出来。照这种情况，加上一点推测，约翰尼很有可能不太招人喜欢，但实际情况并非如此。不过他也没有巴结同伴。约翰尼和其他孩子不太一样，不论成年以后还是小时候，他都有点与众不同。

维格纳回忆了约翰尼青少年时期的很多事。数论是数学中令人着迷也令人困惑的一个分支学科，当维格纳和约翰尼（注意，约翰尼比维格纳小一岁）谈起他偶然发现的一个定理时，维格纳并没因约翰尼对之很熟悉而觉得吃惊，"可是，你能证明它吗？"约翰尼回答说，要想证明它，还得用上数论中某些其他定理。首先，维格纳知道这些定理吗？维格纳知道。维格纳知道还要用什么定理吗？维格纳不知道。就这样一问一答。结果发现，有些有用的定理维格纳知道，有些他不知道。约翰尼深入思考了几分钟，用维格纳熟悉的一个子定理，证明了一开始他们讨论的定理。这使证明变得非常麻烦，不过约翰尼的看法可能是，如果维格纳需要一个证明，他就得搞出一个。

维格纳回忆说，当约翰尼专心思考问题时，他的注意力会非常集中，他会走到屋角，面朝墙壁，两眼盯着两面墙交界，口里念念有词，嘟囔的话几乎听不清。几分钟过去了，他也不会转回身子，只是偶尔中断自言自语。一旦他转过身来，就是开始作报告了。这个报告往往非常了不起。

　　维格纳提到,一次很偶然的机会,他目睹约翰尼不用纸笔心算两个5位数的乘法。约翰尼说过他的外公有这样的本事,不过他自己从未试过。试一试一定很有趣。维格纳选了两个数字开始用通常的乘法运算。约翰尼走到角落里去,经过几分钟好像并不太容易的嘟囔后,最终转过身来,宣布答案。维格纳被震住了,并热情地祝贺他的朋友。约翰尼问他的答案对吗?维格纳不得不告诉他说:不对。"那你到底为什么祝贺我呢?"维格纳不是一个容易动摇的人,他说:约翰尼,你的答案相当接近。

　　这段轶事与约翰尼是无人比肩的人脑计算器的说法不符。有人无知地以为数学家们简直就是善于乘法和除法的魔鬼。有些人是,有些人不是;但是不管在哪里,总有一些白痴学者比最好的数学家还擅长乘除法。当约翰尼对一些数学问题产生兴趣,并发现还可以通过谨记数学常量和利用代数定理取得额外收获时,他就对这些问题更有兴趣了。最终,约翰尼形成了与外祖父卡恩不一样的方式。约翰尼的方法带来了一些问题,他能把复杂的问题简单化,也能把简单的问题复杂化。一次课上,他在黑板上写写画画时一下子茫然了,他说:"我知道三种方法能证明这一点,不幸的是,我选了第四种。"

　　许多现代数学家思维怪异。运用约翰尼的计算机,他们的思维更加怪异。约翰尼不鼓励这样的思维。假如数学不能很快得出方程的项,那就不够严谨,逻辑性不强,很有可能会是误导的。乌拉姆后来透彻地概括了约翰尼的思维:

　　　　在谈论集合论和相关领域的问题时,冯·诺伊曼的思维是规范的;许多数学家讨论这些领域的问题时是一种直觉思维,似乎以几何或几近抽象感觉的、变换式的触觉图片为基础。冯·诺伊曼给人的印象是通过纯粹的规范演绎按次序运算。

我的意思是说，约翰尼的直觉基础仿佛是十分少有的那种，它能够产生天真的直觉，也能够产生新的定理和证明。假如按照庞加莱（Poincaré）猜想的那样，把数学家分为两种类型——一种运用视觉直觉，另一种运用听觉直觉——约翰尼或许属于后者。他的听觉很有可能十分抽象。它包含两个方面：一方面是符号群的规范的出现以及玩符号的游戏，另一方面是对它们意义的阐释，这两方面互补。前面所说的区别有点像大脑里具体的象棋盘和想象中一步步的走法，不过是以代数符号记下的。

假如读者了解约翰尼的大脑运行方式，就会对本书的下面章节中介绍的约翰尼智慧的成就兴致盎然。从发明新式的纯数学到计算美国如何最有效地威慑斯大林，不论做什么，约翰尼几乎都是在他大脑里的活动棋盘上沿着许可的严格路线移动他速记下来的代数符号。

这种运作模式可以使有些人非常迷惑；但是在不同的领域，它可以激发巨大的信心。约翰尼的终身密友内心里都对他的效率敬畏不已，不过并不谄媚也不嫉妒，而是一副轻松愉快的态度。与这样的友人相伴，可以使自己信心倍增，也可以使别人信心倍增。尽管中学时的约翰尼很有信心，不过和日后相比他还是压抑的。在他周围的聪明人中间，很显然，他激发了这种信心：从拉茨开始，在大学里的数学家中间，以及像维格纳那样最聪明的同学中间。

在约翰尼的事业尚未成熟时，拉茨的贡献颇大。约翰尼很有可能像一般孩子或青年那样，不按正常的轨道发展。数学家里也有许多神童长大之后不过平平，而不像约翰尼那样成绩斐然，为人所怀念、热爱。约翰尼的家庭以及马克斯的了不起的餐桌为他打下坚实的根基，但他需要一个人把他引入真实世界。在1914—1921年，拉茨起到了这样的作用。

不管约翰尼在大学里做了什么，路德教会中学都尽量把他当作一个普通的学生——尽管是班里的尖子生，也必须遵守学校的纪律（这些纪律不是官僚性质的，不过也绝对不简单）。被保留下来的约翰尼的学校记录显示，除了三项——书写、体育和音乐——的分数是几近最低及格分的相当不客气的"满意"外，其他每一栏几乎都是"优秀"。他的弟弟尼古拉斯回忆道，老师认为约翰尼在每一个问题都表现得非常睿智，只是常常忘了昨天的作业是什么。约翰尼的作业完成得很快，然后就一头扎进别的事情里去。反正有很多的事情可以研究。

约翰尼上中学时，卡恩家族的生活依然富足，他们居住在维齐大街的宅子里、山上的消夏别墅里。家庭生活是约翰尼生命中不可分割的部分。即使远在异乡，每年夏天他都会回到布达佩斯，尽可能长地延续那里的生活方式。上学的时候，约翰尼越来越专心于数学，尽管许多数学学习是在孩子乱跑的闹哄哄的房间里进行的，他也不会因此分心，反而觉得有趣。约翰尼能够做到注意力高度集中，而且一贯如此，但他又好像很清楚周围发生的乱七八糟的事情。

约翰尼是一个和气的少年，在思考问题时偶尔会严肃一些。马克斯的餐桌谈话对于他来说变得越来越重要，这种谈话也越来越充满智慧，话题也越来越广。马克斯是国际象棋的好手，这个不服输的孩子也迷上了象棋。他设计建构了一个棋路，从简单的原理开始，一往无前地得出相应的结论，体现了后来形成的真正的约翰尼风格。他不时用他变幻莫测的棋路和马克斯对弈。约翰尼14岁时，父亲还是能干净利落地赢他，至少能把他的棋路打得七零八落。

夏天，一家人去威尼斯、塞默灵和卡尔斯巴德等地方旅行。一般情况下，约翰尼都会随行。那时，就会有化装舞会、室内游戏以及各种各样的家庭乐事，约翰尼是中心人物。大部分时候，他都十分乐意学习，当然也会学习数学。弟弟妹妹们的老师陆续上课,他也学到了更多的法语、英语和意大利语。他的求知欲望是可爱的也是骇人的。约翰尼的表妹仔细考虑后举了一个恰当的例子:有一次约翰尼带了两本书上洗手间,因为他担心出来前会把手头上的那一本读完而没办法替换。

1914—1921年平静的中学时代其实很不寻常,因为当时的政治背景一点都不平静。1914—1918年,也就是约翰尼10—14岁时,匈牙利参与了一场野蛮的欧洲战争,最终战败。1919年,约翰尼15岁时,匈牙利政府被一个右翼的、部分反犹的政府所取代。1920年,约翰尼16岁时,《特里亚农条约》(Treaty of Trianon)割去了匈牙利三分之二的领土。1921年,也就是约翰尼上中学的最后一年,祖国领土丧失对外祖父卡恩的生意打击甚大,因为交易对象是国土上的人民。马克斯的银行业陷入了当地的金融危机,因此他很快转到一家更为国际化的银行,只是职位略低一些。在动荡的匈牙利,神童约翰尼是如何平静生活的呢?

1914—1918年的战争对冯·诺伊曼一家影响相对较小,假日时他们依然到奥地利群湖去旅行。匈牙利是奥匈帝国的粮仓,战时物资短缺,食品价格上涨,会做生意的匈牙利人往往变得更富有。

奥匈帝国并没有把大批军队送到西部前线,主要战事是在东部前线同波兰南部的俄国人之间展开的——间或和塞尔维亚、意大利、罗马尼亚交火。西部前线的一般战况是德意志帝国打败俄国,而俄国打败奥匈帝国,不过谁也没占到太多便宜。俄国人和奥地利人给火车头加足蒸汽,车上装满士兵、装备、重型枪支、子弹和许多战马。即使俄国人浴血奋战打了胜仗,无奈被征服的波兰土地荒芜、人烟稀少,后方的补给总是供应不上。像布达佩斯这样的城市从未遭受真正的威胁。

在松散的奥匈帝国,尽管正在打仗,政治气氛也不像人们想象的那样压抑。1916年,爱因斯坦的校友和资助人阿德勒(Friedrich Adler)走进维也纳的迈塞尔安沙德恩宾馆射杀了奥地利首相施蒂尔克伯爵（Count Sturgkh）*。阿德勒解释说，他希望由此引发讨论，奥地利到底是否应该继续战争。他很快被判死刑，后来减为奥匈帝国式的18个月监禁。阿德勒的父亲——社会民主党的创始人在恳请减刑时说，他的儿子一定是疯了，因为最近他刚写了一篇论文赞同爱因斯坦的相对论。年轻的阿德勒被监禁在条件舒适的城堡里。1918年他写信给爱因斯坦说，在这样艰难的时代，呆在监狱里比在外面要好。

在布达佩斯的冯·诺伊曼一家认为，如果奥匈帝国战胜，匈牙利就会更受德国的操纵，如果战败，情况就更加糟糕。反犹的沙皇俄国会进一步扩张到中欧。马克斯在他的餐桌上编起了粗俗的小调，唱唱弗朗兹·约瑟夫皇帝和奥匈帝国军队在如塔诺玻尔矿区等战役中遇到的麻烦。在塔诺玻尔地区，军队行进得太快以至前后脱节，士兵们弹尽粮绝。根据舒伯特的旋律，马克斯和约翰尼唱着马克斯自编的歌词。这些歌词翻译成英语听着可不怎么样："我们的部队进军到塔诺玻尔，塔诺玻尔。他们又不是布娃娃，他们要喝汤，可不能吃煤。"不过在逻辑上可能比奥地利最高指挥官更高明些。

10—14岁时的约翰尼密切关注战况，在战时地图上移动着大头针。约翰尼和家人玩着自己编的复杂的战争游戏，在图纸上划着防御工事和公路。胜者正是设计这套正确策略的人，有时那些策略是从古代战争中照搬过来的。一个兄弟说，哪一方胜利在感情上都无所谓。不过，凯瑟琳·佩德罗尼（Catherine Pedroni，娘家姓奥尔丘蒂）饶有兴致地记得，约翰尼、迈克尔和一个表弟，有时穿着仿制的德国军装。

战争快要结束时，匈牙利政局也变得紧张起来。1918年上半年，布达佩斯发生了两次大规模的罢工，夹杂着一些哄抢和骚乱。14岁的约

---

* 参见《恋爱中的爱因斯坦》，丹尼斯·奥弗比著，冯承天等译，上海科技教育出版社，2016年。——译者

翰尼照样去上学。1918年11月休战时成立了由卡罗伊伯爵（Count Michael Karolyi）领导的匈牙利革命政府。罗兹在他的书中引述一些油嘴滑舌的匈牙利人的说法："没有伯爵我们就没法革命。"卡罗伊以为战胜的协约国会敞开双臂欢迎一个民主的匈牙利，并友好地与之缔结和平条约。支持卡罗伊的一群暴徒杀了他的一个政治对手［蒂萨伯爵（Count Tisza），战争期间的一段时间任匈牙利首相，但他本人反对战争］。卡罗伊惹人注目地给蒂萨的家人送去了大花圈，蒂萨的家人同样惹人注目地把花圈扔到垃圾堆上。后来情况变得很明显，卡罗伊恳求战胜的协约国大度一些以获得和平，战胜的协约国也希望卡罗伊大度一些以获得和平。1919年3月，卡罗伊本来就摇摇欲坠的政府垮台了，贝拉·库恩（Bela Kun）领导的匈牙利共产党掌握了国家政权。1919年8月，海军上将霍尔蒂（Horthy）又率领大军杀回布达佩斯。

霍尔蒂政府并没有如马克斯所期望的走安抚调解的路线，他们在报复性的白色恐怖中杀死了5000名匈牙利人。一位匈牙利历史学家说，白色恐怖分子实施的残酷镇压是军官们有意为之。这些军官来自马扎尔贵族阶层，他们对犹太人满腔愤怒。在贝拉·库恩的55名最高政治委员中大约有35名是犹太人。因此，霍尔蒂政府1920年实施50多年来第一次具体的反犹措施。

按规定，大学录取"应当尽可能与不同种族或民族相应的人口比例相对应"。这就意味着大学新生中应当只有5%是犹太人。这条规定很荒唐，在匈牙利这样的国家里，律师、医生以及其他知识性行业的从业者中50%—80%是犹太人。约翰尼一直属于那顶尖的5%，任何一个大学都会抢着要，但是反犹主义令他震惊。当时11岁的特勒在匈牙利经历了这种统治。特勒一家被迫把公寓里供资产阶级享用的楼层让给两名士兵，他们两个抢了特勒家窖藏的钱财，还朝花盆里的花草撒尿。特勒的父母担心犹太人在革命中太过张扬，他的母亲说："我们犹太人的所作所为叫我害怕,当这一切结束后会有一场可怕的报复。"

贝拉·库恩以及追随他的中尉们在俄国当战俘时,曾受训参加革命。他们的指示虽然细致但是效率不高。纽约大学教授拉克斯(Peter Lax)仔细审阅了本书,清除了原来非常严重的数学错误。他给我讲述了一个发生在1919年的故事。拉克斯的父亲,当时是一个事业处于上升期的年轻医生。红军委员梅萨阿罗(Meszaros,这个姓有点令人尴尬,意思是"屠夫")得了革命期间流行病——伤寒。拉克斯的父亲为他治好了病。不过,算不上帮他什么忙,这位委员的病刚刚好,就在白色恐怖中被处决了。出于感激,梅萨阿罗给了拉克斯医生最宝贵的一件物品,那是列宁(Lenin)的一封指导他们如何革命的信。信的大意是:"给农民们这些许诺……给无产阶级这些保证……给资产阶级这些保障……但千万别让这些许诺、保证和保障捆住了手脚。"1941年,拉克斯一家由匈牙利移居美国被袭前的珍珠港时,须途经战时的纳粹德国到里斯本。德国人对他们的签证还是有几分顾忌、礼让的,不过拉克斯觉得,在那种年头,犹太人的行李中夹着列宁的一封指导如何革命的私人信件经过纳粹帝国没准会带来厄运。于是,在离开布达佩斯之前,就毁了这封信。的确令人感到遗憾。如果把这封信从布达佩斯的一个普通邮箱,不附上寄信人的地址寄往美国,肯定应该可以送达。即使是在1941年,匈牙利人的态度也比许多人想象的轻松。

后来,约翰尼这一代匈牙利人"在情感上对俄国有一种恐惧和讨厌"。贬低约翰尼的人认为,冷战时期他强硬的态度也是出于他本人相似的情感。他们忘了"情感"这个词本身对于强调逻辑的约翰尼来说就是个贬义词,约翰尼的理智远远胜过情感,他不会狂热地憎恨某人或某事。西奥多·冯·卡门因胸怀一些社会民主抱负,是贝拉·库恩时期的高等教育部次长,他是约翰尼一生的朋友。

1919年,凯斯特勒(Arthur Koestler)还是布达佩斯的一个14岁的穷孩子，他在开始时支持革命。但是他的家人发现，政府的供给卡和贬值的纸币买不了什么吃的。那年夏天唯一充足的食物是香草冰淇淋，可能是因为它不受价格控制。凯斯特勒一家早餐都吃冰淇淋。

这种荒谬的经济和管理震惊了约翰尼。因为在他一生当中的头15年，经济繁荣、发展迅速，中产阶级体面的行为约定俗成；即使在1914—1918年战争期间也是如此。贝拉·库恩政府的文化事务委员——乔治·卢卡奇（George Lukacs），被称为伟大的马克思主义历史学家，他和约翰尼一样也是一个银行行长的儿子——不过大家总觉得他有点疯疯癫癫。

在贝拉·库恩和乔治·卢卡奇之后，匈牙利来了另外一群统治者。他们的报复方法野蛮、残忍，有时（如对犹太人的歧视）还使发展本来就很缓慢的经济更加缓慢。1919年8月以后，革命中的许多活跃分子逃往苏联。几乎每一个有地位的匈牙利大家庭都有一些这样失散的羔羊。开始时，他们之间还自由通信。过了一段时间，有小道消息传来，苏联那边凡是定期收到海外来信的人都有掉脑袋的危险，所以，不要再寄信过来了。这是1919年后匈牙利人对苏联产生正常恐惧的主要原因。

1920年的《特里亚农条约》使匈牙利失去了许多领土。不过对于冯·诺伊曼一家来说，这些倒不是非常难过的时刻。他们是国际主义者，而不是民族主义者，但是完全有理由担忧对经济的影响。作为农业设备的供应商，卡恩—海勒公司面临破产的危机。1918年之前，在奥匈战争中，卡恩因为爱国投资了许多战争贷款，结果使他的个人财产遭受了损失。

马克斯所在的马扎尔耶扎罗格希特尔银行的业务也不顺利，董事之间争执不下。幸运的是马克斯抓住机会投身到需要他的投资机构，转到业务更加国际化的科纳（Adolf Kohner）的儿子的银行。马克斯用他的小曲庆贺："店铺烧光光，责任重如山／一朝人醒来，跳到科纳儿子那里去。"马克斯和约翰尼一样清楚自己的价值。

1921年，约翰尼参加中学毕业考试时，匈牙利还残留一些经济阴影。第一个完成答卷无疑是优秀的；约翰尼就是第一个，不过很快他就后悔了。离开教室时，他意识到有两道题做得不够尽善尽美。

不过问题不大；除了那两道题，那是一张几近完美的考卷。约翰尼还参加了厄特沃什奖的角逐，结果胜出。西奥多·冯·卡门是上一届获奖者，再前面是齐拉，几年之后是特勒。与学生生涯的辉煌开始一样，扬奇·冯·诺伊曼的中学生涯因获得了厄特沃什奖而辉煌结束。

第四章

初露锋芒的本科生

1921—1926年

在路德教会中学的最后一年间，关于约翰尼深造的问题必须要定夺了。马克斯征求了大家的意见，还和西奥多·冯·卡门谈过话——当时冯·卡门在贝拉·库恩领导的共产党政府任教育部次长，马克斯很尊敬他。在对前景作了一番银行家式的掂量之后，大家决定约翰尼应该投身化学工程。1914—1918年战争期间，德国化学家使化学声名远扬，一如第二次世界大战成就了核物理的辉煌。约翰尼并没有显现出化学或工程学方面的任何禀赋，因此这个决定有点突兀。作出这个决定的原因有两个：一是守的策略，一是攻的智慧。

守的策略在于，当时匈牙利大多数最聪明的学者都被迫进入化学工程一行。当维格纳17岁时，他的父亲问他打算如何谋生。年轻的维格纳回答说，他一直想成为理论物理学家。父亲反问他："匈牙利有多少份工作提供给理论物理学家呢？"年轻的维格纳回答说："4份。"讨论基本结束，维格纳被送往柏林大学学习化学工程。后来，费尔纳被送到苏黎世学同一行。不过他们在化学工程领域待的时间都不长。

1921年，约翰尼先被送到柏林大学、后到苏黎世学习化学工程，不过他在化工领域待的时间也不长。1954年,面对格雷委员会*在华盛顿的旨在折磨奥本海默(J. Robert Oppenheimer)的会场,约翰尼给出他早期的工作期望——这里有维格纳一家寻求安稳生活的风格。在这场荒谬的、经受迫害的问讯中(约翰尼的话有理有据),约翰尼被质问为什么不呆在匈牙利。他回答说:"我本来打算成为一名化学工程师,如果我成了化学工程师,我很有可能就会回到匈牙利。不过,后来我决定成为一名数学家,而数学家在匈牙利的前景不是很好,在德国却非常好,我决定去德国。"

简而言之,以工程师为职业是一个实际的选择,马克斯就是一个实际的人。约翰尼尽管年纪还小,也习惯了舒适的生活,不大可能满足于在匈牙利做一个数学讲师。尽管父亲收入颇丰,但家族并没有产业,且银行也有了麻烦,将来还可能会麻烦不断。所以,先找个落脚点不是什么坏事。

关于约翰尼的事业的另外一个决定也是成功的,而且更加雄心勃勃。约翰尼不仅找到了一个好的落脚点,还可以在广大的空间翱翔。在约翰尼动身经柏林到苏黎世之前,他在布达佩斯大学注册为数学高级博士学位候选人。尽管欧洲的学术晋级不像美国那样程式化,但17岁的约翰尼所申请的可不是一个一般的项目。他计划在两个截然不同的领域,在相隔几百千米的三个城市,同时进行本科生和研究生的学习。登峰造极的是,这个中学生的博士论文意在使康托尔(George Cantor)的集合论公理化——这是当代数学中最有争议性的问题,许多伟大的教授都被逼得走投无路。这位17岁的青年仿佛在暗示,他穿着健身鞋就准备攀登珠穆朗玛峰,而且还是兼职。

---

* 格雷委员会(Gray Committee),1954年原子能委员会主席任命戈登·格雷(Gordon Gray)为委员,撤消对奥本海默的安全审查。1954年5月27日,格雷委员会得出奥本海默是"忠诚的公民"的明确结论。——译者

化学工程是更加单调、乏味的学科。1921年做的主要决定是,约翰尼在柏林大学轻松地上两年化学课,不用取得学位;然后在1923年秋天参加著名的苏黎世联邦工业大学(简称ETH)久负盛名的四年制化学工程系二年级(跳过一年级)的入学考试。这样,约翰尼就和另外一位伟大的智者形成了有趣的对比。

1895年秋,爱因斯坦参加ETH的入学考试,但是没有考取。在填鸭式教学的学校里学习了12个月后,第二年终于考取。部分由于他早年在ETH的成绩令人失望,年轻的爱因斯坦被认为天资愚钝,以致得不到研究资助。他大学毕业后不得不在瑞士的一家专利局做职员,领取微薄的薪水。在配备家具的出租屋里,与学术界隔绝的爱因斯坦思考了影响巨大的狭义相对论的真谛。爱因斯坦解释1895年ETH入学考试失利的原因时说,他的父亲告诉他"选一份实用型的职业,而这对于我来说是无法忍受的"。约翰尼从不欣赏任何非实践性的学术向往。约翰尼和爱因斯坦对待商业能力和福利依赖的态度是完全不同的,这是清楚的且最终也是至关重要的。这种差异很有可能源于他们的父亲流传下来的不同形象。

约翰尼的父亲极其讲求效率,帮助建立对国家大有裨益的大型企业。在马克斯的大家庭里,他赚的钱很多,可以帮助姐妹、表亲和阿姨们。爱因斯坦的父亲尝试了一个又一个小生意,结果都赔了钱;他还得向表亲、叔叔和阿姨们借钱,包括让爱因斯坦接受没有实用价值的教育所需的钱。

在成功的企业里,约翰尼看到了浪漫;爱因斯坦的本能是视有钱可赚的生意为别人开的粗鄙的玩笑。约翰尼认为凭本事赚钱对于自尊至关重要;爱因斯坦认为有难处的人有权利要求别人帮助自己摆脱困境。约翰尼和爱因斯坦很早就明白自己不能没有本事,他们完全有信心预见到自己能够推动人类知识的进步。约翰尼17岁时就对此信心满满,因为他对康托尔集合论的公理化的思考是完整的、令人兴奋的。

1921年9月,约翰尼由父亲相伴乘火车去柏林。一位未来的华尔街银行家在火车上遇到了他说:"我猜你是去柏林学习数学的。""不,数学我已经有所了解,我是去学习化学的。"17岁的年轻人回答说。

一些评论约翰尼的人估计,当初他去柏林,是打算拜在柏林的诺贝尔化学奖获得者哈伯(Fritz Haber)——德国人热爱的、毒气的主要发明者——的门下认真学习的。哈伯,和计算机之父约翰尼一样,是给20世纪带来巨大影响、而又鲜为人知的屈指可数的人物之一。如果哈伯没有成功研制出固氮法制出用于炸药的硝酸盐,在1914—1918年战争中四面受敌的德国可能在1915年就投降了。哈伯为他1915年发明毒气辩解说:"如果这个发明可以缩短战争,它会挽救许多年轻的生命。"同样的话,30年后,在洛斯阿拉莫斯也有人这样说。

约翰尼不大可能是哈伯所带的学生,因为约翰尼在柏林学习化学的目的就是完成他在ETH第一学期的报告。费尔纳向怀特坚称,约翰尼在柏林几乎没学过化学。费尔纳有苏黎世布拉登斯特莱斯的签到名单和约翰尼1922年在苏黎世时和费尔纳共同的住处地址;约翰尼在二年级入学考试前来看看ETH第一年都教些什么课程。因此,有人说,1921—1923年是约翰尼"失踪的两年"。

只要想一想1921年9月至1923年9月约翰尼需要做些什么和世界形势怎样,谜底就不难解开,上面的说法也就可以驳回。他一点都不用担心爱因斯坦没通过的入学考试,因而不用花大力气准备。ETH的报告显示,他的入学考试"成绩优异"。这是一个不错的结果,因为约翰尼在匈牙利学校里学习的化学并不很深。1921—1923年,他需要读一点德语的化学和化学工程学,他甚至不需要像哈伯那样的老师,只参加柏林的一个函授课程,偶尔到班上听听课就可以了。

1921—1923年,这位银行家的儿子到瑞士偶作停留、处理点事务也是合情合理的，尤其是到了1923年岁末。魏玛共和国的通货膨胀正在加剧，早上你可能还持有中产阶级的账户，这些德国马克到了晚上可能连一堆胡萝卜都买不到。但是，如果你把钱兑换成外币，在1923年可以买一张相当于一便士的火车票，乘上头等车穿越德国边境。后来，约翰尼说："一个欧洲人光有钱还不行，他还需要在瑞士有一个银行账户。"

德国内战的威胁在升级，反犹主义也在升级，不时爆发密谋暴动：柏林的黑色国防军和慕尼黑啤酒馆里的希特勒。对一个聪明的犹太男孩来说，在最初几年背井离乡中，若是不需要长期留下来学习化学，德国并不像一个合适的去处。对于一个有外币的年轻外国人来说，1921—1923年柏林的性服务廉价、普遍、商业化且荒淫。维齐大街62号的一家人对这些令人担忧的故事有所耳闻。最重要的事，为参加化学入学考试而专心苦读，不是年轻的约翰尼在1921—1923年最重要的生活内容。同时注册3个高等学府，学习两个不同的科目，不管其用意如何模糊，毋庸置疑的是，1921年离开学校后，约翰尼很快意识到他要成为一名数学家，并描绘了令人异常兴奋的蓝图。

乌拉姆写道："一个数学家开始创造性的工作时，通常会面临两种相互冲突的倾向：第一种，为已经存在的大厦添砖加瓦——解决一道难题肯定会很快获得认可；第二种，另辟蹊径，创造出崭新的综合……约翰尼在他的早期工作中选择了第一种。"确实，约翰尼选择了具有银行家儿子特点的道路——解决当时的突出问题，并且始终坚持直至接近生命的尽头，直到发明改变未来生活观念的计算机。

在1921—1923年，年轻的约翰尼的着眼点更近，他抓住主要的学术机会，尝试解决纯数学中讨论最为热烈的问题。这些问题究竟是什么，其实很清楚，约翰尼要么出现在哥廷根大学的老教授希尔伯特(David Hilbert, 1862—1943, 伟大的德国数学家)的身旁，要么到荷兰数学家布劳威尔(L. E. J. Brouwer)的学校。大致说来，希尔伯特想要将现代数学重新公理化——包括康托尔的集合论——使之更加严谨而实用，布劳威尔认为集合论的某些部分太不严谨以至根本不实用。约翰尼支持希尔伯特。

希尔伯特是迫切地希望严谨的数学最终可以解决几乎所有问题的最后的伟大人物之一。他沿袭了莱布尼茨的德国传统——莱布尼茨当时相信，大约再过3个世纪(也就是大约1992年)，"两个哲学家之间无须争执不下，他们的问题就像两个会计之间的问题一样很好解决。只需手里拿支铅笔，坐在石板前，对对方说(如果他们愿意，也可以请一位朋友作证人)：让咱们算一算"。莱布尼茨所讲的"哲学家"其实想指所有理性的人。他似乎希望到了大约1992年，只要坐在石板前计算，就可以解决所有的政治争论、所有的婚姻困境、美与艺术的大多数问题以及所有科学进步的问题。如果他能够看到这些石板被约翰尼的计算机所代替，会十分震撼、高兴的。

希尔伯特并没有这样的奢望，但他认为数学应当重振雄风，引领科学的进步。这对现代数学的主要要求是更加科学化和公理化。公理化的意思是说，数学家的计算应当不断表明这一步将导出下一步——不是偶尔为之，而是每次如此。约翰尼早年在德国时也是以这种德国的方式思维的。

1900年，希尔伯特为新世纪的数学家列出了23个问题。它们包括需要将康托尔的数学更加严谨化，以便使公理化延伸到数学和自然科学。做不到公理化——无法合理解释为什么这一步总是导出下一步——希尔伯特担心数学的影响会"继续减少"。希尔伯特说："我不愿意也不希望那样，因为数学是精确了解所有自然现象的基础。但愿它能完成这个使命，但愿新的世纪会诞生有天赋的预言家、门徒……天才大师。"希尔伯特认为新世纪的数学家将会拥有神奇的新工具。利用新工具他们不仅在数学中引入公理化，也会在物理学以及所有"数学起重要作用的学科"中引入公理化。希尔伯特相信,利用这些手段,他们一派的数学家会证明古典数学和现代数学(集合论)的相容性以及"不存在矛盾性"。他相信,只有这样,所有的科学才能加速发展。

可惜,在1921年,数学没有沿着这个方向有序地发展,而是众说纷纭、争执不休。

很多争执是不同凡响的康托尔(1845—1918)引起的。康托尔动荡的生涯从在圣彼得堡度过的童年开始,然后在欧洲没有名气的大学——如哈雷大学——担任讲师(因为常常得罪别人,无法在重点大学谋到长期的职位),在第一次世界大战期间死在德国的一家疯人院。巴纳赫(Stefan Banach,1892—1945)认为,这位神经不断崩溃的教授"是喜欢把受尊敬的人已经建立起来的假设颠覆的那种犹太人,如耶稣(Jesus)、马克思(Marx)、弗洛伊德,外加康托尔"。E·T·贝尔在他的数学史著作《数学大师》(*Men of Mathematics*)最后一章呼喊"失乐园?"他担心莱布尼茨的梦想破灭了,而"康托尔在1874—1895年创造的Mengenlehre(集合论,或类论,特别是无穷集论)所引起争论的话题……象征着那样一些数学原则的总崩溃,19世纪有先见之明的预言家们认为,这些原则在从物理学到民主政府的一切事物中是极其合理的。这些预言家们预见到了一切,只是没有预见到这场大崩溃"。

公平地说,康托尔还没有那么革命。

在康托尔之前,起源于物理学和化学的集合论就有了雏形。19世纪期间,物理学家和化学家都关注物体(如气体)中单个粒子的运动,但是不太可能数清楚到底有多少个粒子。因此,整体来考虑它们的运动就显得很有益处,实际上确实如此。组织和简化这类操作的数学应运而生,并逐步成长起来。

集合论家说,假如在一个房间里有数不清的男孩和女孩,乐队奏响并请每一个人带上一位异性舞伴,剩下的不成对的数字就是可分析和可处理的了。说得再平实一点,假如会议大厅里所有的椅子上都坐了人,没有人站着,那么就可以说,椅子的数目和人的数目一样,即便你还没有开始查。集合里的这种对应关系成为一个非常有用的概念,其他术语也一样,如并集、交集和子集等。因为根据精确的数字,不用计算就可以得出结果,这就和相当严谨的数学有了偏离。在科学家们确切地说出从哪一步得出了哪一步的意义上,我们还没有恰当的公理化。

当集合论成为现代数学最重要的部分时,康托尔抓住了它,并把它扩展至无穷。这使传统学者非常恼火,因为这样产生了矛盾。举一个十分简单的几何学例子,任何一条直线中有无数的点,但是如果说那个小小的破折号中和一条无限长直线里的点的数量一样就有点怪异了。当谈到要将那条直线在无穷维中拉长时,你就会"无穷地"困惑了。举一个简单的算术例子,在所有数中一半是偶数,但是如果你有一个偶数的无穷集合,不论说它是或不是一个所有数的无穷集合的一半,听上去都让人觉得矛盾。正如我们将发现的,一些杰出的学者,如罗素(Bertrand Russell),为此差点发疯。康托尔认为,存在不同的无穷的种类,并引起了对超无穷数的思考。

生气的读者怀着对80年前那些在针尖上跳舞*并相互大喊大叫的德国教授的担心,有可能认为这部传记写到这里就像康托尔本人最后一样已经疯了。爱因斯坦把他们的争论称为蛙鼠之战**,不过这些教授可不仅仅是在跳舞,一些人还威胁说要把数学从技术的发展进程的充分运用中完全撤离出来。

当分析家们发现,实际上,纯数学要研究有点无穷意义的概念而不

---

* 指一些非常琐碎、没有意义但却可以辩论的经院哲学式的问题。——译者

** 指希尔伯特和布劳威尔之间的争论。参见《数学大师》,E·T·贝尔著,徐源译,宋蜀碧校,上海科技教育出版社,2012年。——译者。

是只研究有穷的概念时,布劳威尔、外尔(Hermann Weyl)身边的一些数学家说搞无穷概念是和魔鬼打交道。他们抱怨说,随意地接受无穷的概念作为算术的工具是在制造无法解决的问题。他们坚称,不管听上去有多么合理,没有证据显示比较严谨的数学家应当接受无穷的概念并加以考虑。他们极力主张,没有任何信心去谈论无穷,那些喜欢谈论无穷的逻辑学家不过是作茧自缚。他们的态度坚定了一些学者的研究兴趣,但是也有相当大的缺欠。他们把现代数学的许多概念拒之门外,认为它们不恰当、没道理。

哥廷根的希尔伯特向这些懦夫宣战。他认为康托尔是一个天才,布劳威尔和外尔之流会削弱数学。假如允许他们开始"抛弃不合他们心意的一切,并下一道封锁令。其结果是肢解我们的科学,冒着失去我们大部分最有价值的东西的危险"。希尔伯特振臂高呼:"我们不应当被逐出康托尔为我们创造的乐园。"他号召年轻的数学家们合理运用新的符号法,证明康托尔的数学是严谨的、可以被公理化的和实用的。

1921年,17岁的约翰尼热切地对此作出回应,他已经做到了他应该做的。

1921年,当约翰尼还是个中学生时就已经开始着手准备公开发表的第二篇论文了,这篇题为"关于引入超穷序数"(Zur Einführung der transfiniten Ordnungszählen)的论文直到1923年才发表。序数是表达次序的数字——第1、第2、第3——基数(如1或9或7)不表示次序。超穷序数,就其名称而言,已经是一个无穷集合。

论文的开篇就体现了约翰尼的真实风格:"本文旨在具体、精确地思考康托尔的序数观念。"约翰尼写道,有必要把康托尔本人就有点模糊的公式变成更加精确的定义。约翰尼的一个定义是每一个序数是所有较小序数的集合。这样问题就变得很单纯,避免了一提无穷的概念就把人搞得云里雾里。约翰尼骄傲地指出,该论文通篇都没有使用"等等(et cetera)"一类模糊的符号。正如约翰尼所预料的,古老的东普鲁士的希尔伯特和他的学派为这样的形式感到欣喜。

1921年,约翰尼作为一名化学学生来到柏林大学时,很可能并没有径直拜望伟大的毒气发明家化学教授哈伯,而是径直拜望了数学教授施密德(Erhard Schmidt)——希尔伯特20年前的学生。施密德也是策梅罗(Ernst Zermelo)的朋友,策梅罗当时在集合论的公理化方面已经取得了许多深刻的进展。尽管策梅罗的工作缺乏约翰尼后来的精确,但他因为体现了数学家们所说的"选择公理"的需求启发了约翰尼。有人认为,策梅罗也曾研究过约翰尼在《博弈论》一书中提出的问题。后来,约翰尼因善于吸收年轻人的模糊思想,并在短时间内远远地领先他们而著称。约翰尼年轻时也同样善于吸收更加杰出的老教授们的思想,并在短时间内远远地领先他们。

1922年,约翰尼开始撰写这篇论文的第一稿。我们对此事早期历史的了解,源于约翰尼去世几年之后,耶路撒冷希伯来大学的教授弗伦克尔(Herbert Fraenkel)写给乌拉姆的信:

> 大约在1922—1923年,当时我还是马伯里大学的教授,柏林的施密德教授寄给我一份长长的手稿《集合论的公理化》(Die Axiomatisierung der Mengenlehre),作者是我不认识的约翰尼·冯·诺伊曼。这篇论文成为他最后的博士论文……因为读起来难以理解,施密德请我发表自己的看法。我不能坚持说理解了一切,但可以确有把握地说这是一部了不起的著作,并"从爪子判断这是一头狮子"。我一边回复表达了这个意思,一边邀请这位年轻的学者到马伯里做客,我们面对面讨论一些问题。我强烈建议他再写一篇较为非正式的文章,强调理解问题的新途径和基本的结果,为这篇太专业的论文提供

理解基础。后来他写了这样一篇文章《集合论的一种公理化》(Eine Axiomatisierung der Mengenlehre)。1925年,我把这篇文章刊登在我当时任副主编的《数学杂志》(Journal für Mathematik)上。

"从爪子判断这是一头狮子"(ex ungue leonem)是两个半世纪前伯努利(Daniel Bernoulli)用在牛顿身上的一句话。当时,有人寄给伯努利一篇作者匿名的数学论文,不过他立即认出这是牛顿所写。

《集合论的一种公理化》是约翰尼公开发表的第三篇作品,开篇再次体现了约翰尼的风格:"本文的目的是将集合论公理化、逻辑化,但愿不会引人反感。首先,我要谈谈,是哪些难题使集合论必须公理化。"这确实有点像神学专业二年级本科生在一篇论文里打算合乎逻辑、毋庸置疑地证明上帝确实存在一样。

如果一个没有经验的神学学生写了这样一篇论文,他几乎肯定出了错。不幸的是,没有经验的约翰尼对集合论的公理化也把他和其他人引入了歧途。从《集合论的一种公理化》大概可以得出两组结论,较长的一组留待下一章讨论。下一章我们会讲一讲,作为一位逻辑学家,约翰尼早期对整个、有时不太合乎逻辑的2500年的逻辑史和数学史的贡献。我们暗暗希望,我们不仅能够了解他在什么地方出了问题,也能了解为什么这些错误会令他继续前行,为发明计算机提供必要的背景。

较简练的一组结论当然就是让老希尔伯特非常高兴的那一组。《集合论的一种公理化》一文在1925年发表前已在重量级人物中间传阅过,并使这位年轻的本科生名声大振。希尔伯特的传记作家认为,从那时起,年轻的约翰尼成了希尔伯特家的常客。"这两个年龄相差超过40岁的数学家,在希尔伯特的花园或书房里一待就是好几个小时。"弗里德里希斯(K. O. Friedrichs)后来告诉拉克斯,哥廷根其他的上了年纪的数学卫士因此心里不是很痛快。他们认为可爱的约翰尼不过是昙花一现式的人物。但是,1924年希尔伯特赞扬他是最伟大的年轻数学家。

很多年来,希尔伯特都说集合论的公理化会使数学在新的技术进步中处于驾驶员的位置上。现在,一位还没有取得学位的年轻人好像使公理化问题前进了一大步。如果这就是约翰尼1921—1923年失踪的两年,那么对于他早年的同时代人来说,这两年和17世纪60年代鼠疫时期牛顿不得不隐居林肯郡乡下的那两年何其相像,正是那两年牛顿几乎发明了近代科学。

1923年9月,约翰尼来到苏黎世联邦工业大学,比较轻松地通过了化学工程入学考试。他在1923—1924年冬天第一学期的成绩报告单显示,6门功课全优:有机化学,无机化学,分析化学,实验物理,高等数学,甚至还包括法语(对于讲德语的瑞士人来说是必修课)。

后来,约翰尼在联邦工业大学顽强地修完了工程学的全部课程,尽管成绩并不突出。他并没有在功课上全神贯注,但他的同时代人费尔纳回忆说,他会在短时间内集中全部注意力完成摆在他面前的工作。有时约翰尼说他害怕期末考试可能会不及格,但费尔纳知道别人可都不担心。约翰尼的另外一个成就好像是打碎实验室玻璃容器的赔款单,几年下来还没有谁打破那个纪录。做实验时,约翰尼往往心里想着别的事,驾车时也是如此。

联邦工业大学的另外一桩故事就是数学教授外尔了,他是布劳威尔派数学思想的奠基人之一,是约翰尼帮助希尔伯特试图打垮的对象。1923年,威严的"怪人赫尔曼"——外尔欢迎约翰尼进入第二个学术大家庭,后来在普林斯顿他还和约翰尼共事过。在外尔有事离开苏黎世期间,本科生约翰尼会帮他代某些课。匈牙利的波利亚当时是联邦工业大学的数学教授,他说,一次在讲课中他提到一个还没有解决的问题,约翰尼在课结束时走了上来解决了它。还有一个传奇式的说法是,外尔宣布下两节课他将讲解一个特殊问题,结果约翰尼用一张写满公式的纸解决了。需要说明的是,约翰尼本人否认了第二个故事;不过很显然,约翰尼很受用化学系本科生的那段时间,因为他已经是数学界的雄狮了。

在苏黎世还有别的插曲,学生们常常聚在附近的小旅馆里喝上几杯。在小旅馆里,另外一种天赋开了花:粗俗的段子和下流的打油诗。照费尔纳的话说,约翰尼在这方面比工程学学得好些,几乎和他的数学平起平坐。

与此同时,约翰尼正在通过布达佩斯大学他从未上过课的课程考试。一旦学校要求他出席,他还要不时地去一下布达佩斯大学。他也回家度暑假。他在苏黎世时修改并完成论文,于1926年到布达佩斯参加最终的考试,成为最高荣誉的博士。当时他不过23岁,刚刚从苏黎世毕业。

有两个学位在手的约翰尼获得洛克菲勒基金会的资助去了哥廷根大学,这是他第一次受惠于美国。在哥廷根大学,希尔伯特以及其他人已经恭候他多时了。1926年到哥廷根大学不论对他还是对我们都是有益的。这是一所竞争激烈的大学(尤其是来自伟大的物理学家之间的竞争),这样一来,像约翰尼这样年轻的数学天才就不会太像头狮子,太骄傲、太抽象或太疯狂。

第五章

从严谨到放松

公元前500—1931年

本书是冯·诺伊曼的思想传记,因此本章暂停编年史式的叙述,从三个方面探寻约翰尼成绩卓著的原因所在:到1926年为止,马克斯为他提供了什么;他不断研发数学工作的选择和分配的方法是什么;自他所敬仰的古希腊始,他从2500年的数学史中汲取了什么。

马克斯和家人把约翰尼培养成为一个会放松思考的人,他不像很多其他数学天才那样童年时期就神经紧绷,为此约翰尼要感激他们。如果一户人家发现他们养育了一个早熟的小天才,需要鼓励的最重要的品质是——正如马克斯所预见的——(一)冷静和幽默感,(二)发现探索是件乐事的喜欢探索的头脑。

不经意就养育了天才的父母往往在上述两点做得不好。有的父母雄心勃勃地给聪明的孩子太大的压力——结果往往导致孩子神经脆弱,不稳定,令人生厌;还有一些父母不喜欢那个小孩,因为他过早变得比兄弟姐妹和父母自身明显聪明得多。

在同时代的伟大数学家和物理学家中,约翰尼明显同费米和青年费恩曼(Richard Feynman)——他在他们身上发现了令人轻松的幽默感——更亲近些,当然还包括私交更好的一些朋友,如乌拉姆。"但是,"一位诺贝尔获奖者说,"他会和齐拉、奥本海默,甚至爱因斯坦保持一定的距离(这是我的印象)。"

约翰尼和爱因斯坦最后渐行渐远,部分原因在于政见交恶。丘吉尔的科学顾问林德曼(Frederick Lindemann)告诉他的传记作家说,他的朋友爱因斯坦智力超群,是本世纪最伟大的科学天才,不过他也嘲笑爱因斯坦"在所有的政治事件上天真得像个孩子,一些他不了解的毫无价值的事业借用了他的名声,有些别有用心的人让他发表荒谬可笑的政治或其他宣言,他也照做不误"。

约翰尼接连两次发现了两个政治上对立的同事团体。第一次是在1926年之后,哥廷根大学的一些优秀科学家开始愚蠢地谈论接受纳粹主义,并最终为之服务;第二次是在1933年之后,一些受人尊敬的美国朋友宣布应当谅解斯大林。偶尔和纳粹主义共舞的聪明人的共同特点,是小时候从未完全学会开怀大笑。

约翰尼事业起步(搞公理化集合论)和事业终止(搞模仿人脑发明计算机)时,在智力发展的道路上,遇到了两个极其睿智的人——可惜,他们没有像马克斯那样吟游诗人般的父亲,结果可叹。但约翰尼对其中一位感情至深,在这两个人的身上,他都发现了能够把一个数学家变成一位实践中的强者的激情。我们所谈的这两位,出生比约翰尼早,去世比约翰尼晚,他们和约翰尼一样天生有能力掌握高深的数学。1903—1921年,在匈牙利战败、问题多多的情况下,马克斯仍踏实、睿智、激励式地培养着约翰尼;而另外两位在美国和英国相对平静的气氛中长大。他们一生都在摆脱童年的阴影,不幸的童年使他们的情感发生了扭曲。分析这个问题时应当残忍一些,即使有可能会因此得罪他们的崇拜者、学生和朋友,因为同样具有伟大思想的人正在这样的教养中被毁灭。小时候经济上的拮据并不一定总会形成障碍。这两位情感上怪异的智力天才,童年时候的监护人分别是英国前右翼首相和左翼的哈佛教授。他们是英国的伯特兰·罗素第三伯爵(1872—1970)和美国的维纳(Norbert Wiener, 1894—1964)。

故事讲到这里,罗素就显得十分重要了,因为正是他先于约翰尼搞公理化集合论。罗素非常详细地公理化集合论,但当他发现他永远无法完全做到时就变得执拗起来。约翰尼简洁明确地公理化集合论,但又很快承认他发现自己错了。当希望破灭时,他们两人的反应可以写成书,如果有人要听的话。

由于哥哥那身患结核病的淫荡的家庭教师,罗素3岁时就上了最糟糕的报纸的新闻版。罗素后来写道:"很明显,根据理论,我的父母觉得,尽管他[斯波尔丁(D. A. Spalding)先生]身患结核病不应该生孩子,不过让他禁欲也不公平。"在罗素父亲的诚恳要求下,罗素母亲社交圈内的一位美女和欣喜万分的瘦弱家庭教师发生了性关系,作为一点贵族的恩惠定期配给,但"没有证据表明她从中获得了什么快乐"。

当罗素年轻的双亲突然故去时,父亲的遗嘱指定斯波尔丁和另外一位无神论者做两个年幼儿子的监护人,目的是"保护他们不受邪恶的宗教教育的毒害"。在一场轰动性的诉讼展现在瞠目结舌的维多利亚时代的人面前之后,两个男孩子成了高等法院监护的未成年人。1876年,他们愤怒的祖父——一位伯爵、前任英国首相(因而成为报纸头条人物)提出上诉,两个孩子得以和他一起生活。在滑铁卢时期,他们的祖父被认为是出色的年轻的保守派政治家。从祖父对儿子(罗素的父亲)的影响来看,战争会使代沟问题变得更为严峻,拿破仑战争如此,恺撒战争、希特勒战争、胡志明战争莫不如此。

聪明而好学的小罗素于是搬到祖父母家居住,在那里,他有关哲学的问题得到这样的回答:"何为物?无心。何为心?无物。(What is matter? Never mind. What is mind? No matter)哈,哈,哈。"后来,罗素这样开始了他的自传:"三股简单而非凡强烈的激情一直控制着我的一生:对爱的渴望,对知识的寻求和对人类苦难不堪忍受的怜悯。这三股激情,像阵阵巨风把我在痛苦的海洋的路途中吹得任意东西,变动无常,直吹到绝望的边缘。"这样的心情不大适宜研究冷静的数学。

在20多岁时搞公理化集合论数学的那段时间,这位聪明、疯狂、抑郁的人感到狂喜。1900年,罗素这样描述他取得的初步成功,约翰尼在1922年很有可能也特别想使用同样的词语:

> 那段时间,我欣喜若狂,沉醉于学术……很多年来,我都在努力分析数学的一些基本概念,如基数、序数。就在几个星期的时间内,我好像突然发现了困扰我多年的问题的答案。在发现这些答案时,我使用了新的数学方法。利用这些新的方法,此前放弃的、交给哲学家做模糊解释的一些领域被精确、严格的方程征服了。理智地说,1900年9月是我人生中的最高点。

可惜的是,在接下去的几个月里,罗素陷入了他所说的"最深的绝望之中"。1901年2月的绝望,源于他和一位俊俏的男生之间发生了一桩令人伤心的事(这件事弗洛伊德应该能解释清楚)。接着,罗素写道:

> 2月,我在情感上遭受了严重的挫折。5月,我在学术上遭受了同样严重的挫折。康托尔有一个证明——没有最大的数,而在我看来世界上所有事物的数量应该就是最大的。因此,我从细微处验证他的证明,并且努力把它应用到所有的事物类别。这使我考虑到那些不属于本类的事物,并探询这种类是否属于该类。我发现,不管怎样,答案中似乎都有矛盾。起初,我以为我应该可以轻松地克服这种矛盾,或许是在推理的过程中出了一点小小的错误。然而,渐渐地我发现,情况并非如此……这种情况有点像古希腊克里特岛上的埃庇米尼得斯悖论——所有的克里特岛人都是说谎者。下面的例子和埃

庇米尼得斯的矛盾相似。一个人拿着一张纸,其中一面写着:"这张纸另一面上的话是假的。"这个人把这张纸反过来,结果发现另一面写着:"这张纸另一面上的话是真的。"一个成熟的人在这样琐碎的事情上花费时间看起来是没有意义的,但是我该何去何从呢?

罗素在反对所有看起来平静发展的持续的社会变革的生活中率性而为,比如在对待20世纪50年代艾森豪威尔时期的美国时的态度。1945年战后的那段时期,他是英国单边削减核武器的领导者。1961年,他说肯尼迪(Kennedy)*和麦克米伦(Macmillan)**"比希特勒还邪恶……是世界上最邪恶的人"。有一段时间,大家觉得他还可以教导年轻人,但绅士罗素对他们大喊大叫,有时甚至报以拳脚。即使是没有他英明的人也知道这样做有悖常理。

1913年,在剑桥最令罗素发怒的学生之一是一位"名叫维纳的神童",就像罗素给布林莫尔(Bryn Mawr)的一位女教授信中所写:"此人18岁,哈佛博士。这小子让人吹捧惯了,还以为自己是万能的上帝……他和作为老师的我之间总是不停地争斗。"

这是我们要谈到的第二位被父母误导的天才——维纳。传记《冯·诺伊曼和维纳——从数学到生死攸关的技术》(*John von Neumann and Norbert Wiener: From Mathematics to the Technologies of Life and Death*)的作者海姆斯(Steve J. Heims)关于这两个人给我们这个时代留下的遗产所持的看法与我的截然不同。但是海姆斯教授的传记材料给人留下深刻的印象。他描述了维纳专制的父亲是如何于1881年19岁时移民美

---

* 约翰·肯尼迪(1917—1963),1961—1963年任美国总统。——译者
** 哈罗德·麦克米伦(1884—1987),1957—1963年任英国首相。——译者

国,企图创立一个素食的、人文的和社会主义者的团体。登岸后兜里只有25美分的他后来成了一名哈佛教授。罗素的祖父母几乎不鼓励学习书本;相反,维纳的父亲在维纳1894年出生时就召开记者招待会,宣布要强迫这个孩子读书并把他培养成天才。因此,维纳9岁就上了学生平均年龄为16岁的中学,14岁时大学毕业,然后到哈佛研究生院学习。维纳1岁时就被迫开始在家里上课,他在自传里这样描述:

> 这些课程是以轻松的谈话语调开始的,直到我犯了第一个数学错误时都是如此。那以后,温和、充满爱心的慈父变成了一个血腥的报复者。对我的下意识的过失,他给我的第一个警告是一句非常严厉的、粗声粗气的"什么?"……我一下吓坏了,哭了起来……我的课程在家里一团混乱中结束。父亲在大发雷霆,我在哭泣,母亲在竭力护着我,尽管她争不过父亲。她有时说,我们的吵闹声惊扰了邻居,他们曾找上门来抱怨。

在这种教育下,聪明的维纳并没有随着年龄的增长而成熟。他69岁去世时和他在充满恐惧的育婴室里一样幼稚。(他在斯德哥尔摩去世,他的敌人说他在游说以期获得诺贝尔奖。)

22岁的约翰尼到哥廷根大学时,31岁的维纳刚刚突然离开。此前,维纳曾指控他的教授们[尤其是伟大的柯朗(Richard Courant)]剽窃自己的作品。如果这样的一位教授剽窃自己的作品,年轻的约翰尼会感到受宠若惊。维纳写了一部小说(当然没有发表,不过还好没有发表),讲的是一位老教授(暗指柯朗)剽窃年轻人(如他自己)的思想。因为有律师告他诽谤,他的自传不得不删节;他还给其他许多人加了许多罪名。

约翰尼因为真心地崇拜维纳的智慧,觉得维纳天生比自己聪明,所以1945年在维纳的控制论创立中与之合作。很明显,控制论指出了计算机可能的发展方向。但是约翰尼想指出,他认为生物学通过研究细胞(如他预见到DNA的破解)有可能很快会得到发展。于是在20世纪40年代,约翰尼草拟了一封长信,解释他认为维纳在哪一方面出了问题。信一发出,他就开始痛苦了,因为他们两人共同的一位朋友曾经警告过,维纳的满腹怨恨使他"完全不适合谨慎小心一步步进行的分析—实验的步骤"。但是信已经发出了,担心的结果终于发生了。随后,在约翰尼关于该问题的演讲中维纳故意漫不经心地乱涂乱写,还假装睡觉。

1945年自由的人们取得胜利之后,维纳的反应也令约翰尼十分恼火,这几乎是必然发生的。维纳希望应当立即停止研制核弹,世界平静下来,他也可以逃离这种危险境地。他被下一场有可能发生在美苏之间的战争吓坏了。1945年10月,他说:"我可不打算服务于这样的一场冲突。"两天之后,他给麻省理工学院的校长写了一封辞职信说,他打算"完全地、永远地离开科学工作,试着发现美国农场的生活。对于成功我并没有多少信心,但是只有这样才能不违背我的良心"。这封信虽然写好并保存了下来,但没有付诸实施。因为维纳很快摆脱了抑郁状态,为他酝酿的下一个睿智的计划进入了一种全新的狂热状态。

除了浅薄的布利姆普斯(Blimps),其他任何人都不应该把这样令人伤心的事当作对罗素和维纳这样智慧的人以及类似的其他数学家的中伤。但是如果有思想的学者被冷静地观察眼下的事实所驱使,而不是被阵阵巨风在痛苦的海洋的路途中吹得任意东西,变动无常,直到绝望的边缘,我们会更加安心一些。

约翰尼可不是一个被这样的风吹得任意东西的人。尽管同时代的很多人认为他是一个战争贩子,但历史会更加符合逻辑地证明,如果让大家投票选出20世纪哪一位伟大的数学家对超级大国（或者，其实是一个烂摊子）的运行有相当大的发言权，大多数人几乎都会只选约翰尼。从一开始，约翰尼就发现数学是通往逻辑的途径。约翰尼和其他一些人相信，当我们的原始祖先从单纯地数多少个豆子是五粒到意识到"任何两个物体再加上任何其他两个就是四个，不仅往往如此，且总是如此"时，数学就真正开始产生了。对于人类的推理能力来说，这是关键性的进步。狗、猩猩、海豚和你我投票反对的那一类政客，都没有注意到这一点。

当人们发现2加2总是等于4时，聪明的人留下这个记号，发现了还有其他的情况总是发生：换句话说，进步到其他的抽象证明。遗憾的是，这些聪明人往往很快远离我们这些老百姓，并把他们的学科研究得几乎相当于人脑的自由构建。即使在外部事件构成的真实世界或掷骰子的真实世界里出现问题时，英明的数学家也能急切地尽可能快地斩断它们之间的联系。他或她想方设法把这个问题从真实事件中完全抽象出来。一些数理经济学家以同样的方式毁了他们的科学。

约翰尼总想抵制这样的想法。他不断地讲，一个数学思想要经历三个阶段：实践阶段、美学阶段、正常地识别荒谬的阶段。

约翰尼离经叛道地辩驳道，在第一阶段，"所有的数学思想都来自经验主义者，尽管这个谱系图有时又长又模糊"。经验主义的方法以观察和实验为基础，而不是建立在抽象证明之上。约翰尼的这个说法惹恼了一些纯数学家和抽象数学家。一些其他学科的科学家也感到十分愤怒，他们以为自己已经取得了进步，把他们的学科适当地数学化了，但总是被约翰尼告知他们还没有做到。对于早年醉心于公理化——使之在数学意义上变得严谨——以及所涉猎的一切，约翰尼曾在1949年一次有关空气动力学的研讨会上做过最贴切的解释，对他称为"权宜的、不系统的"贡献提出了忠告：

> 不论是古典文献还是比较近期的文献，对这门学科（空气动力学）的思考的严密程度不一，甚或背道而驰……在这个领域，对任何事物的确定都非常困难。从数学的意义上讲，它总是处在不确定的状态，现存的一般的定理和解题的唯一性可以使用，不过从未被证明过，也很有可能不像它们在形式上所表现的那样正确。

接下来，约翰尼引用了空气动力学界一些著名的人物的话（"这些论证听起来好像令人信服，但却是错的"）。他总结说："很有可能存在一系列的条件，在这些条件下，合理陈述的问题有且只有一个解。然而我们只能猜测究竟是什么，且在求解时我们不得不几乎完全靠生理本能。因此，对于任何一点做到具体几乎是不可能的。我们很难有把握地说，经过推导得到的任何解就是实际存在的那个解。"

当时的空气动力学家已经使喷气式飞机以声速飞行，有些人还打算超过声速。但是约翰尼对这门学科的兴趣直到20世纪90年代还在挽救人的生命。今天，运用严谨的数学，用他的计算机设计的飞机，一般情况下，试飞员不会丧命。在计算机时代，一般不会出现花了几亿美元设计的飞机实际上却飞不起来的情况。

约翰尼迫切要求数学实用化的愿望受惠于他的研究生母校哥廷根大学，那里有许多杰出的物理学家（参见第六章）。一开始，这些物理学家并不欢迎数学家。一位英国财政大臣曾经说过，经济学家"告诉你394种方法做爱，自己却连一个女人都没见过"。1926年，哥廷根的物理学家有点倾向于用同样的方式看待数学家，约翰尼和他们有一定的同感。但是他很快发现——以后的几年也坚持认为——物理学家在某一方面是幸运的。约翰尼认为，顶级的理论物理学家几乎总是专心解决某些具体的问题——这些问题通常很少,当物理学中经验性实验产生某些有趣的或令人困惑的结果时,才需要他们解决困难或利用机会。这会给他们令人振奋的团结的机会。当我们写到1943—1945年约翰尼参与研发原子弹时,会看到这一点。

然而,数学家很少有共同的、具体的问题要解决,也很少齐心协力愉快地寻求某些真理。在约翰尼的事业之初努力把集合论公理化时,他以为他正在引领一次长期共建的协作,但后来他发现自己错了。约翰尼认为,更通常地说,数学"有宽泛的研究领域,在研究时他享有很大的自由"。在思考数学家如何在数学思想发展的第二个阶段单独作出各项选择时,约翰尼得出了轻松的、约翰尼式的结论——这些决定主要是"美学意义上的"。

20世纪二三十年代约翰尼在纯数学方面取得了巨大的进步,他在解释自己的动机时的每一句话都洋溢着一个冷静的人的激动:

> 人们不仅期待一个数学定理或数学理论以简单而优美的方式对众多且先前迥然不同的特殊情况进行描述和归类,也期待它的构造和建造呈现优美。轻松陈述问题,艰难抓住问题,用各种方式尝试解决它,然后,通过一种方法或一种方法的某一部分实现某些令人惊奇的峰回路转,从而变得容易起来……如果推理冗长而复杂,那么一定存在某些简单的、普遍的原理,用它可以解释复杂和细节,把表面的随意性归结为几个简单的、具有指导性的动机……这些标准被任意一门创造性的艺术清楚地了解,也被经验世界的表面之下的存在——由于随后的发展和大量迷宫似的变量的出现,它们往往埋藏得很深——清楚地了解,所有这些更接近单纯、简单的艺术氛围,而不是经验科学的氛围。

约翰尼一直都快乐而务实的原因之一是，早在20世纪20年代当他自由自在、无忧无虑地在纯数学的世界里漫步时，就已经享受着美学的轻松。确切地说，他喜欢那些领域（如康托尔的矛盾），尽管有人为之着迷、为之忧虑、为之走火入魔。约翰尼建议纯数学家要耐心一些，而不是充满负罪感。比如，约翰尼认为，微分几何和群论的许多部分"肯定被认为是抽象的、不实用的学科，一直以来这种精神几乎不断滋长。而10年之后，100年后，一个个例子表明它们在物理学中却很有用处"。

但约翰尼有十分有益的刹车信号，因为他的触角对荒谬非常敏感，或者说是有直觉。对于自己的工作，他随时准备嘟囔上一句"失败者一号"或"失败者二号"或"失败者三号"。因此，在讨论数学思想的第三个阶段时，他的说法惹得许多最聪明的同事生气：

> 随着数学学科离它的经验源头越来越远……它就被严重的危险所困扰。它变得越来越倾向于纯粹的美学，越来越为了艺术而艺术。假如这一领域的周围有相互关联的学科与经验世界还有紧密的联系，或者假如影响这门学科的人们的品味特别纯正、成熟，问题还不算太大。但是存在一个严重的危险，就是这门学科将远离源头，分成许多没有意义的分支学科，并任其发展。这门学科将变得琐碎而复杂，没有头绪。换句话说，远离经验的源头或许多抽象的同系交配之后，数学面临着退化的危险。开始时，风格一般都是古典的。当巴洛克风格初露端倪时，危险信号便加强了。举出这样的例子很容易，从原本十分具体的风格逐渐演变成巴洛克风格，直至过分浓重的巴洛克风格……在我看来，一旦到了这个阶段，唯一的疗法好像就是重新恢复到源头：重新注入或多或少直接的经验思想。

在这方面,1926年哥廷根的物理学家——当时正兴奋地埋头于量子力学的发现——将帮助约翰尼进行这种重新注入。

现在我们从第三个方面评估约翰尼的成就:谈谈他从历史中认真地学到了什么。这段历史开始于古希腊时期,结束于约翰尼自己解释的蛙鼠大战。在1921—1926年,他振动着年轻有力的翅膀翱翔,令人炫目地坠毁。

在本章接下去的部分中,我们将马不停蹄、气喘吁吁地浏览过去的2500年,把约翰尼和亚里士多德、伽利略(Galileo)和牛顿这样的巨人相对比。不论是约翰尼本人还是这本传记都不敢妄言约翰尼拥有他们三位那样的智力。但有趣的是,约翰尼的确研究过他们的思维过程、他们成功的原因以及他们在公共关系上的失误。像约翰尼这样处于学科前沿的开拓型的数学家有时确实感到高兴,他们每天都会积累一些过去2500年中最杰出的思想家都没有仔细考虑过的想法。作为一位古典学者,约翰尼强烈地意识到这一点,但是有时伟大的先行者跌落的陷阱也令他别有兴致。

根据词汇的历史,"数学"(意思是学习的对象)和"哲学"(意思是爱智慧)两个词是由毕达哥拉斯(Pythagoras)在大约公元前500年首先使用的。他还宣布"数是宇宙万物的本源",因此强调算术(意思是和数打交道)比几何(意思是丈量地球)重要,尽管每个小学生是通过学习几何中直角三角形的斜边定理才对他有所耳闻。约翰尼和毕达哥拉斯一样,也觉得算术比几何容易一些,于是心生崇拜,因为这些古人实际上并没有掌握多少算术知识来思考。对一个罗马人来说,心算乘法CCLXV乘XLIV并不容易,更不用说埃及数字了——在埃及语中,数字100的符号是一段盘绕的绳子,1000的符号是一朵白睡莲花,10 000的符号是一个竖立起来的手指,100 000的符号是一个蝌蚪,1 000 000的符号是一个人惊诧地把双臂伸向上天。对于埃及人来说，3 456 789不是一个有序、可分的数字，而是由3个惊诧的人、4只蝌蚪、5个竖立起来的手指、6朵白睡莲花、7段盘绕的绳子、8个圆圈和9条竖线来表示的。分析现今（1992年）美国预算赤字的经济学家将不得不以画大约400 000个惊诧的人开篇。

毕达哥拉斯有许多头衔：数学家、天文学家、哲学家、自由主义者、法西斯主义者、圣人、巫术崇拜者、学者、江湖医生、预言家、宣传员和杰出的怪人。他是一个严格的素食主义者，这一点和后来的一些异端数学家很相像，不过他是出于非同一般的原因。他相信灵魂的轮回，所以不想吃动物的尸体，因为那可能是一位死去的朋友的灵魂栖息地。美国历史学家博耶（Carl Boyer）认为，在毕达哥拉斯之后，"数学和哲学的关系更加亲密了，和现实生活的需求关系疏远了。自此，数学就有了这种倾向"。毕达哥拉斯造成的这一部分影响，令约翰尼很遗憾。在普林斯顿也有毕达哥拉斯式的同事，当时约翰尼开始建造有些人称为噪声很大的计算机器。

毕达哥拉斯去世一个世纪后的公元399年，苏格拉底（Socrates）被迫吃毒芹自杀。苏格拉底基本不看重数学，认为数学会影响他对一切美好事物的追求。在死前的几个小时，他在思索名为数学的这门语言是否已经演化到它最有用的形式；2350年后，临终之际的约翰尼也在思索同样的问题。但是，苏格拉底的学生、崇拜者柏拉图（Plato）在他学园的大门上写着"不懂几何者勿入"，柏拉图和比他年轻的同代人亚里士多德（死于公元前322年）是数学家和哲学家的缔造者。从某种程度上说，亚里士多德通过发现数学家需要回答的首要问题——我们是如何知道的，而不是我们知道些什么——而发明了纯数学。约翰尼深深地被亚里士多德所折服，1931年他把他本人的征服者哥德尔称作"自亚里士多德以来最伟大的哲学家"以表达他的敬意。

至此，提到的4位希腊人（外加阿基米德）的思想比严谨的欧几里得(Euclid)更富于深刻的探究性。欧几里得在公元前300年之前就来到亚历山大大学。他不做研究人员，不做行政管理人员，而是做一个好老师——即使是现在也没有几所大学拥有这样的好老师。欧几里得高明地把别人关于我们是如何知道的教诲编成典籍，写成13卷的《几何原本》(Elements)——这本书即使在今天也会让我们这些当作家的人妒忌。2300年来，《几何原本》一直作为孩子们学习几何的教科书；本书可做不到。《几何原本》是除基督教《圣经》外，再版次数最多、印数最多的一本书。助理编辑的胡编乱改也没有影响它的生命力，包括约公元400年的、尤其惹人恼火的那一次。《几何原本》为确立严谨的、公理化的方法作出了贡献，自希腊人以来的逻辑教学大多以此为基础。

欧几里得通过定义他打算研究的概念开始，20世纪20年代约翰尼写论文时依旧忠实遵照这种方法。接着，欧几里得提出一些关于宇宙的大部分论断，尤其是一些数学论断，他对此信心十足，认为没人可能与之争论。然后，欧几里得根据逻辑的定义和公理发展并丰富了当时所了解的几何学。由此，他断言，最高深的定理可能远离感觉和直觉，但是由于源于最基本的公理，因而能令所有的人信服。

批评家依旧警告说，欧几里得体系自大、独裁、狭隘，具有蒙蔽性和局限性，把我们束缚在欧几里得的时空概念里，其中有些概念和公元前300年坚持的大多数其他概念一样，已经毫不奇怪地被证明是错误的。欧几里得喜欢由直线组成的图形，因为这样的图形和圆最容易得出公理。反对欧几里得的人说，正因为此，我们当中的大多数人还住在过于呆板的立方体和长方形中——方形的街区套着长方形的房子，再套着四方形的房间。一想到直线和二维，我们就很安心。我们以为我们所经历的一切都是源于逻辑因果，但诗人和艺术家知道并非如此。

约翰尼和这些反对欧几里得的人没有同感。他本人就能改写定理,因此使用欧几里得的公理时,他就不需再思考二维项。当按照无穷维数思考时,他可以做公理游戏,并对做不到像他这样的人相当不客气。约翰尼非常严肃地谈过好几次,为什么从古希腊继承而来的数学对文明的发展如此关键。数学研究一点也不存在感情因素、种族因素和政治因素,这些是最大的价值。通过善于推理的科学家和学者而不是欺善凌弱的政客或牧师,人类就可以攀上高峰。

真正寻求真理的公理化的欧几里得体系,是使源于欧洲传统的国家(包括美国)首先得以继续技术革命、首先迅速提高生活水平、首先摆脱专制和部落社会进入宽容和科学方式的主要原因。令人敬畏的古人为我们流传下来的传统的一大优势是:聪明的人应当根据"假如我们做了这件事,符合逻辑的结果应当是这样,然后是这样"来公理化地思考。

其他大部分早期社会没有这样的体系,即使发明火药、印刷术和指南针的古代中国人(古代中国的文明早于欧洲)也从没有试图从哲学的角度理解为什么他们的发明得以成功;这是他们进步停滞的一个原因。在没有欧几里得传统的、更加原始的部落社会,最聪明的人不渴望成为科学家、学者,而是想成为巫医、伏都教*部落首领。后来,这样一些没有数学知识的社会部落恐吓并迷惑人民,让他们相信智慧就是目前专属于他们的教条主义(或被称为基督教宗教裁判所,或是马克思—列宁主义,或避免招惹是非)。这些社会的领导人依靠恐吓和迷信使人们的头脑不再探寻,因为探寻的人有可能取代他们部落独裁者的地位。

约翰尼赞同欧几里得的观点,总喜欢把它们编成小笑话,而不是用它去攻击主教或布尔什维克,但是他十分了解欧洲的历史。不同的宗教,直至基督教,从公元400年到将近公元1400年,对欧洲的中世纪的确产生了很大的影响,知识在这段时间里没有更多进步。基督教的主

---

* 以祖先崇拜形式起源于非洲的宗教,现主要为海地的黑人以及西印度群岛和美国某些黑人所信奉。——译者

教们并不是真正宽容地对待勇于挑战传统常识的智慧的人。中世纪时期最智慧的英国科学家罗杰·培根(Roger Bacon,约1214—1294)*摸索、发现了牛顿光学的部分秘密,还通过火药配方使杀人变得更加经济(正如约翰尼所做的)。他因涉嫌使用巫术遭到短期的囚禁。但数学还是通过在欧洲最终发生的技术革命中起的重要作用取得了胜利,这大概可以合理地追溯到1583年的一个晚上,19岁的数学僧侣(后来养育了很多私生子)到比萨大教堂去祈祷。

伽利略1564年生于意大利[同年,莎士比亚(William Shakespeare)生于英国],死于1642年(同年,牛顿生于英国)。据说,伽利略1583年在比萨大教堂的长椅上根据脉搏计时的时候发现,祭坛上方晃动的一盏吊灯在相同的时间内完成幅度宽窄不一的摆动。因此他明白钟摆摆动所用的时间随钟摆的长度变化,和摆的幅度没有关系。这一发现可能促使了走时准确的钟表的发明。伽利略去世后的30年内,最好的钟表的平均误差由每天至少15分钟减少到每天不到10秒钟。布尔斯廷(Daniel Boorstin,曾做过国会图书馆的管理员)说得很对,钟表是机器之母。它们为我们带来了第一批精细的机械工具,如螺丝、齿轮,它们使时间以新的维度进入技术领域,使科学由静态变为动态。**

和阿基米德、约翰尼一样,伽利略成为一名数学教授,也成了他的第二故乡最受爱戴的科学家。1600年刚过,荷兰的眼镜工匠注意到,把凹透镜和凸透镜相隔一段距离同时举在眼前,可看到荷兰教堂尖顶上的气象风向标居然放大了将近3倍。1609年,他们打算把这项技术卖给威尼斯人以帮助他们防御海上袭击。在威尼斯的钟楼上,就可以观察到两小时海程以外的船只;还能用于夏洛克(Shylock)在里亚托桥的

---

* 原文误为1220—1292。——译者

** 参见《发现者——人类探索世界和自我的历史》,丹尼尔·J·布尔斯廷著,李成仪等译,上海译文出版社,2006年。——译者

投机*。威尼斯人问伽利略荷兰人的小型望远镜是否可以改进,伽利略立即重新调整了镜片使物体可以放大接近10倍。我们忍不住要做一个类比,陆军军械局的电脑在1944年找约翰尼看看后也发生了巨大的改进。

伽利略把他的新型望远镜对准了天空,观察到了木星的卫星。注意,它们在运动。伽利略很快算出来为什么地球也在运动,这确实出乎他的意料。据布尔斯廷记载,一位杰出的数学家立即振振有词地宣布:

> 在他看来,没有人或拥有最少量物理学知识的人会认为又重又笨的地球沿着自己的轴心、同时围绕着太阳缓慢地转动。因为地球稍一震动,我们就会看到城市、要塞、乡镇和高山轰然倒下……假如地球是运动的,那么竖直向上射的箭和从塔上落下的石头就不会垂直落下,它们不是往前落一点,就是往后落一点。

最后,宗教裁判所给伽利略(在其他事情上他也惹恼了教会)展示了他们可怕的刑具,要求他跪在梵蒂冈宫里宣布放弃自己的主张,为他的异端邪说——"静止不动的太阳是世界的中心,运动的地球不是世界的中心"道歉。大多数同时代人不认为教会这样做是反科学的。

假如某一个独裁者给约翰尼展示刑具,让他否认冯·诺伊曼代数中最新的原则,他会同样照做吗?我猜他会立即放弃自己的主张,而本章中对其颇为不敬的某些数学家(比如罗素和维纳)估计不会。不过,我也觉得这样也完全符合约翰尼的逻辑。他会辩驳说,伽利略的真理已经被记载了下来,英明的人会很快把它发扬光大。结果,这种论断被证明是正确的。那一年圣诞节,伽利略去世了,但牛顿诞生了。

---

* 夏洛克是莎士比亚名剧《威尼斯商人》中的人物,里亚托桥是剧中的场景——古代威尼斯的商业中心。——译者

牛顿是大大地改写了历史的数学家，其意义超过伽利略，当然也超过约翰尼。因此，本书把他和约翰尼相提并论显得有点故弄玄虚，尤其是占星家会说他们都是圣诞节诞生的孩子。牛顿没有像马克斯那样的一位父亲，可以给他一个幸福、受到良好教育的童年。牛顿的母亲在他还是婴儿时，就把他撇在偏僻的林肯郡的一个农场，交由外祖母抚养。在牛顿不识字的父亲死后不久，母亲就改嫁给一个牧师，牧师嫌这孩子多余。牛顿11岁时，母亲就希望他辍学，自谋生路。但是当地的一位校长（难道是乡间的拉茨？）器重他，1662年，他去了剑桥半工半读，日子过得十分清苦。

和同样农村出身的卢瑟福爵士（Lord Rutherford, 1871—1937）一样，牛顿很实际，他自己动手制作设备以免误事；约翰尼不是这样。牛顿在政治上是保守派，享受政府的体面职业，这些却和约翰尼很相像。实际上，牛顿还胡编乱造，冒充祖先是贵族，尽管他的父亲是文盲，姓氏中也没有"冯"字。1665—1667年，牛顿在22—24岁时经历了两年轻松却硕果累累的日子，这和1921—1923年22—24岁的约翰尼很相像。牛顿剑桥毕业那年（1665年）英伦群岛饱受大瘟疫之苦，他去了自家偏僻的农场以避免感染。在那里，牛顿开始了他的三个伟大发现：万有引力和运动定律、颜色的数学本质[诗人济慈（Keats）抱怨说，牛顿毁了彩虹的一切诗意]和无穷小微积分基础。

假如约翰尼1665—1667年被隔离在林肯郡，他会一蹶不振还是会导出这些发现？在我看来，有一点是有可能的。1665—1667年，约翰尼的智慧可能会揭示出重力的秘密。或者至少情况会是这样，如果某些人暗示了这门学科的某些端倪，约翰尼就会迅速地得出答案。约翰尼在野餐时会很快算出附近树阴外每平方英尺（约0.09平方米）的土地上的热量，这种小把戏（参见第一章）和牛顿对那只著名的下落的苹果理论化时做的计算有异曲同工之妙。实际上，约翰尼和牛顿喜欢用的数学常数有一些是一样的。牛顿的假设是,假如苹果受地心的吸引而坠落,但月亮(月亮和地球的距离已知)幸运地没有坠落,那么应当有可能列出它们之间相互作用的方程。假如月亮离地心的距离是那只苹果离地心距离的60倍,那么他的平方反比定律表明,月亮的加速度应当是那只苹果的1/3600(3600是60的平方)。

尽管牛顿在最初的计算中把地球半径搞错了,但后来终于改正了过来;他的方程精确地解释了行星的运动(包括在牛顿时代之后发现的行星)、飞行中的子弹的运动、旋转陀螺的运动以及运动中的机械。因此,在牛顿创造出的数学的基础上,才有可能实行一次大规模的工业革命。当用于表达自己概念的微积分完成之后,牛顿的工作为物理学的大部分分支,包括电学、声学、光学甚至是(参见下一章)薛定谔(Erwin Schrödinger)的量子力学提供了语言和工具。假如更多像牛顿这样的人降临人间,对于全世界的人(除了那些敌视牛顿的人,这些人的人品可不怎么样)来说都是件好事。

约翰尼总是认为,他不能表现出,哪怕只有一小部分,可使牛顿作出所有发现的独创性,但他希望他的计算机在牛顿式人物大量涌现的时代可以做点事情。他认为有利于他们的时机很快就会成熟。1660—1950年的物理学非常幸运,因为牛顿时代出现的数学正适合它。约翰尼相信,有一天相当于无穷小微积分的知识会出现,从而使经济学这样的社会科学不像现在这样无知。在牛顿时代,至少有一个人——德国的莱布尼茨男爵,和牛顿同时发现微积分。

从欧几里得流传下来的公理对于分析物体运动所做的贡献并不充分。到了1667年,我们需要一种数学来研究变化的观念,并能够定量地描述所有的变化率:如速度——旅行的距离的变化率,加速度——速度的变化率,曲率——描述弯曲度的变化率,等等。这正是微积分所提供的,为接下来可能存在的最短时间内发生的任何一种变化提供数学概念,并赋予智力上严谨的一种方法。

很多数学家(包括牛顿)都很担心,如果欧几里得还活着,他不会立即接受微积分。约翰尼——公认的固执的公理论者,对这样的批评有何感想,就显得很值得关注。

约翰尼对此嗤之以鼻。他接受这种说法——"最初用来表述微积分的公式在数学意义上是不严谨的,一个不精确的、半物理化的基础是牛顿身后150年来唯一可用的。"然后,约翰尼指出,正是在这段时间(1730—1880年),在这种不精确、数学上不充分的背景下,以数学为基础的工业革命开始腾飞了。

下一次技术进步的基础究竟是欧几里得数学式的严格,还是对之加以简化的牛顿理论,或者是康托尔的集合论,一时争论不休。约翰尼的回答令人吃惊,他认为它们基本上差不多。他说,牛顿的主要工作"不论是文字表述还是关键点的实质都和欧几里得的非常相像"。约翰尼承认牛顿本人也以物理洞察和实验验证为基础,但是他饶有兴致地认为,"对欧几里得进行类似的阐述是可以做到的,尤其是从古人的角度,那时几何学既不稳定也不是权威。现在,几何学经过两千年的稳定发展,确立了权威地位。现代理论物理学的大厦显然缺少这种权威。"正因为此,约翰尼热切地相信,日常生活中还没有一种情况能把初等甚至是不严谨的数学排除在外,或许这也是他投身蛙鼠大战(和他以后更加成功的战役不同)引领闲谈的原因。

约翰尼早在本科生期间发表的作品倾向于希尔伯特(和莱布尼茨)的日耳曼式的假定:数学可以解决对于人类来说大多数的秘密。英国人牛顿不这么认为。牛顿从不认为他自己或其他数学家正在接近发现"浩瀚的真理的海洋"。牛顿是这样形容他自己的:"(我)不过像一个在海边玩耍的孩子,不时为发现比寻常更为光滑的一块石头或比寻常更为美丽的一片贝壳而沾沾自喜。"这和约翰尼后来自我评价时所说的他探索纯数学的动机"主要是美学意义上的"何其相似。

牛顿最终离弃了纯数学,在英国政府里任油水颇丰的皇家铸币厂厂长(货币总管)一职,还写了洋洋百万字赞同确立神学(最后,又可耻地反对天主教),还怪异地打算用天文学历史证明《圣经》中事件的真实性。约翰尼可能会说,到最后,牛顿已经陷入过分浓重的巴洛克风格。

令人伤心的是,尽管牛顿的思想有深度和适应性,却极可能一直有堕落的倾向。他的童年使他的个性不稳定。几乎所有密切了解他的人都特别不喜欢他。他让人在论文上签名,指控莱布尼茨的微积分都是剽窃他的,但这些论文是牛顿自己写的。由于牛顿的诸多伤害,18世纪甚至19世纪,英国数学家和欧洲大陆的数学家在某种程度上产生了隔阂。这意味着,19世纪正当英国工业领先于欧洲大陆的工业时,英国数学落后于德国的数学,但德国教授却在这时在民族主义的意义上变得越来越恐惧外国的人和物。

到了20世纪20年代早期,当约翰尼到达哥廷根大学时,德国人的民族主义情绪正在高涨,这一点可以理解。约翰尼发现以"冯·诺伊曼"签名更方便一些。他在德国受到欢迎的部分原因在于他贬低罗素和爱丁顿爵士(Sir Arthur Eddington,爱因斯坦的赞助人,在实验上帮助爱因斯坦相对论的确认,但并不太了解数学)这样的英国人。回过头来再看,尽管约翰尼把他自己在蛙鼠大战中扮演的角色描述为希尔伯特的旗手,但事实并没有显示出他是充满激情的先锋。他觉得自己一直在海边拾美丽的贝壳。下面使用常规的做法,把约翰尼本人关于蛙鼠大战的话放在引号里,把对他在某一阶段的暗示的合理总结放在引号的外面。

1950年,约翰尼写道:"在19世纪晚期和20世纪早期,抽象数学的一个新分支——康托尔的集合论,首先陷入了困境。一些推理导致了矛盾，尽管这些推理不是集合论的核心和有用部分，且利用某些正式的标准很容易发现，但还是搞不清楚为什么它们不能像其他成功的部分一样被认为是集合论。"在这种情况下。布劳威尔发展了一个数学体系，在这个体系中"集合论的困难和矛盾就不会产生。但是这样的清洗会影响到足足50%的现代数学，尤其是至关重要的——当时没有人质疑这一点——分析部分：它们要么变得站不住脚，要么就不得不通过非常复杂的辅助思考才能证明"。

约翰尼认为，没必要过高估计这类事件的意义。在20世纪20年代，当约翰尼步入数学这一行时，布劳威尔和外尔"已经是头等重要的数学家，他们和其他任何人一样深刻并完全清楚数学是什么或研究数学的目的或数学是关于什么的。实际上他们建议应当改变数学的严谨性概念和什么可以构成一个确切的证据的概念"。约翰尼认为，接下来的发展可以分为四个阶段：

"首先，仅有极少数的数学家在他们自己的日常应用中愿意接受新的、苛刻的标准。许多人承认外尔和布劳威尔表面上看是正确的，但是他们自己还在以旧的、简单的方式研究数学。"

"接下来，希尔伯特站出来，建议一些数学家必须怎么做才能满足外尔和布劳威尔……很多数学家做了……10年的尝试来实施希尔伯特的计划。"这里，约翰尼太谦虚了，他自己从青少年时期开始就是主要的尝试者。

在罗素从1901年起近乎崩溃的神经恢复之后，这个英国人通过撰写巨著想方设法补救他的"所有事物的类"中的矛盾。罗素和怀特海（Alfred North Whitehead）合著的多卷本《数学原理》（*Principia Mathematica*，于1910—1913年出版）的确在很大程度上矫正了这些矛盾，然而在某种程度上说，这部书冗长生硬、不太实用、(1914—1918年战争刚刚结束，一些排外的德国人认为它)过于英国化和荒谬愚蠢。约翰尼在早期的《集合论的公理化》(发表于1925年,完成较早)以及后来更全面的《再谈集合论的公理化》(发表于1928年,完成较早)中研究了这个问题。约翰尼的论文使还没有购买或还没有啃完罗素和怀特海的巨著的每一位德国学生长长出了一口气。德国教授和一些美国教授说,事实上,约翰尼用写在一页打印纸上的公理取代了罗素和怀特海厚厚的几卷书。

约翰尼的体系没有像罗素和怀特海那样的巴洛克式结构的命题的类别、顺序以及分级。约翰尼对集合和类这两个概念的重新定义几乎取代那一切。所有的集合都是类,但有些类不是集合(如让罗素烦恼的宇宙类)。约翰尼说,只有当大量的集合元素与所有事物的数目不同时,才存在集合。

正当蛙鼠大战达成和平协议时,一些德国人希望年轻的约翰尼借此证明希尔伯特的计划是可以完成的;他们也愿意认为,这位年轻的本科生正在引进新的数学方法,以前人们放弃了的、措辞模糊的领域通过确切公式的分析而可能被征服。约翰尼则从来没有做过这样的声明。由于蛙鼠大战随即进入了第三个发展阶段,他很庆幸没有这样做。

约翰尼认为,在第三个发展阶段,哥德尔第一个说明了某些数学定理用严谨的数学方法既不能被证明也不能被推翻。哥德尔实际上是以数学的形式表达了类似"接下来的论述是不可证明的"主张。哥德尔一旦用数学语言作出说明,很明显,仅仅用数学便不再可能证明任何东西。约翰尼立即看出了哥德尔著作的重要性和真理性,而许多其他人没有。

35年之后罗素在他的自传中对哥德尔的反应,读起来颇为有趣。他的反应是童年时期没有得到充分的爱的数学家的令人伤感的典型反应。罗素发出一声咆哮("原来哥德尔是一个绝不掺假的柏拉图主义者,很明显他相信在天堂有一个永恒的'不'字,真正的逻辑学家可能希望以后会遇到它")和一声叹息("哥德尔的追随者差点让我觉得29年来花在《数学原理》上的心血白费了。"他在1963年写给纽约的一位女士的信中说,很高兴她不是其中之一)。

约翰尼在描述蛙鼠大战的第四阶段时显得轻松得多,他写道:"在第四个阶段,古典数学证明的主要希望……已经没有了,大多数数学家决定不管怎样都要使用[古典]体系,毕竟古典数学产生的结果既优雅又实用,尽管人们不会再对它的可靠性有绝对的把握,至少它作为一个稳固的基础还屹立在那里,就像电子的存在一样。假如一个人愿意接受科学,他就可能也愿意接受古典数学体系。"约翰尼认为,这表明多数数学家令人吃惊地缺乏严谨,但是他觉得自己不可能攻击他们,因为"我也是其中之一"。约翰尼还说,之所以"这样详细地"讲述蛙鼠大战的第四阶段,"是因为我认为它有效地告诫了我们,不要想当然地认为数学是严谨的。这件事就发生在我们有生之年,我知道自己关于绝对数学真理的观点连变三次,真是有点丢脸。"

有些人把这样的坦白当作一个信号——约翰尼认为他自己浪费了早年的学术生涯。但约翰尼自己不觉得这是一种浪费,世人也不应该这样认为,因为约翰尼早年在数理逻辑中洗的冷水澡对他以后开发数字计算机很有帮助。计算机本身也需要娴熟地掌握序列运算。

有两位工程师觉得,如果不是约翰尼后来插手他们当时先进的战时计算机模型——然后超越了他们,或许他们会获得更高的威望。我们这里所讲的计算机故事(参见了第十一章)对其中一位杰出的工程师给予同情。到了1944年,电子学已经发展到需要一位习惯说出一步步推导的天才的阶段,计算机需要最后一位伟大的公理化家。约翰尼正是它所需要的,他甚至还高高兴兴地从"自亚里士多德以来最伟大的哲学家"那里偷师。哥德尔用数字来编码逻辑论断和约翰尼用数字来编码计算机指令有相似之处。

约翰尼依然兴高采烈地解释了20世纪20年代的一些失误并没有让他觉得沮丧的原因,他的感觉正好相反。

1926年,在一个美好、躁动的上升期,年轻的约翰尼进入了数学领域。世界正在经历着深刻的概念变化。爱因斯坦和量子理论的发现者们在自然科学最精密的领域,弗洛伊德和(有人认为是)马克思在行为科学领域正在撼动几个世纪以来的权威真理。这是一个物质变化巨大的世界,大大推动着观念的更新。电话、收音机、飞机以及阴极射线管的研制,都在加快知识的积累和新知识的利用。最重要的是,1926年政治上的信心在涌动。一场似乎没完没了耗费巨大物质和情感的战争,终于结束了。战后的苦难,如通货膨胀和对军国主义蔓延的担心,在1926年似乎也中止了。或许精力可以转移到其他领域。与自我一定有着密切关系的数学一直是充满竞争的事业,它肯定会吸引越来越多、越来越伟大的参与者。

22岁的约翰尼拥抱的就是这样一个世界,他全身心地投入进去,直到1939年世界大战战火重燃,才不得不把他的天才用到别的事物上去。此外,约翰尼来到哥廷根时,海森伯(Werner Heisenberg)刚好发现量子力学。

◆ 第六章

量子跃迁

1926—1932 年

1926年秋天的早些时候,约翰尼来到了处于幸福骚动中的哥廷根大学。1925年,长着雀斑的23岁哥廷根神童海森伯——还是一个喜欢穿着短裤参加德国青年运动的年轻人——设计出他的教授所称的"量子力学"。1926年,在瑞士工作的薛定谔宣称,海森伯的表述完全是错误的。

约翰尼1926年在哥廷根的头几周,海森伯开办讲座,阐述他和薛定谔在理论上的分歧。年老的数学教授希尔伯特问他的物理学助手诺德海姆(Lothar Nordheim),这位叫海森伯的年轻人到底在说些什么。诺德海姆送给希尔伯特一篇论文,老教授不知所云。正如诺德海姆在他的书中所说的:"冯·诺伊曼看到这篇论文,只用了几天的时间就把它改造成优雅的公理化形式,很适合希尔伯特的口味。"令希尔伯特开心的是,约翰尼的数学阐释利用了许多希尔伯特本人的希尔伯特空间概念。

因为上一个自然段,我们要解释一下量子力学(在接下去的几页里就进行)和希尔伯特空间(将在本章的后半部分简要地解释)。量子力学的发现是20世纪科学中最引人入胜的故事,其中包括所有伟大的人物,如普朗克(Max Planck),爱因斯坦,玻尔(Niels Bohr),还有其他十几人——年轻的约翰尼即将要加入这个团体。罗兹的《原子弹秘史》从外行人的角度很好地记载了这段历史,本书多次引用过它。

在20世纪初,得益于英国的麦克斯韦(James Clerk Maxwell,1831—1879,英年早逝)的方程组,科学家们认为他们了解电和磁的许多问题。麦克斯韦表明,每一个电磁场中的波的扰动将以固定的速度传播,和在池塘里投进一块石头激起的涟漪很像。当这些涟漪的波长(一个子波波峰和下一个子波波峰之间的距离)是1米或更长时,它们就是我们现在所使用的无线电波。如果它们短得多,在1/40 000 000厘米和1/80 000 000厘米时,就会发出可见光。如果再短的话,它们就可能是紫外线或X射线或其他有用或者危险的东西。爱因斯坦公正地称麦克斯韦定律是"牛顿时期以来物理学界最重要的事件",但直到现在还留下不少纷争。

其中一个不明确的争论是,麦克斯韦似乎表明,热的物体,如恒星或像窑的内部一样能够保持热度的任何物体,会使它的微粒振动释放出所有各种频率的能量(每秒钟有各种波长)。由于可能的频率是无穷的,似乎说明热的物体辐射出无限的能量,结果意味着要么我们都被烤死,要么就是幸运地不能发生。

长寿的普朗克(1858—1948)在1900年提出,这一定是因为光、X射线以及其他的波只能一份份地发出,每一份他称为"一个量子"。在拉丁语中,**量子**是"多少"一词的中性形式。量子随波的频率的变化有不同的能量。单个量子传播的速度接近光速,在非常高的频率发射时,所需的能量不能得到满足,因而没有这样的波可以把我们烤死。

这个阶段的原子物理学正在进入窘境,最有学问的物理学家也被迫承认无可作为。第一个分离原子的人——唱圣歌的新西兰人卢瑟福爵士以实验证明,一个原子像太阳系那样运行,它有一个质量较大的原子核(带正电荷),周围是平稳的电子(带负电荷)绕行。所有普通物理学都认为这种情况不可能持久,即使是最简单的原子——氢原子,周围的电子也应当因辐射而失去能量，并被吸引到原子核里面去。

　　1913年，年轻而伟大的玻尔，在约翰尼的另一位匈牙利同胞德·赫维西的大力协助下，致力于解决这个问题。玻尔发现，普朗克的量子发现一定能适用于小维度的东西，如围绕核旋转的电子。他计算出，电子必须以普朗克算术要求的方式进行量子跃迁进入特定的、不同的轨道。这是它们没有掉进核里的原因。

　　即使在这个阶段，爱因斯坦还认为玻尔的量子假说"不可靠、有矛盾"。这真是遗憾，因为爱因斯坦对量子理论的贡献巨大，1905年他发表论文，从量子的角度解释了光电释放。更重要的是，爱因斯坦狭义相对论和广义相对论的伟大发现（解释了当某事物以接近光速运动时所发生的奇怪的事情）和玻尔以及其他人对微小物体的研究发现完好地联姻。所有这一切预示着牛顿力学做梦都没想到过的新型技术的到来。

　　大致说来，17世纪牛顿的经典力学定律并没有错。只是当物体运动太快时，一些相对论定则才开始起作用；或当物体太小时，量子力学才有支配力量。牛顿力学还在统治着大部分领域。即使一个物体以10倍于声音的速度运行，它受到非经典力学的相对论影响也要小于10亿分之一。牛顿定律仍然适用于所有我们肉眼看得见的事物。即使一个直径是1/1000毫米的运动微粒，它的运动定律的量子修正也小得根本测度不到。不过引用卡西米尔（Hendrik Casimir，生于1909年）的话："牛顿创立了一个理论，使我们能够计算出行星、卫星、被抛起的石头和钟摆的运行……量子理论使我们得以描述分子、原子和电子的状态。"这使得卡西米尔这一代物理学家能够向前进入"原子物理学的繁荣世界"进行一场电子革命。后来，卡西米尔成了荷兰飞利浦工业的领导者，把电子奇迹传遍全世界。但是——正因为像约翰尼这样的数学翻译家显得举足轻重——从1900年到20世纪30年代量子理论的思想巨人彼此意见不一,这种口诛笔伐在学术界早已司空见惯。部分原因是因为尽管理论内容大同小异,但是措辞却迥然不同。

1914—1918年战争期间,玻尔在丹麦度过了"科学上十分孤独"的4年。他的强项不在著书立说。出版商对他感到绝望,因为他兴奋地重写每一个论证,结果往往言之无物,以致在实践上毫无意义。玻尔的强项是在研讨会上和其他科学家交谈,让他们对自己的意思重新定义,有时这会使他们信心大增,有时则几乎使他们灰心丧气(如可怜的美国人奥本海默)。1922年玻尔获得诺贝尔奖,他回想起1919年后的早期,孤独突然奇迹般消失,从而开始与"来自世界各地的整整一代理论物理学家进行独一无二的合作",那是"令人无法忘怀的体验"。

此时到哥本哈根拜访玻尔的人中还有刚刚成立的苏联的物理学家,丘吉尔在1945年为此很担心。但在20世纪20年代,玻尔主要和德国哥廷根大学可敬的团队合作。哥廷根大学的数学系里,年迈的希尔伯特君临天下,而柯朗像磁铁一般吸引着全世界(尤其是富裕的美国)的人才和钱财。物理系人才荟萃,在各地的所有大学里堪称第一。在希特勒上台的前10年,原子时代到来的前20年,这一点十分可怕,不过当时没有人想到这一点。

当时,哥廷根大学物理系的领军人物是玻恩(Max Born),他曾经拜在希尔伯特的门下学习数学。玻恩把一丝不苟的数学和充满奇思妙想的物理学合理地结合在一起,而数学和物理学在有些大学往往是分裂的。除了临时拨款给后来参与原子弹故事的几乎每一个人物(费米、奥本海默、约翰尼、维格纳和特勒),1926年间以及其后,在哥廷根长期工作的物理学家有泡利(Wolfgang Pauli,一位了不起的理论家,但是在实际事务中比约翰尼还要笨拙)、弗兰克(James Franck,和泡利一样是诺贝尔奖获得者)、约尔丹(Pascual Jordan)以及古典文化研究教授的儿子——最年轻但却可能最勤奋的海森伯。聪明的海森伯绝对有可能改变历史以及造成最可怕的灾难。在1939—1945年战争期间,海森伯是希特勒德国科学的领军人物。他的建议经常可以直接上传给元首,不过幸运的是,元首不喜欢他。因此希特勒没有太注意他的话。

1922年,海森伯的导师[伟大的索末菲(Arnold Sommerfeld)]带着还在读本科的他在慕尼黑聆听了玻尔的一个讲座。海森伯在他的余生中都对此激动不已,就像20世纪20年代许多听过玻尔讲话或亲眼见过玻尔的人一样。"他[玻尔]的每一句话都构思严谨,仿佛是一条长长的链子,表达着深邃的思想和哲学的反思。他只是暗示而并不完全说透。我发现这种方法很令人兴奋。"但年轻的海森伯也十分敏锐深刻,他不同意玻尔的一个想法,对此他问了一个问题。玻尔很像约翰尼而不是牛顿,他喜欢使自己重新思考的学生。在演讲的那天下午,玻尔邀请海森伯和他长时间散步,还邀请海森伯经常到哥本哈根来看他。

慕尼黑大学毕业后,海森伯以无薪讲师的身份(其报酬来自学生的学费,如果他能够吸引他们来听课的话)来到哥廷根。1925年5月,海森伯运用一些不确定严谨与否的怪异的代数写出了一套恰当的数学方程,希望可以描述原子"美丽而奇妙的内部世界"。但数学思维健将玻恩叫他放心,这种怪异的代数是矩阵代数,哥廷根大学年迈的数学教授希尔伯特曾经是这方面的先驱。

在1925年随后的3个月里,海森伯、玻恩和约尔丹整个夏天都在一起工作。9月份时,他们出了成果,海森伯希望这是一个"严密的数学框架,肯定会包括原子物理学的各个方面"。因为他们希望这种表述不仅表述了多数人为之恐惧的原子物理学思想,而且可能会创造出更多奇妙的事物,于是把这门正在酝酿的新学科命名为"量子力学"。那年夏天,海森伯在英国剑桥大学作了一场讲座。狄拉克(Paul Dirac,反物质的发现者)把这些新思想进一步数学化。在哥廷根,泡利表明,这个方程以高度的精确性适应少数的实验依据,他们证实了1913年玻尔宣称的可能不可靠的、前后矛盾的论断。在哥本哈根,习惯一次跳上跳下三级台阶的玻尔,似乎有跳过月球的倾向。

1925年的这个表述赢得了半个学术界暴风雨般的掌声,也遭到了另外半个学术界的嘘声。开始时,反对派物理学家是由薛定谔领导的,他们的思想很深刻。一些数学家的反对声根本就是错误的,它们很快被哥廷根崭露头角的研究生约翰尼平息下来。我们应当先谈谈薛定谔的贡献,大家公认这一点要重要得多。

薛定谔是一位充满魅力的维也纳人,当时在瑞士工作。和许多其他物理学家一样,他被"海森伯的代数"吓跑了。1926年,他以原子的物理特性为基础发展了一种理论,被一贯文质彬彬的海森伯在一段时期内评价为"令人厌恶"。薛定谔的观点是,应当为电子写出一个波动方程,无需用海森伯或玻尔甚至普朗克的量子理论就能揭示真相。哥廷根、哥本哈根的物理学家不喜欢这种做法,薛定谔其实也自有一些道理。薛定谔从法国德布罗意(Louis de Broglie)的一篇看似怪异的论文中获得灵感,最终得出想法。爱因斯坦对德布罗意颇为认可。他的思想和希尔伯特、施密特的早期著作一脉相承。哥廷根的一些数学家(驳斥玻恩对海森伯正在使用希尔伯特发明的正宗的矩阵代数的确认)竖起耳朵聆听,但哥廷根的物理学家准备予以迎头痛击。

很快从数学的角度证明,薛定谔方程与实验结果相符——例如,正确预见了氢原子的能谱——正如海森伯方程所做到的。这个数学证明来自我们的老朋友苏黎世联邦工业大学的"怪人赫尔曼"——外尔,他一度是薛定谔妻子的朋友(两个人的关系正在变得和数学一样复杂)。英国剑桥大学的布拉格(William Lawrence Bragg)俏皮地说:"在这里,星期一、三、五上帝按波动理论操纵电磁学,星期二、四、六魔鬼用量子理论操纵电磁学。"有时用薛定谔方程容易一些,有时用海森伯方程容易一些。

一旦有意识地使用原子和电子成为可能,世界就将要改变。显然值得追求的是,科学家们应该确定,是上帝以这种方式操纵着物理世界,还是魔鬼以那种方式操纵着物理世界。年纪大一点的物理学家更倾向薛定谔的方式。1926年夏末,在慕尼黑的一次研讨会上,当海森伯质疑薛定谔时,主席(诺贝尔奖获得者)"措词相当严厉地"告诉年轻傲慢的海森伯"必须结束量子跃迁和整个原子的模糊思想,薛定谔先生当然会很快解决我提到的困难"。哥本哈根的玻尔和哥廷根新来的22岁的研究生约翰尼得到了一个较为符合逻辑的结论。既然海森伯和薛定谔方程都被证实是正确的,那么它们谈论的肯定是一回事(薛定谔——公正地说——开始时,他几乎认同这种说法,尽管并不完全同意)。

罗兹把下一个阶段描述得非常精彩。玻尔邀请薛定谔和海森伯一道来哥本哈根参加一个会议。海森伯把这段轶事讲得同样有趣。尽管玻尔为人和气、彬彬有礼,但是在他认为重要的事情上,他会"狂热地坚持,把所有争论说得一清二楚,丝毫不留情面"。他对薛定谔丝毫不留情面,以致薛定谔理智地称病在床,但玻尔仍紧追不舍。坐在薛定谔的病床边他还在说:"你必须得承认……"可怜的薛定谔说:"要是还坚持可恶的量子跃迁,那么我会因自己居然开始研究原子理论而感到很难过。"玻尔又立即心软了下来,坚持说薛定谔使所有像他本人这样的物理学家重新思考,世人应该感激他。

然后,玻尔和海森伯一起踏踏实实地研究两个理论究竟有哪些弱点:当然,尤其是两者的事实都符合证据,但是这种证据很小。1927年2月,玻尔开始他每年一度的休假滑雪。海森伯以一种让约翰尼都感到害怕的热情接手了所有的物理研究。晚上,海森伯在哥本哈根市区漫步(现在他已经不再穿皮短裤了),突然他灵光乍现,想出了现在大家所称的海森伯不确定性原理。

如果要研究粒子这样微小的物质的位置或速度,你需要运用一些工具,如以强光照射它。按照普朗克的证明,如果这样做,至少要用一个光量子——这是最小的可能量。但是,即使是一个光量子也会打扰一个运动的粒子并以不可预期的方式改变它的速度或位置。对粒子的位置探测得越精确,所得到的粒子速度就越不精确;反之亦然。

许多智慧的人不愿意相信像量子力学这样革命性的科学却不能预测测量的确切结果。不管怎么说,这告诉我们有几个不同的可能结果和每一个结果可能是什么。反对者包括爱因斯坦,他疾呼:"上帝不掷骰子。"作为海森伯思想的守护者,玻尔被称为"哥本哈根学派"的守护者,他最终私下里言辞犀利地回答爱因斯坦:"上帝如何统治世界不干我们的事。"

1926年,作为一名公理化论者,约翰尼代表哥本哈根学派从数学阵线大举出击。对约翰尼的批评,以他的著作《量子力学的数学基础》(*The Mathematical Foundations of Quantum Mechanics*)的出版(德文版于1932年出版)达到高潮。批评家们说,固执己见的年轻人约翰尼过于明显地暗示他的方程是"终极的"、"完备的"。要说明的是,约翰尼诚心诚意、毫无芥蒂地接受这些批评。

谁也不能假装量子力学已经盖棺定论。后来美国物理学家费恩曼(约翰尼认为他非常有趣)研究出量子力学的一个现代的形象化的系统。最小的粒子在时空中从 *A* 点到 *B* 点有各种各样的可能途径。前进的许多路径可能会被波峰或波谷附近的子波所阻挡,有些路径则畅通无阻,这就是玻尔所谓的"允许轨道"。1926年以后,关于粒子又有了许多新发现。正如霍金(Stephen Hawking)所说,许多诺贝尔奖的(包括约翰尼后来在普林斯顿的同事李政道和杨振宁)"授予是为了表明世界并不像我们曾经可能想象的那么简单。有可能的是,在将来的一天会发现一个统一的量子理论——'万物至理'",爱因斯坦在他生命的最后30年一直在朝这个目标摸索。但是批评家们误解了66年前年轻的约翰尼努力设法去实现的目标。

1926年当量子力学诞生时，22岁的约翰尼是伟大的、但有点过时的公理化论者希尔伯特的信徒。约翰尼也是一个想要融入世界的年轻人。和玻尔一样，约翰尼立即看出，海森伯和薛定谔两个表面上不同但结果相似的论证，意味着他们所谈的一定是一回事。和玻尔相比，约翰尼在质疑别人证实或驳斥这一观点时要礼貌得多；但是一旦下定决心，他会比玻尔更加意志坚定地宣传那些好消息。当一些数学家借口新的发现太不严谨以至不能使用而试图阻止进步时，约翰尼不希望自己的数学生涯卷入另外一场蛙鼠大战。遗憾的是，某些数学家正好开始这样说。

约翰尼很有可能在1926年听过海森伯的讲座并为希尔伯特和诺德海姆写好第一篇论文之后，就看出怎样能够使海森伯的思想对数学家更有说服力。他感到薛定谔的方案完全适合同样的框架。约翰尼独有的基本洞察是（用豪尔莫什的话说），"希尔伯特空间内的矢量几何具有与量子力学体系的状态结构相同的形式特性"。

本书读者读到这里可能会觉得艰涩难懂，令人望而却步。和笔者一样，读者有可能在15岁时就不再继续学习中学数学了。下面就尝试蹩脚地解释一下希尔伯特空间。

首先，做一个合理的、粗略的简化。我们可能记得，在15岁前，我们有两种方法解方程组：$x+y=12, 3x-y=16$。一种方法是把两个方程相加。如果采取这样的方法——因为我以前就是这么做的，那么 y 就会消掉，得出结果 $4x=28$，即 $x=7$，那么 y（即12-7）=5。我猜你一定把结果代入第一个方程演算过，正如我们早先在中学所做的。数学作为科学的一个好处是，我们可以检查出自己做对了还是做错了。你可能还记得，上学时还用过第二种方法，在坐标纸上作图，把适合 $x+y=12$ 的两点连线(如 x 是11时,y 是1;x 是10时,y 是2等),会发现结果与适合 $3x-y=16$ 的连线在 $x=7$ 和 $y=5$ 的地方相交。

或许,你能够想象用含3个未知数的方程的解题方法,如从 $x^2+y^2+z^2=29$ 开始。通过进入三维空间,立起一支铅笔垂直穿过这张纸(或者,更有弹性的、可以弯成一个球面的物体更好)加上一个 z 轴,你会发现可能的答案之一是 $x=2$,$y=3$,$z=4$,因为我首先会想到这些数字。但是如果你想解超过三个未知数的方程,就需要想象超过三维的多维空间。希尔伯特希望数学家首先从有无穷多变量的复杂方程入手,号召他们在无穷维几何空间内使无穷矩阵形象化。《牛津英语辞典》(*The Oxford English Dictionary*)告诉我们,"矩阵"(matrix)的第一个意思是"用于繁殖的雌性动物"。在希尔伯特数学空间内,矩阵的数学含义可以称为繁殖许多后代的符号,其中有些孩子非常复杂。尽管希尔伯特直截了当地以自己的名字为这个空间命名,但在1926年,这位天真的老人对其中的秘密所知甚少。

有些人会觉得,发明者基本上还没有开发的这样一个抽象空间,一定是非常理论化和混乱的;也有一些人会觉得它富有挑战意义,非常有趣。约翰尼就属于后一种人,他接下来花了十几年的时间潜心研究希尔伯特空间,写出[有些是和其他优秀的人才如默里(F. J. Murray)合著]近60篇文章,想出了1000多个令人惊异的观点。每一个新观点和新发现对于约翰尼来说都是美学的享受,因为他正行走在在他看来此前没有几个人能够涉足的领域,一旦有所发现,他就很快想出实际的应用。

从探索无穷矩阵和有界矩阵(这是希尔伯特以前的信徒们主要思考的问题)开始,约翰尼以越来越快的步伐研究无界和自伴矩阵,然后是(在普林斯顿时)算子和矩阵中的算子环。无论时至今日还是在当时,所有这些都为描述现实状况的概念注入了动力。约翰尼发现真正决定一个空间的维数结构的是它所允许的一个旋转群。接下来,他要为维数不断变化的空间创立公理。所有这些对数学的一个分支"连续几何"大有帮助。约翰尼在这些领域的方程被称为"冯·诺伊曼代数"。在这个过程中,约翰尼不仅帮助数学家在无穷维里求和,还帮助他们以怪异的方式——以一维的1/3或$\sqrt{2}$或π作为一维,或以他们想象的任意一个实数——进行思考(如果他们愿意)。值得一提的是,后来的一些思想——连续几何等——并没有如约翰尼所愿产生很大的意义。现在也是如此,或许在希尔伯特空间最深处,约翰尼进入了他自己的典型的巴洛克阶段。

早在1927—1929年,约翰尼还参与拓展谱理论,也就是振动理论。谱理论的经典例子是乐器发出的声音。量子力学方面的例子是量子力学系统释放和吸收的振动。如果人们不了解这些振动是什么,就不太可能精确地使用原子物理。希尔伯特创立了针对有界对称算子的谱理论,但是解释意义并不大。直到约翰尼通过创立自伴的有界算子的谱理论,才揭示了有界算子的对称性概念。

读过上面三个自然段之后,普通读者(也包括我这个普通作者)可能如坠云雾。我们或许会绝望地问,我们是否需要理解所有这些无界和自伴矩阵,才能对约翰尼对量子力学的影响加以评估。一个令人高兴的答案是:不需要,原因在接下来的6个自然段中出现。直到20世纪20年代晚期,即使在哥廷根,还有一些数学家告诉他们的学生新发现的玻尔—海森伯量子力学是建立在错误的数学基础上的;我们只需评估约翰尼是否把这些数学家带上量子理论之船就可以了。

弗里德里希斯就是最好的例子。开始时,他也是怀疑者之一。正如他在1979年所写的,"当海森伯、玻恩和约尔丹建立起量子理论的基本公式时,哥廷根的一些数学家带着嘲讽的意味宣称,这样的公式不可能有效。他们宣称用希尔伯特的无穷矩阵理论就可以证明这一点",尽管海森伯的公式被认为以希尔伯特的矩阵为基础。"柯朗身边的"数学家指出，海森伯—玻恩方程中的符号 P 和 Q 是无穷矩阵，它们被用于做那些希尔伯特已经证明的无界无限矩阵可以完成的工作。

弗里德里希斯在1979年继续写道："这些数学家犯的错误是，他们心照不宣都在假设矩阵 P 和 Q 是有界的；实际情况恰好相反。玻恩已经观察到这一点，但是他认为同样的规则对无界矩阵和有界矩阵应该同样有效；但事实并非如此。此前对无界矩阵所做的一些研究并不能令人完全满意。正是冯·诺伊曼完全搞清楚如何来对付无界无穷矩阵"以及如何使用希尔伯特空间。

这种解释工作需要时间。据弗里德里希斯所说，甚至在1929—1930年，虽然大家都知道约翰尼正在研究量子理论，但是"对于这类抽象研究，我们柯朗派还是相当怀疑"。但当"我研读了这些抽象论文时，简直目瞪口呆。实际上，我刚刚交给柯朗一份谱理论的手稿准备发表。我请他把手稿还给我，然后用冯·诺伊曼的抽象语言重新写了一遍。这是我后来"研究谱理论和偏微分方程的"主要工作的开端"。约翰尼启发了许多数学家走上新的研究道路，当更实际的人没有注意到这一点时，他只是一笑而过，而不会心生愤懑。

战后，当弗里德里希斯遇到海森伯时，这位希特勒的难民对希特勒的顶级科学家说，哥廷根大学的数学家应当为很久以前对他的误解而道歉。令人高兴的是，他们已经还清了债务，因为有一位数学家（约翰尼）已经搞清楚了自伴无界算子和仅仅对称的无界算子之间的区别。

"噢？"海森伯问，"区别是什么？"

很明显，发现不确定性原理的天才不明白以上我们所谈论的话，因此我们还得回过头来再续。重要的是，需要像约翰尼这样的人做工作来让许多数学家踏上量子力学的船；没有他们，这条船不会开得快。然而，令人尴尬的是，我们现在才知道，还有一艘他们同样有理由挤上去的船,即狄拉克的船。

狄拉克因为发现反物质在1933年获得诺贝尔物理学奖。他在《量子力学原理》(*The Principles of Quantum Mechanics*,牛津大学出版社,1930年)一书中阐述了量子理论的数学化。从那时起,大多数杰出的物理学家更倾向狄拉克的表述,而不是数学家们已开始坚持的约翰尼的更为深奥的表述。1932年,约翰尼的《量子理论的数学基础》(德文版,斯普林格出版社,柏林)终于出版了,论证有了相当大的变化。约翰尼从斯通(Marshall Stone)和其他的美国人那里学到了许多最新的思想。

狄拉克通过和初等微积分玩了一个奇怪的游戏解释了量子理论。他说,在量子力学中,当 $x=0$ 时,x 的接下来的可能变化是无穷大的,但当 x 等于任何其他数时,x 的变化等于零。数学家被这样使用尖锐的变分而不使用无穷多维变量震惊了。但是物理学家觉得这样对是否求和都很方便。约翰尼的书里有一个部分对狄拉克的 δ 函数进行了猛烈攻击,在当时赢得了数学家的普遍喝彩。如果约翰尼的交错形式化没有出现,这些数学家可能和量子理论还在各行其道。令人尴尬的是,大约15年后,法国的施瓦策(Laurent Schwartz)使狄拉克的 δ 函数在数学上更精确、更令人尊敬和实用。约翰尼觉得,他战前的逻辑研究因哥德尔搁浅,量子理论研究则因狄拉克搁浅。

大多数数学家不这么想。当约翰尼在希尔伯特空间漫步时,他为他们提供了新的、完备的工具箱。尽管约翰尼在开始时因自己身边的希尔伯特的身影越来越模糊而觉得尴尬。由于约翰尼是在1926年通过诺德海姆的启发才开始试图把海森伯形式转化成希尔伯特形式的,他关于量子力学的最初著述是1927年出版的与希尔伯特和诺德海姆合写的一篇论文。但就在几个月内,在1927年约翰尼又发表了一篇论文,他已经独立闯荡这片属于他的领域了。希尔伯特关于无穷矩阵的定则对于此学科的一个初学者(1926年的约翰尼)来说具有很大的启发性，但对于一个这方面世界上最伟大的专家（1927年的约翰尼）来说就有局限性了。

到了1927年中期，年轻的雄鹰约翰尼完全应该在希尔伯特的巢上翱翔了。约翰尼在读本科时解释了希尔伯特的伟大和正确之处；如今在他读研究生时，该来解释希尔伯特的错误所在了。出于这个原因以及生计所需，1927年秋，约翰尼接受了柏林大学的无薪讲师之职，成为这所威严的学府任命的最年轻的一位无薪讲师。1929年，他转到汉堡大学担任短时间的无薪教授，一方面是由于在那里成为全职教授的可能性大些，另一方面是因为到了那个时候，他应该在柏林的数学教授施密特的巢上翱翔了。

约翰尼在他的所有著述中，对希尔伯特都保持着忠诚。但是，约翰尼在路德教会中学时的老校友维格纳向我解释了1927年的棘手之处。1927年，维格纳被任命接替诺德海姆作为希尔伯特的物理学助手。维格纳说，他很快发现一年当中只能见到希尔伯特几次。1989年，89岁的维格纳告诉65岁的笔者，那时，希尔伯特年纪已经相当大了。笔者说："实际上，1926年时希尔伯特应该是64岁。"维格纳回答说："是呀，在那个年代人肯定老得快一些。"另一个同时代人描述了希尔伯特对他所钟爱的哥廷根大学清洗犹太教授的反应。希尔伯特来到火车站，让将要离开的人放心，他们的背井离乡不会很久，"我正在给部长写信，告诉他愚蠢的当局都干了些什么"。这位部长便是可怕的纳粹党卫军部长拉斯特（Rust），驱逐工作的始作俑者。希尔伯特能在茫然中度过他最后的15年（1943年在战时德国去世），或许已经令人感到安慰了。

20世纪20年代晚期，当伟人渐渐老去、退色时，约翰尼这头年轻的雄狮正在唤醒德国数学界。30年代，在柏林的施密特主持的一个研讨会上，一位学生正在汇报自己新近的研究成果。这位学生的开场白在现在已经是标准的说法："令 H 代表希尔伯特空间，L 代表一个线性算子。"施密特打断了他："年轻人，请说无穷矩阵。"如果使用施密特的语言，现代科学的许多数学发现都将变得不可能；这或许是1929年约翰尼离开汉堡的原因。

约翰尼在汉堡停留的时间很短，他已经瞄上了美国。1927—1929年也是繁忙的两年，是约翰尼在欧洲的学术讨论会时期。

第七章

动荡年代,结婚,移民

1927—1931年

到1927年底,约翰尼已经发表了12篇数学方面的论文;到1928年底,增至22篇;到1929年底,共有32篇。这些论文至少在欧洲年轻一代数学家中间已经引起近乎狂热的崇拜,他们在1928—1929年热切期盼着约翰尼几乎每个月都会写出一篇了不起的论文。

1927—1929年的所有论文都用德语写成,井井有条,风格一致,颇有一点普鲁士味道。井井有条意味着其他数学家可以更加容易地抓住每一篇论文的意思(即使有些深奥),并把它应用到自己的工作中。有些思想令能够理解它们的那几十个人惊异不已。一位中欧的教授说,这些论文使其他数学家惊叹,他们搞了一辈子数学都不知道自己在忙些什么。

约翰尼在1927—1929年的某些论文还对物理学产生了重要影响,但是物理学家没那么轻易热血沸腾。通过穿行于希尔伯特空间,约翰尼成功地从量子理论中演化出精确的数学,这在实验室里并没有引起想象中的兴奋。物理学家们为接受约翰尼所说的仿佛是显而易见的结论而赞美他,其实并非如此。一些物理学家对1928—1929年约翰尼与维格纳合写的4篇有关各种原子的谱线的论文表现出更大的热情。

在氢原子中,谱线很简单(这是玻尔理论的基础);但是在其他原子中可能有上千条谱线，而且似乎没有规律可循。1928—1929年，约翰尼和维格纳的论文结束了这种状况。60年后的1989年，贝特仍旧把这些论文评在约翰尼最杰出的作品之列。约翰尼恰到好处地弥补了维格纳的过分谦虚。形象地说，约翰尼会立刻超越给他建议的大多数人5个街区，但是他只能超越维格纳1个街区。维格纳彬彬有礼向他建议各种可能性，约翰尼使之精确化、数学化、毋庸置疑，并加以强调。他的语气可能过于坚决。60年后，维格纳说，当时他们的一些作品不太受欢迎，因为物理学家需要学习新的数学。对于任何一位物理学家而言，最大的快乐是发现新事物；要是谁告诉他们重新回到学校去读书，他们心中自然气闷。

1927—1929年，约翰尼还有几篇论文没有立即被人注意，其中包括他关于博弈论的第一篇论文（1928）；其余大部分被其他的数学家领会要义，并加以推广。因此一些批评家说，约翰尼没有把他的思想坚持到底。后来有人打抱不平，替约翰尼出头，斥责这种小偷小摸的行为。约翰尼同时代的人后来抱怨道："现在几乎没有哪一位年轻的数学家还会意识到大家熟悉的某某普通命题原来是冯·诺伊曼的发现。"年轻的约翰尼如同流星一般划过不同专业，他的意义在于身后的那一片光明而不是细节性的工作，他正在改变他所从事的职业的面貌。一些同事讨厌这些，其他人利用这些——这是约翰尼所期望的。他本人有时也被人指责为"奶油脱脂器"——一个了不起的人就应该经常这样。

至于说约翰尼缺乏坚持到底的精神，完全可以这样解释：虽然约翰尼一生的大部分时间每晚只睡几个小时，但当他精神饱满地醒着时，他会享受那20个小时左右的时间。约翰尼的主要乐趣在于思考，令他厌倦的东西他就会抛开。只有令他在美学意义上感到有趣的思想，他才会坚持到底（比如希尔伯特空间，或许坚持得过了头）。约翰尼并不介意别人因为拓展他想出来的点子而获得荣耀。他谦虚而公正地不太肯定那些到底是不是他原创的思想,尤其是在他一生中到处作学术报告的那段时间。他到处作学术报告的那两年(1927—1929年)发生的一些故事,渐渐成了后来他在美国作演讲时的习惯。似乎本章正适合谈谈它们。

在20世纪20年代,欧洲年轻一辈的教授们召集大会,组织会议,作学术报告,干劲十足;数学家们做起这些事来成本更低。他们不用把实验设备或样品搬来搬去——带点粉笔就行了。约翰尼特别愿意参加这类会议,部分原因在于他不用做枯燥的准备工作,他只需在火车上默想。他几乎就没有照着讲稿作过演讲。他在黑板上以近乎光速写下方程,有时黑板写满了就把上面的部分擦掉腾出地方,而有些听众还没理解他正在擦掉的部分。有些怀疑约翰尼的人,就拿他"擦掉证明"的做法开叫人气愤的玩笑。

许多人的学术报告听起来很枯燥、乏味。约翰尼却不在意,因为他能关闭耳朵,一边自己嘟囔一边思考别的数学问题,或者干脆睡觉。他坐在位置上时把手放在嘴巴上,这样即使思想开小差,表面上看去依然是全神贯注、十分礼貌。有时当他看起来礼貌而全神贯注地坐在空荡荡的讲座室里时,他的同事不得不用胳膊肘轻轻推他。

如果约翰尼感到有趣,他会问一些问题。演讲者会发现这些问题很深刻、令人紧张但又倍感荣幸,因为它们往往是演讲者本人的思想的延伸。当他真正感兴趣时,他会在房间里来回踱步。贝特告诉笔者,他把研讨会分为10个等级。"第一等,我的母亲听得懂;第二等,我的妻子听得懂;"这位诺贝尔奖获得者说,"第七等,我能听得懂;第八等,只有演讲者本人和约翰尼听得懂;第九等,约翰尼听得懂但演讲者听不懂;第十等,连约翰尼都听不懂,但几乎没有这一等。"

与奥本海默的发问不同,约翰尼不会问把这个笨蛋轰下台去的问题。他觉得没有意义。据说,有一次例外。一位德国教授喜欢在口试时问博士生一些"不可能解决的问题",如果学生立即回答"这道题没有解"就被认为思维敏捷。教授把这种做法吹捧了一番,还把他最喜欢问的、没有解的方程作为例子写在黑板上。但约翰尼盯着天花板小声嘟囔了几分钟,就得出了部分答案。

还有一种更典型的场合,即当一位教授提出一个实际上相当错误的新发现时。在研讨会上,这个犯了错误的人居然还能把所有问题回答得滴水不漏。在当天晚上的私人晚宴上,大家讨论了他的新发现。约翰尼说,如果他问3个问题,整个发现就会土崩瓦解。"为什么你不问呢?"研讨会的组织者急切地问。约翰尼暗示说,他不喜欢大庭广众之下让别人下不来台。1935年,莫斯科会议上也发生了类似的事件(参见第八章):一位德国教授提交了一篇论文,旨在把新概念**主猜测**(*Hauptvermutung*)引入拓扑学。约翰尼只是说教授对所提出的问题回答得很圆满,对其他则没有表现出什么热情。1年之后,这篇论文的论证被证明不令人信服;20年之后,这个论证被发现其实是错误的。这个故事的关键在于约翰尼根本就不是拓扑学家。拓扑学是数学的一个分支,研究的是没有实质改变的物质(比如,没有在其中打洞),但是有可能扭曲成各种形状或打结。约翰尼很喜欢另一位匈牙利人委婉地把近乎谎言说成:真理的拓扑学版本。

约翰尼一生都拙于处理人际关系,但他在1927—1929年走红于这些研讨会有以下几个原因。其一,很明显,约翰尼是最优秀的、正在发出吼声的年轻的雄狮;其二,一开始他就下定决心不和任何人发生侮辱性的争执;其三,这些数学研讨会上几乎没有女性在场,这样他就可以随时利用他取之不尽、用之不竭、登不了大雅之堂的段子来缓解紧张的气氛,并且往往取得预期效果。1989年,特勒告诉笔者,得益于约翰尼的语言,约翰尼是他所认识的唯一一个能同时使用3种语言讲笑话(包括双关语)的人。当23岁的约翰尼想要避免无谓的争端时,他就会客气地找出一些较适合的玩笑来化解。

对付这种情况,约翰尼还有一招——把手头的事情和远至公元前500年的事件进行类比,这样一来,这位23岁的数学天才就显得很有学问。粗俗的玩笑使他显得可爱、实在。他设法帮助过许多在工作上碰壁的数学家。约翰尼要么会朝着天花板嘟囔一会儿,然后引领着这些数学家穿过那堵墙;或者会说,如果是我,我会尝试一下这样、那样或其他方法。这让他后来到美国也很受欢迎,常常受邀做审阅一些递交到学术刊物的论文的专家。他先是称赞一篇论文,然后又说如果插入下面十几行数字和方程就会更有说服力,这样的情况不止一次。当这篇论文交回给主要作者时,年轻的作者不好意思只保留自己的名字,甚至加上约翰尼作为合作者。

约翰尼以一颗冉冉升起的新星的姿态出现的最初的几次会议之一,是1927年在波兰的里沃夫的那次。一位波兰教授接受委派到德国调查约翰尼是否适合演讲。这位教授在汇报时激动得上气不接下气。在柏林的出租车里,他和约翰尼讨论了集合论、测度论和实变量——这个小伙子只用了短短几句话就对这些学科给出了解释,比他与其他数学家10年的通信、谈话获得的信息还要多。

里沃夫严格奉行在咖啡馆研究数学的传统。20世纪20年代,欧洲许多大学城的数学老师和他们最聪明的学生会聚集在咖啡馆,围坐在大理石桌面的桌旁。你可以把方程写在大理石桌面上,然后用水擦掉。在里沃夫,数学家们常去的咖啡馆是苏格兰小屋,这里的核心人物是大师巴纳赫(1892—1945)。巴纳赫叫人为难的地方在于,话匣子一开就是17个小时左右,只有在吃饭时才停一停。在这期间,巴纳赫会抽四五包香烟,喝起酒来也没完没了。战后有人争论,巴纳赫在1945年是否被纳粹或俄国人谋杀了。看情形,他实际上是死于肺癌。

约翰尼从不吸烟,这和他很早就怀疑吸烟有害健康可能有点关系,他喝酒也不像他喜欢假装的拉伯雷式风格*。一次在普林斯顿的聚会上，一个3岁的小孩爬到约翰尼的大腿上(3岁的孩子往往会那样)端起约翰尼的酒杯咕咚咚喝了下去，大家还以为他喝的是约翰尼的杜松子酒而慌做一团，结果发现是软饮料冒充的。后来约翰尼经受住了一次波兰式的考验。巴纳赫故意往约翰尼的饮料里加了伏特加，约翰尼径直冲到卫生间吐了出来。然后，就转回来接着讲他刚才阐述的方程，衔接得天衣无缝。

这些学术讨论会往往也会涉及政治争论，约翰尼在这方面的技巧和他后来在美国所使用的完全一样。约翰尼从不和情感或政治上很自负的人争辩。他不相信公开的讨论会改变这些人的观点，他认为规劝他们只会引起厌烦和暴力冲突。但是如果有人讲了有趣的事情，他会进一步询问下去。约翰尼的"兴趣"涵盖的范围很广，他更喜欢对这世界大笑而不是抱怨的人。如果谁的思想蒙蔽了他们自己而看不到数学事实或真实事件，约翰尼会离他们远远的。

在美国，约翰尼以喜欢结交开心果而不喜欢结交愁眉苦脸的人著称。20世纪20年代，人们认为约翰尼是一位好脾气、爱笑的悲观主义者。约翰尼在工作方面的确如此。1929年，约翰尼算出3年之内德国可能会有3个教授的空缺，但他知道有40个无薪教师很有信心他们会在两年内成为教授。因此，他很早就宣布，美国方面的任何工作邀约他都会考虑，尤其是20世纪20年代的经济繁荣还在持续的话。尽管他并没有预见到20世纪30年代将会发生可怕的大萧条，但是对1928—1929年最后阶段的经济繁荣，约翰尼还是持怀疑态度的。

约翰尼不认为1929年的欧洲已经安定下来，将保持长期的政治稳定。如果那些担心德国人"会为1918年复仇"的人一再逼问，他会讲述

---

* 拉伯雷(Francois Rabelais，1494—1553)，法国文艺复兴运动时期的讽刺作家与小说家。——译者

发生在米洛斯岛上的暴行,古雅典人在另一方面其实非常文明*。尽管德国人热爱音乐和数学,但约翰尼还是担心在不久的将来他们会做出可怕的事情。约翰尼还记得匈牙利领土被分割是多么令人伤心,像捷克(约翰尼的叫法)这样的国家都瓜分掉那么多的德国土地,他当然明白为什么哥廷根温和、严肃的德国同事会气愤得发疯。他写道,法国和英国强加给中欧一个协议,这两个厌倦战争的国家不愿让可怕的战争有机会复燃。

1928年,约翰尼写了一篇关于博弈论的文章(参见第十章)。文章指出,在群体斗殴中,逻辑上可以预言到一个最终的"鞍点"结果。当每一个对手都觉得自己正在以最小的风险最大限度地获得他想要获得的利益时,就达到了这个"鞍点"。1919年后,欧洲的鞍点结果可以是民族主义的德国向东推进,攫取原本属于它的领土,然后和俄国开战。当希特勒出现时,约翰尼知道欧洲战争恐怕在所难免了,但是偶尔也希望这个疯子会先和俄国开战。他同意这样会使匈牙利和波兰夹在中间处于尴尬位置的说法。约翰尼告诉朋友们,他担心光复领土的匈牙利将会和民族主义的德国一决雌雄,他不想"死在那一边"。

也不能说约翰尼年轻时一直郁郁寡欢是因为担心这样的前景。不过他的确很早就有所打算,如果可以,准备从欧洲逃往美国,并希望他在语言上的优势可以对此有所帮助。他发明了一条能把外语(如英语)句法搞清楚的捷径。如果他想要对某种语言获得语感,就迅速而专注地阅读用此种语言写成的某些书籍,这样他所选择的文章的每一个字

---

* 在伯罗奔尼撒战争后期,雅典向米洛斯岛派遣使节,要求那里的居民放弃中立。雅典的使节说:"你们和我们一样清楚,权利仅存于实力相等的城邦;强者做其能做之事,而弱者遭受不得不遭受的损害。"米洛斯城邦最终放弃了长达700年的独立自由,向雅典投降。但雅典却杀死了那里所有的成年男人,将其妇女和儿童贩卖为奴,并派500名雅典殖民者把米洛斯变为自己的新家园。——译者

都深深烙在他的脑海里。

通过这些实践，在20世纪50年代，50岁的约翰尼能够一字不差地引用狄更斯的著作《双城记》中的前十多页内容，这让戈德斯坦（Herman Goldstine）十分困惑。学英语时，约翰尼也先选择浏览百科全书，然后挑选有趣的科目背诵下来。因而他非常精确地了解共济会运动、哲学的早期历史、对圣女贞德的审判和美国南北战争。小时候学习德语时，他也同样背诵过翁肯的《世界史》。他学习了德国人眼中的所有古代历史的观点——或许军国主义思想严重了些。

约翰尼对词汇记得牢、感觉准，对数学符号的感觉无人能及，可惜就是记不住人的面孔。别人认得他，他却不认识人家，他一辈子对此都感到很尴尬。他没有照相机般的记忆。这使他的数学受到了一些局限（他不善于想象形状），但也很有可能加强了他的长处。一个拥有照相机般头脑的人是很难思考三维以上的空间的。不论是四分之一维还是几十分之一维，或者是几万维直至无穷维，约翰尼思考起来都很轻松，他只需在他大脑里的棋盘上移动代数符号就可以了。

可能还有一个原因，约翰尼对第一次见到的人懒得用心去记。如果一些人从来不说有趣的事情，记住他们的脸简直就是白费力气。约翰尼一辈子和女性相处都做不到游刃有余。真正了解他的女性都会很喜欢她，但是仅和他打过照面的女性会觉得他让人毛骨悚然。当全神贯注思考时，约翰尼的眼睛会无意识而粗鲁地盯着女人的大腿，就像开车时他的眼睛也是盯着前方而不是看着道路一样。在洛斯阿拉莫斯，秘书的办公桌前面是敞开的，但是有些人用薄纸板挡住了，她们说因为约翰尼总是倾着身子、口中念念有词地注视她们的裙下风光。由于每晚4个小时的睡眠有可能打断思维，他发明了一种睡觉时也可以思考的方法。约翰尼在睡觉之前思考一些问题，并在凌晨4点冲到笔记本那里记下新的符号；虽然他的身体处于睡眠状态，但潜意识还在工作着。他有一次开玩笑说,他在梦里正在证明,如果以他的公理为基础,集合论就真的相容;证明没有结束,他就醒了。第二天晚上,他又做了同一个梦,差一点就完成了。约翰尼说,还好第三个晚上没做梦,不然他会信心十足地证明哥德尔后来的结果是错误的。

就在这时出现了一位救星,迅速把约翰尼带到了美国。维布伦(Oswald Veblen,1880—1960)从1910年开始就是普林斯顿大学的数学教授,1929年他受邀到牛津做了一段时间的访问学者,并在欧洲进行考察搜罗数学家以帮助美国实现现代化。维布伦身材瘦高,外貌像斯堪的纳维亚人,是美国经典著作《有闲阶级的理论》(*The Theory of the Leisure Class*)的作者索尔斯坦·维布伦(Thorstein Veblen)的侄子。他拥有一种令人快乐的敏锐智慧,和约翰尼很像。在意大利的一次数学家会议上,他和约翰尼交谈过;克韦希认为他还去过布达佩斯。他对待约翰尼就如同父亲对待儿子——在维布伦打算振兴美国数学的恰当时机,约翰尼也在谋求事业的发展。

维布伦担心美国的数学正在落后于欧洲的数学,尽管美国大学的资金充裕得多。在20世纪20年代早期,维布伦告诉任何一个愿意倾听的权威人士——包括(参见后面的内容)亚伯拉罕·弗莱克斯纳(Abraham Flexner)——美国数学教授的行政职务过于繁重。他们应该去带高年级学生,却在教太多的低年级学生;这严重妨碍了他们研究数学的机会。维布伦发现,欧洲的数学已经成为一种口头文化,在所有黑板前和大理石桌上孕育发展研讨会。他担心美国正在和这些文化隔离。解决方法是建立美国的数学研究中心,用美国大学的高薪吸引一些欧洲人才,让学术研讨会运作起来。维布伦的目的是在未来美好的几年里,把普林斯顿建设成和哥廷根同等的数学强校。在经济暗淡的20世纪30年代,维布伦部分实现了他的愿望。

第一个被吸引到普林斯顿的数学家是来自约翰尼的母校苏黎世联邦工业大学的外尔。1928—1929年,外尔是普林斯顿大学数理物理学教授,但他明显不能久留。因为外尔被告知,一旦希尔伯特因健康无法胜任教授之职,他将接替希尔伯特在哥廷根大学任数学教授,而老人家的身体衰老得很快。1929年,外尔离开普林斯顿,维布伦不得不重新开始搜寻。

有一个问题是,普林斯顿的一些物理学家认为下一位教授和外尔相比,应该是一位物理学家而不是数学家。因此对约翰尼会有一些反对的声音。物理学家认为,毕竟主要的问题是,欧洲比美国开展了更为广泛的对量子革命的讨论,物理学方面的问题比数学方面更多。就在此时,约翰尼和维格纳合写了一篇关于原子谱线的文章,令物理学家推崇备至。维布伦想出了一个点子,他建议普林斯顿把约翰尼和维格纳都邀请来。维格纳谦虚地回忆了当时的情况,维布伦向普林斯顿提出建议,他们应该

> 邀请至少两个而不是一个人……这两人彼此了解,他们不会觉得突然置身于和其他人没有亲密接触的孤岛之上。当时约翰尼的名字为世人所熟知,因此他们决定邀请约翰尼·冯·诺伊曼。他们又看了看:什么人和约翰尼一起合写文章呢?他们发现:维格纳先生。于是他们给我也发了电报。

一些资料显示,两份电报是在11月的同一天到达的。实际上,1929年10月15日,约翰尼已经收到了一封邀请他到普林斯顿担任1930年2月5日至6月1日学期讲师的信:"本学期的薪金是3000美元,外加1000美元的往返费用。职责是开设一门量子理论某些方面的课程(每星期2—3节课)。课程既可以是初级的也可以是高级的,随您所愿。"这封信显示,外尔返回欧洲留下了数理物理学教授的空缺席位。

如果一切顺利,约翰尼可能会成为这一席位的候选人。对于他在1930年后半年要返回欧洲履行在柏林大学教课的合同也达成了协议。

信中还提到,罗伯逊(Bob Robertson)博士正在普林斯顿开始一些有关量子理论的课程,希望约翰尼能够和他合理地衔接。信中还特意问,约翰尼是否愿意和维格纳一同接受邀请到普林斯顿上课。约翰尼欣然接受这份邀请以及有关维格纳的建议,但他告诉维布伦他必须先回布达佩斯一趟"处理一个家庭问题"。然后,他会在1930年1月到普林斯顿。不久,从布达佩斯传来消息,约翰尼和克韦希完婚了。下面就讲讲克韦希的故事。

玛丽埃特·克韦希生于1909年。2岁半时,她骑着三轮车闯入了约翰尼的生活,因为她选择以这种方式进入诺伊曼家参加4岁的迈克尔·诺伊曼的聚会。玛丽埃特的祖父在1866年后布达佩斯真正的房地产繁荣时期发家致富。他是一个喜欢运动、非常富有的绅士,也是匈牙利第一个拥有汽车的人。玛丽埃特的父亲是布达佩斯大学的医学教授和医生。得益于祖父,他们的家境也相当富有。玛丽埃特的母亲是一位虔诚的教徒,即使在玛丽埃特16岁时,她也坚持只有允许司机在外守候且按规定时间把玛丽埃特送回家的聚会女儿才可以参加。当灰姑娘打破宵禁时(玛丽埃特偶尔也会),母亲往往会在一两天里疑神疑鬼,怒气冲冲地上床睡觉。

即使在苏黎世读书时,约翰尼也是玛丽埃特一伙中的一员,那时她还不到17岁。克韦希一家和冯·诺伊曼一家在乡下的消夏别墅距离很近,都在陡峭的山坡上。克韦希的祖母往往在山脚下就下了马车,她一辈子都告诉人们要善待马匹。

在1927年和1928年的夏天,当约翰尼已经是柏林大学的无薪教师时,玛丽埃特被约翰尼突然对她的彬彬有礼所困扰。她当时是布达佩斯大学经济系的本科生,是社交界的红人。玛丽埃特身材纤细(直到今天她的身材还保持得异常苗条)、聪慧、衣着考究、性格活泼。和她坠入爱河的许多年轻人都会用一个词"快乐"(gay)来形容。和玛丽埃特共度了过去的54年时光的现任丈夫遗憾地说,可惜这个词现在的意思和过去不一样了。

1929年暑假开始时,约翰尼非正式地向玛丽埃特求婚,大家才明白为什么他变得彬彬有礼了。至少他别别扭扭地说:"我们在一起很开心,比方说你喜欢喝葡萄酒,我也喜欢喝。"玛丽埃特觉得这样一点都不浪漫。但约翰尼当时已经因其数学成就而世界闻名,玛丽埃特是布达佩斯年轻一代社交界的风云人物。玛丽埃特的父亲立即认定他们两个订婚是金玉良缘,她的母亲也不再因她的晚归而疑神疑鬼、怒气冲冲了,尤其是约翰尼答应皈依天主教之后。1929年的早些时候,马克斯已经去世了,约翰尼与普林斯顿商定各种事宜的来往信件所用的信笺都是有黑框的。

大家决定,约翰尼应该陪伴克韦希一家去巴黎度假。在巴黎,玛丽埃特爱上了约翰尼,部分原因在于他是参观博物馆的超级向导。他的历史知识比大多数历史教授还渊博,没准儿他又使用了老办法对付向导手册。他会全神贯注地阅读,之后几乎一字不差地背下来。

约翰尼更深地坠入爱河,即使在发现玛丽埃特在巴黎花了多少钱买衣服之后。他们正式订了婚,尽管还没公开宣布,但是已经计划好1930年6月在布达佩斯举行盛大的婚礼。

1929年10月,克韦希医生接到来自汉堡的一个电话:"我是扬奇,我已经接受邀请到美国一个学期,希望你的女儿和我同行。"克韦希太太在床上躺了几天。约翰尼和玛丽埃特在1930年元旦那天结婚,取道巴黎(购物)至瑟堡。他们打算在开往纽约的豪华轮船"布莱曼号"上度蜜月。这艘船还没航行过几次。玛丽埃特以前从未乘过海船,但是她的身材纤细，她觉得自己应该不会晕船。

对于冯·诺伊曼夫妇来说，不会晕船只是第一个错误的预测。船一驶出瑟堡港，就遇到大西洋11月的大风，玛丽埃特呆在床铺上就没下来过。(现在她笑着说道："那是一个什么样的蜜月呀！")直到快要看到美丽的自由女神像时，她的脚才踏到甲板上。

维布伦在纽约迎接他们，晚宴上玛丽埃特出了在美国的第一个洋相。欧洲没有罐装的桃子，玛丽埃特只在美国电影里看到过，所以她想要这种看上去很好吃的东西做甜点。当罗斯福宾馆的服务员端上天然的桃子(在匈牙利实在没什么稀罕)时，她要那种桃子罐头。"伊丽莎白·维布伦觉得我简直就是乡巴佬。"

玛丽埃特被纽约震撼了("美国，我的一生中你在哪里！")，约翰尼也是同样的反应。一周之后，维格纳到了(不像有些历史书记载的那样与约翰尼的蜜月旅行同行)。维格纳现在回忆道："约翰尼在第一天就爱上了美国。他认为这里的人言之有物，讲话不墨守陈规。在某种程度上美国比欧洲更严重的物质主义也合他的胃口。"

第二天，维布伦带着约翰尼出差处理一点数学方面的事务。20岁的欧洲人玛丽埃特只在书本上见识过美国，1930年她在纽约独处的第一个晚上会想要做什么呢？自然是去非法经营的酒店。玛丽埃特在一家药店实践家庭教师讲授英语时表达了这个想法。一位异性客人态度自然地自告奋勇带她去。这位男性顾客说他的工作是建造纽约的桥梁，还好他没打算卖一座布鲁克林桥给她。在匈牙利玛丽埃特只喝葡萄酒，但是在非法酒馆里好像应该先点苏格兰威士忌和苏打水——她只听说过这些。在酒馆外，她紧紧握住失望的桥梁建筑师的手，告诉他她要回到丈夫的身边。约翰尼可不欣赏这类冒险。他要以他平凡的外表征服新世界，但玛丽埃特可不是。

在普林斯顿，玛丽埃特接受邀请去康普顿(Compton)家做客吃晚饭时出了第二个大洋相。在匈牙利,如果请柬上写着晚上8点钟,最早8:40到就可以了,不然你会发现女主人头上还带着发卷。维格纳和约翰尼夫妇一起受邀,不过他的状况很糟糕。他读了一篇如何使稀疏的头发变浓密的文章,他认为把头发剃光可以让它长得更快的说法好像有一定的科学道理。结果事与愿违,他的脑袋暂时处于无礼的闪光状态。玛丽埃特在巴黎购置了新装,为参加第一个晚宴特意穿了一件耀眼的露背晚装,这件在巴黎很时尚的衣服在普林斯顿却太过前卫。这个怪异的三人组合——露背的玛丽埃特,头秃得发亮的维格纳和着装过于正式的约翰尼——姗姗来迟,别的客人都开始吃甜点了。

教量子理论课的罗伯逊和他的妻子与约翰尼相处得也很融洽,他们保持了一生的友谊。玛丽埃特自告奋勇帮他们看小孩,第一个晚上就遇上了给孩子洗澡的问题。在欧洲,家里有佣人的阶层是不做这些事的,这让玛丽埃特很是烦恼。好在这个孩子有惊无险,他的妹妹现在就随她的教母取名为玛丽埃特。在美国人眼里,普林斯顿是一座奇异的古镇;而在欧洲人眼中,1776年的建筑已经算是现代了。普林斯顿保留了水暖以及类似的设备以维护历史风貌,这种状态在用于出租的公寓中很常见。对于玛丽埃特最初找的房子,约翰尼会说:"我在这样的地方怎么能研究好数学?"最后,他们从一位弗罗辛厄姆(Frothingham)太太那里租到了一套公寓,室内的陈设在欧洲人看来很优雅,而普林斯顿人则觉得怪怪的。

这一时期,约翰尼花在学生那里的时间较之他一生中的其他时期是最多的。因为不能像在欧洲时那样有机会在咖啡馆里见学生,于是玛丽埃特在弗罗辛厄姆太太的公寓里安排了一个开放式的房间,对数学感兴趣的人都可以来。这是后来名气更响、规模更大的冯·诺伊曼普林斯顿聚会的前身。约翰尼和学生们的关系是融洽的,尽管从当时的信件看出他的英文拼写不怎么样。但是普林斯顿的物理学家显然不希望再请来一位数学家做教授,约翰尼也不想这样;他仍然要返回柏林大学履行合同教授1930年夏季学期的课程。

1930年的柏林正在遭受经济大萧条的打击,这引起约翰尼的一些预感,但他对自己在那里的学术成就还是相当满意。早先在柏林时,约翰尼和让他生厌的齐拉一起参与过有关量子力学的研讨会,现在他在研讨会的同事是伟大的薛定谔,齐拉只是在前排就座。玛丽埃特内疚地承认,她非常喜欢前纳粹时期的柏林。女人们的衣着比在普林斯顿时要光鲜,知识分子之间的交流很活跃。在柏林的公共汽车上,玛丽埃特遇到了最为活跃的一位。

公共汽车过道上传来了一个嗔怪的声音:"阿尔伯特,拿这么个大包裹怎么不乘出租车?大家都看着你呢。""亲爱的,那么我就坐在包裹上,让他们看得更仔细一些。"爱因斯坦一边说,一边朝邻座的玛丽埃特开心地一笑。玛丽埃特于是对爱因斯坦印象颇佳。和很多描述相反,她认为约翰尼也很喜欢爱因斯坦。当然,对于爱因斯坦1945年后的政治主张,约翰尼持有异议,甚至相当气恼;不过,他在1930年主要担心的是:爱因斯坦夫人把收拾天才老公当作有益的、严酷的女性游戏,约翰尼可不希望玛丽埃特也学她的样子。

1935年,当玛丽埃特怀着他们的女儿玛丽娜8个月时,发生了一桩更浪漫的事。冯·诺伊曼夫妇和爱因斯坦夫妇一起参加晚宴。爱因斯坦夫人发现,晚宴还没开始就结束了,因为爱因斯坦作为荣誉嘉宾要出席纽约的一个音乐会。爱因斯坦想起这件事并愧疚地说他必须马上离席赶赴音乐会。因为只有两张票,爱因斯坦夫人留下来陪约翰尼(那段时间,约翰尼一般都受这样的待遇),爱因斯坦和玛丽埃特同行。他们勉强及时赶到,急匆匆地穿过人群坐到专为爱因斯坦预留的席位上。全场的目光都被他们所吸引,就像专注于一场网球比赛一样。大家熟悉的老头挽着一位身材纤细但身怀六甲的棕红色头发的女士。第二天,报纸上就登出了新闻图片和评论,并以"这位老人身边是谁"为标题。玛丽埃特收到了爱因斯坦赠送的附上一首诗的一大束鲜花。

1931年,回到普林斯顿的冯·诺伊曼夫妇该买一辆汽车了。玛丽埃特说:"一个人这辈子总归要买一辆福特车。"困难在于得到一张驾驶执照。玛丽埃特在布达佩斯就通过了驾照考试,那里的规定很严格,还要了解怎样修车;但因为有司机相伴,她很少开车。约翰尼经常开车,但他从未通过任何驾照考试。每一个见过约翰尼开车的人都说,在美国他是不会通过考试的。玛丽埃特听说布鲁克林桥下有个考官,在那里最有希望过关。你先给他一根烟,如果他喜欢你的香烟盒,就意味着你可以付给他大萧条时期非常值钱的10美元而通过考试。约翰尼去了,考官对他的那个香烟盒大加赞赏。于是,约翰尼就在美国的公路上撒欢了。

普林斯顿有一个比约翰尼还糟糕的司机——维格纳,不过他和约翰尼不同。约翰尼是在马路中间驰骋,维格纳则规规矩矩地靠右侧非常缓慢地行驶——不幸的是,车子太靠右了以至上了人行道,像一辆蒸汽压路机一样慢慢前行,吓得行人纷纷逃窜。于是一位最有耐心的研究生教维格纳开车,这位活泼的年轻人能把双脚放在脑后,稳稳地坐在一个可乐瓶上。

他叫库珀尔(Horner Kuper),但玛丽埃特给他起了个绰号德斯蒙德(Desmond),因为他长得像她最喜欢的被称为德斯蒙德的瓷器狗。1937年,玛丽埃特离开了约翰尼,投向了德斯蒙德的怀抱,他们从此过着幸福的生活。

离婚是后来的事。在这之前,班伯格(Louis Bamberger)和富尔德(Felix Fuld)的遗孀向普林斯顿高等研究院(IAS)的遗赠改变了冯·诺伊曼夫妇和爱因斯坦夫妇的生活,或者也可以说(参见第八章)改变了美国科学的面貌。

◆ 第八章

普林斯顿的萧条岁月

1931—1937年

　　1892年,时年38岁的老班伯格在新泽西州的纽瓦克开了一家织物商店。现在这个小镇附属于闻名世界的纽约第三机场。班伯格很有商业头脑,他找到了一些富于开拓思想的合伙人,其中最有能力的是富尔德,他娶了班伯格的妹妹卡罗琳(Caroline,后改名为卡罗琳·班伯格·富尔德)。生意越来越红火。里吉斯(Ed Regis)的著作《谁得到了爱因斯坦的办公室》(*Who Got Einstein's Office?*)对这个故事有着非常精彩的描述。

　　1929年时,班伯格的百货商店在纽瓦克排第一,在全美零售店中排第四,年营业额在20世纪20年代年年攀升。1929年,班伯格已经过了75岁生日,富尔德去世,卡罗琳成了寡妇。他们兄妹两人在1929年9月初——这是个恰当的时机,把商店以25 000 000美元的价格卖给了纽约的正处于上升期的R·H·梅西公司,在黑色星期四股市大崩盘前6个星期,把钱存进了银行。

　　班伯格兄妹两个都没有孩子,现在又有了他们怎么用也用不完的钱。在大萧条使大多数人变得更加贫穷时,他们突然变得特别富有。犹太人有仁慈的伟大传统。兄妹俩想用财产回报新泽西人民,正是他们的惠顾,兄妹俩才得以起家。他们本打算在新泽西州建一所医学院,优先照顾年轻有为的犹太医生；1929年，他们认为（在很大程度上是有道理的）当时的美国医学院歧视犹太学生和教职员工。

1929年，想要开办一所医学院通常都要咨询63岁的弗莱克斯纳。1910年，弗莱克斯纳为卡内基基金会进行了一项研究，调查了美国和加拿大共计155家医学院。他明白无误地汇报说，其中120家状况糟糕应该马上关门，其余35家应该进行整顿。这使得弗莱克斯纳深陷诽谤官司，至少一次遭到性命威胁；但当许多坑人的学校真的关闭时，他也赢得赞誉和声望——人们说他知识渊博，知道该如何创办医学院或其他高等学府（其实，他并不清楚）。

20世纪20年代，弗莱克斯纳的兴趣由创办医学院扩大到创办高等研究院。他特别热衷于研究，但非常不喜欢学生。他同意维布伦的看法，美国尤其需要建立一个数学和物理学研究中心，像欧洲那样汇集各处的最新发展，并在许多访问学者的黑板上加以讨论。弗莱克斯纳认为，在官僚的学院里，最伟大的研究人员的精力越来越被"像家长一样照顾不成熟的学生"所分散，这实在是荒唐。他真诚地认为，达尔文、法拉第、爱因斯坦——以及实际上所有"在人类历史中对自己及人类进步意义非凡的人，通常都在追随他们内在的光明。组织者、管理者以及各种机构所能做的，只不过是为这些具有超强领悟力、博闻多见和孜孜不倦的人提供恰当的条件，帮助他们实现智力和精神上的目标。把无关紧要的标准化和组织变得似乎很重要……只会令人讨厌，也是一种浪费"。

当弗莱克斯纳正在就这个问题撰写一本书——《美国、英国和德国的大学》(*Universities: American, English, German*)时，班伯格和富尔德的两个代表打来电话询问兄妹俩是否能来见他。代表们说，他们代表正打算捐出一大笔钱在纽瓦克附近建立一所医学院的两位捐助人。弗莱克斯纳认为，在纽瓦克的油漆厂中间建立一所医学院是一桩蠢事，它没办法成为一所好大学或好医院或学者云集的地方;而在河对岸的纽约市的医学院拥有所有这些优势,再加上优待犹太人这样的规定,在纽瓦克建立医学院原本的那点优势也丧失殆尽。一个学校只有不带偏见地网罗最好的学者才能保持声望。优待原本遭到医学歧视的人群,只会使纽瓦克的毕业生遭到更加严重的歧视。

然而,假如班伯格和富尔德真的想让他们的财富给新泽西和美国带来光明而名垂青史,弗莱克斯纳倒是有一个建议。他把他的新书的第一章——"大学的理念"给了这两位慈善家的代表。班伯格和富尔德有意接受,弗莱克斯纳和维布伦开始讨论用班伯格和富尔德的钱在新泽西的普林斯顿建立高等研究院的可能性。1930—1931年出炉的计划是,该学院在1933年10月开学,用极高薪水聘四五位数学家或物理学家(包括维布伦)作为首席教授,他们从10月到次年春天在该学院工作,夏天可以到各处讲学。这个学院的教授不用进实验室,也没有常规的教学工作,但是有充裕的时间思考;还邀请一些临时的教职员工在这里工作一或两年,工资比教授低得多。弗莱克斯纳还告诉震惊的班伯格兄妹,在未来几个学期内他们的学院可能引入一些人,其中有世界上最聪明、最有威望的犹太人:他的目标是爱因斯坦。

1932年,爱因斯坦的工作重心还在希特勒上台前情况越来越糟糕的柏林。但在重视公共关系的各著名大学中,加州理工学院(1931—1932年冬天,爱因斯坦在那里呆了一段时间)和英国的牛津大学(1932年夏初,在柏林春夏学期之间他短时间访问过)都向他抛出了橄榄枝。尽管弗莱克斯纳让大家放心,他不会挖人墙脚,但是碰巧那一年他都到过这三个地方和爱因斯坦谈过。1932年6月在柏林的谈话起到了决定性的作用。当穿着一件旧汗衫的爱因斯坦光着脑袋冒着瓢泼大雨陪弗莱克斯纳走到弗莱克斯纳回柏林旅馆的汽车站时,他宣布他现在"激情燃烧",特别想去弗莱克斯纳没有学生污染的新学院。爱因斯坦当时的意思是他的激情只能燃烧一个冬天,而且是兼职。1932年7月,爱因斯坦在柏林发表新闻声明:"我在普鲁士科学院工作了5年,已经获准今年暂时离开5个月,这5个月我将在普林斯顿度过。我不是要抛弃德国,柏林依然是我长期的家。"

普林斯顿方面承诺在这5个月期间爱因斯坦只需坐在那里思考,这是吸引力所在。倒不是因为钱,虽然爱因斯坦手头拮据(但是钱对他来说不算什么)。当爱因斯坦被问到他自己想要什么条件时,他向弗莱克斯纳建议年薪3000美元。弗莱克斯纳已经决定高等研究院的普通教授年薪是10 000美元,高级教授(包括维布伦)为16 000美元。爱因斯坦夫人马上出面安排,爱因斯坦应该拿16 000美元。

在1933年的大萧条时期,年薪10 000或16 000美元是很大的一笔钱——税后相当于现在的100 000和150 000美元的生活水准;加上20世纪30年代雇一个全职的佣人很容易,实际家庭生活比这样的标准还要舒适。全世界的教授的第一个反应是说,这个小小的高等研究院既没有传统也没有基础,其实就是一所诱惑极少数贪婪的学者走到死胡同去的高薪研究院;然而其中很多人的第二个反应就是申请这样的职位。

但是委任权在维布伦(他以为)和弗莱克斯纳(他明白)手里。1932年圣诞节后,维布伦建议且弗莱克斯纳当时同意的五位首任教授是:(1)维布伦本人,(2)爱因斯坦(和维布伦一道已经任命),(3)外尔(在当年8月主动表示后,似乎已经从哥廷根致电接受委任),(4)亚历山大(James Alexander,曾是维布伦在普林斯顿最喜爱的合作者,被认为是45岁年龄段美国最优秀的数学家),(5)上帝的使者、29岁的约翰尼。

在1933年1月9日召开的委托人会议上,约翰尼的委任没有通过。或许实际上根本就没有讨论。当天弗莱克斯纳写信给约翰尼委婉地解释了高等研究院没有委任他的原因,并抄送给普林斯顿大学的艾森哈特（Eisenhart）院长。可以想象院长咆哮着，刚刚成立的高等研究院居然提议从普林斯顿挖走3个顶尖的数学家（维布伦、亚历山大和约翰尼）。弗莱克斯纳原来基本承诺过，因为要使用普林斯顿的图书馆等设施，他不会从普林斯顿挖人，他将为普林斯顿城引入光芒四射的明星——来自国外的爱因斯坦和外尔，还有来自美国与普林斯顿相竞争的大学的有吸引力的"猎获物"。由于还没有从其他大学引入教授，弗莱克斯纳1月9日决定从普林斯顿大学挖来的3个人中裁掉1人。约翰尼最年轻——弗莱克斯纳了解得也最少。他告诉维布伦，两个德国人（爱因斯坦与外尔）和两个美国人（维布伦与亚历山大）的组合很合适。

  1月11日，一直举棋不定的外尔从哥廷根发来了电报："我可以收回承诺吗？"1933年1月，外尔决定他还是想留在家乡，反正希特勒也当不上德国总理。1月12日和14日，弗莱克斯纳、维布伦、艾森哈特院长和约翰尼举行了谈话，所幸的是，谈话亲切友好。在维布伦的压力下，艾森哈特院长现在说他没有强烈反对过约翰尼在高等研究院任职；或许他认为，反正普林斯顿也不可能长久地留住约翰尼。约翰尼的薪水较低，因为他在美国只做兼职教授，春天和夏天都在德国。作为顺带交易，维格纳也是兼职，在德国的时间正好和约翰尼错开。约翰尼肯定希特勒在德国很快就会掌权，到那时，维格纳和他就不可能在德国工作半年了。1933年1月15日，约翰尼收到聘他为高等研究院终身教授的合约，年薪10 000美元。1月28日，高等研究院委托人委员会确认聘任。

  两天后，也就是1933年1月30日，希特勒成为德国总理。外尔请普林斯顿同意他还要来的承诺。

  1933年2月2日，当不可一世的骑警拿着手电筒在柏林的大街小巷巡逻时，约翰尼已经动身开始他的欧洲半年游。在约翰尼的一生中，这是他第一次拥有大笔的个人收入，他不再需要家里的资助（实际上，

1929年马克斯去世后资助已经很少了），也不需要花玛丽埃特的钱。去布达佩斯的火车路过柏林，他和忧心如焚的施密特在火车站迎风飘扬的纳粹党党旗下见了一面。约翰尼的个人事业正在一步步迈向辉煌，而他的欧洲——正如他告诉维布伦的那样——"在一点点陷入黑暗时期"。约翰尼从布达佩斯写信给普林斯顿道，他还没有决定应该如何处置夏天在柏林上课的合约，他想要再看一眼柏林和美丽的哥廷根，但从温暖和友善的角度来讲，"去北极应当更有吸引力"。

1933年4月7日至11日，纳粹政府颁布实施了恢复行政事务文职的法令。法令规定，所有"非雅利安后裔，尤其是父母或祖父母是犹太人的"文职人员必须辞职或辞退——只有少数例外，即1914—1918年在德国前线战斗过的人。在德国，大学是国家机构，这项法令打碎了德国大学教职员工中1600名杰出学者的饭碗——尤其是物理学、数学和医学方面的人才。闻风丧胆的私营雇主不可能雇用遭到解雇的犹太人，所以摆在被解雇的学者面前最好出路是，如果可能就移居国外。

化学系、文学系和艺术系遭到解雇的犹太教师较少，因为这些学科历史更悠久一些。结果，渊源深远的德国反犹主义——可以追溯至俾斯麦时期——使得最聪明的犹太学者觉得，仿佛投身物理学和数学是最明智的选择。当一个物理学家或数学家胜过另一个时，你带着偏见也不容易掩饰；而一个艺术史学家是否胜过另一个，就能够掩饰了。"犹太物理学"这个词在1919—1945年不仅被希特勒使用过，德国的许多绅士教授们（在别的国家称为文科教授）也这么说。这种偏见是疯狂的，也是损害自身利益的。在1933年间以及之后从德国被迫移居海外的物理学家和其他专业科学家里，有11人当时已经获得或后来最终获得诺贝尔奖，有10多位科学家在1945年参与研制原子弹。"犹太物理学"这个风行一时的词可能使希特勒在第二次世界大战中败下阵来。

1933年的那个夏天，约翰尼没有去柏林。9月，他返回普林斯顿，在新成立的高等研究院就职。几个月后，他申请加入美国国籍，成为美国公民。

接下来我们就研究一下1934—1937年约翰尼的个人生活、学术生涯以及在高等研究院的工作状况。首先说说他的个人生活——但这在我看来没有出现什么差错。约翰尼和玛丽埃特现在赚很多钱。当时正值大萧条时期，在普林斯顿这小池塘里他们算是大鱼了。约翰尼夫妇意识到高等研究院与主流社会有隔绝的危险，这是他们举办著名的聚会的原因。"亚历山大家的聚会比我们家的还要好。"玛丽埃特有点哭穷的意思。

1935年来到普林斯顿的乌拉姆在他的自传中生动地描述了令人激动的、有点混乱的、公式和玫瑰加白葡萄酒的氛围。刚一下"阿基坦尼亚号"，来自波兰的乡巴佬乌拉姆就给普林斯顿大学打电话，女接线员说的"别挂线"让乌拉姆有点发懵，不知道该抓住电话亭里的哪一根线。在熬过了这个问题后，乌拉姆到了他在普林斯顿与人合住的简陋住所。然后，"径直拜访冯·诺伊曼家又大又漂亮的房子，一个黑人佣人把我引进来，起居室里坐着博克纳（Salomon Bochner），一个婴儿在地板上爬"。这个婴儿就是现在的玛丽娜博士，1935年"在众多繁杂的事物中"这个孩子脱颖而出，成为约翰尼生活中主要关心的对象。

乌拉姆在普林斯顿安顿下来，并很快赞同约翰尼关于普林斯顿的问题在于孤独与隔绝的看法。"我去听讲座，参加研讨会，听莫尔斯（Marston Morse）、维布伦、亚历山大、爱因斯坦和其他人讲学；但奇怪的是，只有很少人像在里沃夫的咖啡馆里那样彼此之间聊个没完。这里的数学家对彼此的工作的确很感兴趣，他们彼此理解，因为他们的工作都是围绕集合论数学这个主题展开的。"1935年的普林斯顿，"是数学人才和物理学人才最为集中的地方之一"。但让乌拉姆和约翰尼诧异的是，他们各自为政——就像"芝加哥匪徒一样护着自己的行当"。乌拉姆抱怨说："拓扑学这个行当很有可能值500万美元，变分法也值500万。"最早提出变分法的约翰尼一咧嘴说："不，只值100万美元。"这是在挖苦这门学科的大师——约翰尼在高等研究院的同事莫尔斯教授：这位从只有一间教室的乡村小学走出来的奇才，其心胸狭隘常常令约翰尼不快。

从一开始，约翰尼就担心，讲实际的美国人工作时脑子里净想着专利，不讲实际的美国人为了一些无关紧要的事——比如是谁首先想出来的或是谁首先讲出来的——而彼此争执不休。他认为，只有学者们相互接力、步步改善，科学才能取得进步。第二次世界大战时期，美国学者终于携起手来，打破狭隘思想，方才取得很多进步。约翰尼的这种观念将对战后计算机革命产生积极的作用，但它使想方设法要注册专利的人伤心不已。

20世纪30年代中期的高等研究院成了欧洲科学家逃离希特勒魔爪的中转站。他们可以在高等研究院呆上一年，和富有的教授相比薪水很少，然后另谋高就。一旦有了工作，他们就得赶紧动身离开研究院，不然机会就没有了。约翰尼和玛丽埃特的聚会就有了两个缘由：为世界上最智慧的一些科学谈话提供场地；为暂时栖身高等研究院的那些贫寒但聪颖的学者提供机会，帮他们物色未来的老板。

乌拉姆描述了1935年的其中一场聚会，一个在他看来特别老（超过50岁）的男人坐在一把大椅子上，大腿上坐着一个年轻漂亮的姑娘，他们喝着香槟酒。乌拉姆问约翰尼那人是谁，约翰尼回答说："西奥多·冯·卡门。"约翰尼在冒雨开车送他回寓所时遇上堵车，约翰尼说："乌拉姆先生，汽车在美国已经不再是理想的交通工具，但是做雨伞真不错。"经过大学的哥特式小教堂时，约翰尼解释说："这是我们抗议物质主义的100万美元。"

一年之后,乌拉姆意识到,约翰尼的婚姻出了问题。1934年的出国旅游一直推迟到5月,冯·诺伊曼一家从纽约去往热那亚,因为他们不想途经德国。本来打算在热那亚租一辆汽车,然后一路开回布达佩斯,但是克韦希一家都知道约翰尼车技堪忧。克韦希家的车于是等候在热那亚港口前边,还配上5年前就在他家工作的私人司机。约翰尼坚持自己开车,飞驰过北部意大利和奥地利,冒雨穿越匈牙利边境开进树林茂密的乡下。他的思想很快就开了小差,整个车撞在树上。玛丽埃特一头撞在了挡风玻璃的自动清洗器上,鼻梁多处骨折。这下子要动好几次手术。直到今天玛丽埃特还错误地认为鼻骨没有结合好的鼻梁毁了她姣好的容貌。

1935年,玛丽娜出生了。约翰尼是一个糊里糊涂的父亲。在给维布伦的信中,他详细地写上孩子的体重,但带着一种自嘲的口吻。在孩子6个月时他写道:"玛丽娜还不会说话呢!恐怕玛丽埃特家的人很快就要叫她打桥牌了。"约翰尼也会和孩子一起在地板上爬,他把孩子当大人一样对待,这让孩子很高兴。他会热心地和孩子一起比赛拼图或和他们严肃地讨论谁该先搭积木。有些人甚至说,他选择同事也要看他们能不能和他们的孩子玩。但约翰尼不是一个会换尿片的爸爸。他不做家务,并认为家务是女人和佣人的事。约翰尼的第二任妻子克拉里(Klari)一次要应急处理一下小伤口,叫他去拿一杯水。结果约翰尼空着手回来焦急地问,他们把杯子放在哪儿了。克拉里说:"我们都在那里住了17年了。"

1935年的欧洲之旅中,玛丽埃特大部分时间都和她的父母待在一起。约翰尼的讲座和研讨会已经开到了英国的剑桥,他还在莫斯科开了为期一周的研讨会(9月4—10日)。当时在莫斯科参加会议的苏联数学家拥有第一流的头脑,但他们生活在斯大林的清洗计划中。这在约翰尼看来是让人懊恼的事。

1935年，年龄相差6岁的玛丽埃特和约翰尼之间的裂痕很有可能达到了最严重的程度，玛丽娜的到来也没有什么改善。性格活泼的玛丽埃特才26岁，而31岁的约翰尼已经是世界著名的数学家。约翰尼有时会因为小事而发脾气伤害到别人。约翰尼一生中主要的消遣就是思考，如果有人打断了他的思路，他最经常和最客气的反应是对那个罪魁不理不睬。当这个习惯渐渐吞噬他们共处的时光时，玛丽埃特会觉得自己的生活不再光鲜和风趣，像她那样光芒四射、拥有众多崇拜者的人不应该过这样的日子。即使在普林斯顿开聚会时，约翰尼有时也会躲到书房草草记下一些公式，扔下玛丽埃特一个人招待大家。会点杂技小把戏的库珀尔，自然轻松有趣得多。

离婚之后，玛丽埃特抱怨说约翰尼很"乏味"。她不知道这让约翰尼的一些朋友吃惊不小，不过这很有可能相当于奥匈语言中"一门心思"的意思。约翰尼的第二任妻子克拉里总是担心自己没有约翰尼那样聪明、智慧，实际上这个世界上又有几个人在智力上比得过约翰尼呢。玛丽埃特可一点都不担心这个，她要做一个独立、自我的女人，这一生她已努力做到了。

在1936年的欧洲之旅时，两个人最终劳燕分飞。约翰尼先是在巴黎庞加莱研究所作报告。原计划两个人一起回布达佩斯，结果玛丽埃特一个人回到了布达佩斯。约翰尼四处兜了一圈，郁郁寡欢地回到了美国。1937年，两人友好地了结了离婚诉讼。玛丽娜在上中学前主要和玛丽埃特生活在一起；上中学后，随着教育越来越深入，她将主要和约翰尼一起生活。离婚后，约翰尼在写给乌拉姆的第一封信中感谢乌拉姆为"我的家庭的复杂状况"担心，他还说："事情走到这一步，我真的很难过——不过至少我不是主要责任者。但愿你的乐观主义是有道理的——但是，既然幸福很显然是经验主义的命题，我只能等着看了。"最后一句话的意思很含混，这对约翰尼来说很少见。孤独而哀伤的人才会写这样的信,这段时间里约翰尼的其他信件莫不如此。

约翰尼的孤独没有持续多久。1937年,他在回布达佩斯途中,又遇到克拉里·丹,她当时正在和她的第二任丈夫办理离婚。1938年10月,约翰尼迎娶克拉里。从下一章开始,她将进入我们的故事。目前我们还要讨论,有别于在国内,约翰尼在高等研究院的头几年在事业上取得了多大的成就。我的有争议的判断是:不十分好。

在原来存在严重疑虑的方方面面,高等研究院都取得了成功。但弗莱克斯纳为荟萃最优秀的人才而设计的原始理念并没有实现,正如弗莱克斯纳本人即将看到的。当时美国大学的情况是:平均的教学工作量是每周12—14学时,学术研究不是必需的工作,教授也无需花费大量的时间争取拨款。从第一项中解放出来并不意味着第二项工作的有效拓展,因此高等研究院的一些希望如同担心一样被摧毁。

有人担心高等研究院不仅会从邻近的普林斯顿大学挖走教授,还会使它黯然失色;他们错了。普林斯顿大学反而发展成为学术研究最为活跃的院校之一,部分原因在于一些冉冉升起的智慧新星汇聚在普林斯顿小镇。除了终身教授之外,还有定期被邀请的杰出的访问学者。1934年,约翰尼从英国剑桥大学邀请狄拉克担任为期一年的访问学者;作为部分交换,1935年夏天约翰尼在剑桥工作。从那以后,每隔10年狄拉克至少来一次研究院。在没有人通过观察发现反物质以前,正是狄拉克通过方程推导出反物质的存在,这位沉默孤独的思想者适合高等研究院的风格。1940—1946年,泡利也在高等研究院,他既不沉默也不孤独,甚至对玻尔都会说"别傻了"。泡利是认识中微子和介子的开拓者。玻尔短时间访问过高等研究院,其他伟大的科学家也访问过高等研究院较长时间。

另外一个成功之处在于,那些在高等研究院待上一两年的年轻研究生（薪水很低）。这好像有点奇怪，因为有悖初衷的是，高等研究院从未颁发过博士学位。20世纪30年代，高等研究院就像候机厅一样接纳那些出色的刚毕业的博士生，尤其是欧洲的难民，他们在大萧条期间的大学一时间找不到职位。20世纪90年代，高等研究院成为从教学琐事中逃离一两年的年轻学者的理想之所。"他们要么暂时没有工作，要么试图在他们的母校争取一个职位。对于他们来说，最要紧的事是在外面搞出几个研究成果，然后发表。"（里吉斯语）注意，这有悖弗莱克斯纳的本意。弗莱克斯纳原打算让他的学院点燃所有学者心中的火焰。可惜，20世纪30年代，爱因斯坦那一辈的终身教授没有什么火焰被点燃，这正是他们垂头丧气、心灰意冷的原因。

弗莱克斯纳坚持高等研究院应当没有实验室。爱因斯坦和外尔同意，理论物理学家不需要这类东西，"在他所生活的文明中有实验室就足够了，而他工作的地方却不一定非得有一个实验室"。这句话出自爱因斯坦和外尔合写的一份文件，他们认为，如果奥本海默和泡利两者选一的话，泡利更适合做高等研究院的教授。当时，奥本海默和泡利都不想当这里的教授。早在1935年，奥本海默用他喜欢的粗鲁的多音节词汇描绘没有实验室的高等研究院："一个疯人院：在那里，唯我独尊的星星们孤独地、绝望地发着各自的光。"

在20世纪50年代，奥本海默已经是高等研究院的第三号人物。诺贝尔奖获得者费恩曼婉言谢绝了高等研究院的教授之职。他以自己有魅力的、不讲语法的风格解释了原因，听上去比奥本海默更令人信服。费恩曼说：

> 20世纪40年代，当我还在普林斯顿大学时，我就看到了高等研究院那些伟大的人才究竟状况如何。他们因才智出众被选中，有机会坐在绿树环抱的舒适的房子里，不用教课，也不用承担什么责任。这些可怜的家伙们终于可以坐在那里清

楚地思索。怎么样呢？一时间想不出什么。他们本来完全有机会做点什么，但他们没有这样做。我相信这种情况会使人有愧疚感或在身体里长出消极的蛀虫。你开始担心怎么还是没有灵感。可是没法子，就是没有灵感。

费恩曼说，当他自己没有灵感时，他的学生"提出的一些相关的问题"会激发他。"回想起这些事情并不容易。我发现教学和学生使我的生活有意义。就算有人为我安排更舒服的、用不着教书的位置我也不会接受，永远也不会。"远在纽约的柯朗也同意这样的看法。

20世纪30年代弗莱克斯纳的两个主要错误是，他认为终身教授都希望摆脱行政负担，以及所有智慧的资深教授都会在真空中创造出伟大的思想。真空是生活中并不存在的地方，热气在那里会不断地上升。20世纪30年代，弗莱克斯纳在高等研究院里安排满了"寻找精神牺牲品的博学进步的人杰"。而牺牲品往往是同事，尤其是院长弗莱克斯纳。战后，奥本海默组织人员特意为高等研究院（1930—1950年）编撰了一部正史，描述高等研究院对20世纪学术史的贡献。然而手稿几乎都被压了下来，从未发表。里吉斯说，一位教授把这段历史写成了26位教职员在背后互相捅刀子的故事。

到了1939年，大多数终身教授（包括爱因斯坦，但不包括约翰尼）都在筹划扳倒弗莱克斯纳，其实他已经打算离开了。30年后（约翰尼已经去世），经济学家——经典反托拉斯专著《美国与联合制鞋机公司》（*United States versus United Shoe Machinery Company*）的作者——凯森（Carl Kaysen）出任高等研究院的第四任院长时，尽管处境狼狈不堪，还好没有招致弗莱克斯纳所遭受的怨恨。里吉斯的书（又一次）对这段故事有精彩的描述。

一位数学教授说："我相信他写了一篇有关鞋厂的论文。""[他]渴望权力，但是不够正直，也不够聪明，不会合理地使用权力。"另外一位数学家说。里吉斯问了一个很好的问题："为什么性格温和的数学家变成了特别想吞下院长的恶魔呢？"这个问题的一个很好的答案是，高等研究院的数学家们太厉害了，一般人一辈子才能学会的数学，他们"早上几个小时就能搞定，余下的时间就用来找别人的茬"。约翰尼的一些同事在早饭后两个小时思考数学，而约翰尼一般是午夜时分效率更高、更轻松地思考数学，因此得以免俗。

凯森最终决定"以更易相处的方式度过余下的一二十年"。1939年，弗莱克斯纳给他的继任者、个性温和的贵格会教徒艾德洛特（Frank Aydelotte）的临别赠言中也有同样的苦涩。弗莱克斯纳告诉艾德洛特，这些反对自己的阴谋家一开始都说他们只想当学者，不想受累于行政职务，他们"没有一句出自真心……他们寻找机会成为学者，赚得高额的薪水，但是他们也想要管理和行政权力……从一开始，你就要让他们明白你是老板"。

约翰尼讨厌学术界这样的内讧，他向同事们礼貌地摆明自己的态度。他对自己在普林斯顿应当如何表现的态度和爱因斯坦几乎完全相反，但是两人并没有因此产生敌意，而是觉得很有意思。1933年4月，在纳粹颁布反犹法令之后，约翰尼以措辞温和的德语从多个德国学术团体退出。在辞职信中，他强调自己曾是德国科学的儿子，并在过去的10年间和德国的大学关系紧密，为此他将永远感到骄傲。他辞职是因为纳粹分子针对特殊学者的可笑做法，并希望德国教授能够更多地帮助他们。

当纳粹反犹法令颁布时，爱因斯坦已经离开了德国，身在比利时。他怒火中烧，宣布放弃德国公民权。结果纳粹报纸刊登出头条——"爱因斯坦那里传来好消息：他将不再回来了"。

1933年10月17日，爱因斯坦乘"威斯特摩兰号"抵达纽约。在"威斯特摩兰号"准备停靠的凸式码头上彩旗飘飘，还有一个游行乐队，纽约市长奥布赖恩[(John O'Brien),当时正在与拉加第(Fiorello La Guardia)竞选市长]正在恭候爱因斯坦,并准备发表演说拉犹太人的选票。弗莱克斯纳让爱因斯坦在夸兰蒂尼岛上岸,用汽艇把他送到新泽西海岸,目的是避开奥布赖恩以及其他政治漩涡。弗莱克斯纳想让爱因斯坦远离政治到了偏执的程度,连罗斯福总统夫妇邀请爱因斯坦共进晚餐也遭到婉言谢绝,尽管爱因斯坦的秘书已经宣称他将非常乐意前往。爱因斯坦大怒,这可以理解。从此,他的信笺上端开始用"集中营,普林斯顿"这样的地址。

爱因斯坦写给比利时女王伊丽莎白的信措辞更为成熟,普林斯顿是一个"古怪而死板的村庄,住着一群盛名之下其实难副的人……这里所谓的协会成员得到的乐趣比欧洲同仁的自由还要少。但他们没有意识到这种禁锢,因为自童年起,他们生活中个性的发展都备受压抑"。约翰尼却认为美国更为严重的物质主义使它不像欧洲那样幼稚。他觉得纳粹或马克思主义这类情绪化的教义在务实、拜金的美国大众中间根本就没有市场。然而美国幼稚的学术界却使他十分担心,但最后他只能无奈地笑几声。

约翰尼作为教授来到美国时才26岁,还是一张娃娃脸,因此他总是特意穿着套装。如果他穿着休闲服,人们容易把他当作一个学生——他自己倒无所谓,可是别人却十分尴尬。在普林斯顿,爱因斯坦很快就故态复萌,连袜子也懒得穿,只有做节目时才穿上正式些的衣服。他穿着正式的晚装参加高等研究院的舞会。"这是弗莱克斯纳太太特意买给我参加舞会的。"爱因斯坦说。

爱因斯坦依然非常勤奋。1936年,他的妻子去世了,她在临终之际说这位教授"认为他最近的工作是迄今为止最好的"。爱因斯坦在从普林斯顿发给玻恩(当时在爱丁堡)的一封奇怪的信中表达了自己的看法:"我觉得自己像是在穴中冬眠的熊。在我迄今为止所有的经历中,现在感觉更好。我妻子比我更加贴近人类,她去世后,我身上的这种熊性更加严重了。"事实很残酷,爱因斯坦在普林斯顿的工作并不成功。他试图找出量子理论中矛盾的地方(的确存在),但在探寻了99种方法之后,他自我安慰道:"至少我知道这99种方法行不通。"他认为自己的成功之处是"为另外一个傻瓜在同一个问题上节约了6个月的时间"。

在20世纪30年代,高等研究院里许多天才早期都经历过同样的坎坷。1941年,莫尔斯和约翰尼起草的数学系的进展报告中勇敢地(尽管约翰尼平常总是竭力表现得文质彬彬)坦白了这一点。报告说,数学"和人类使用的其他语言相比,词汇基本相同,语法差异很大,句法完全不同"。数学研究的内容比中国古诗的内容更无法精确地描述;两者都往往应该以美学标准来评判。

数学同仁们往往因此陷入巴洛克风格而不能自拔。报告里没有多少有新意的中国古诗。在非教授中却有一个成功的例子,这就是哥德尔。他"发现了40年来久攻不下的著名的连续统问题的(否定)解";这就回到了康托尔。哥德尔是一个适宜在孤独状态下工作的独行侠。玛丽埃特说,哥德尔总是随意出入他们家借约翰尼的书,坐下来就看,然后一句话也不说就起身走了。这对于一个25岁的女子来说有点难堪,尤其是约翰尼把一些书放在卧室里时。普林斯顿的另外一些伟人们则更为合群——不那么专注,有时也就不那么多产。

在20世纪90年代,高等研究院快要过60岁生日时,直接隶属于它的三个标志性的主要发现依然是:(一)哥德尔对连续统问题的研究;(二)1957年杨振宁和李政道推翻宇称守恒定律获得诺贝尔奖(这两位是20世纪50年代奥本海默引进高等研究院的华裔物理学家——在20世纪30年代,有人指责弗莱克斯纳歧视"有色人种或亚裔人士";(三)约翰尼的工作。

1933—1955年,约翰尼每年都在高等研究院待一段时间。在这22

年,他写出了75篇论文,包括1933—1942年的36篇,那时高等研究院是他注意的主要焦点。为什么许多其他终身教授的工作都搁浅了,约翰尼却可以保持这样的产量呢?答案的尴尬之处在于,如果约翰尼在别的地方,他的论文会更多。记住,在德国,他几乎一个月就发表一篇新论文。

乌拉姆认为,30年代在普林斯顿时,约翰尼对自己所从事的研究表现出一些怀疑。"他埋头研究连续几何和希尔伯特空间的算子类型理论。我本人对这些问题不是很感兴趣……我能感觉到约翰尼对这项工作的重要性也不是十分肯定。只有当他一次又一次地找到一些灵活精巧的方法或新路子时,才看得出来他明显地受到鼓舞或减轻了内心的疑虑。"

然而,约翰尼依旧能够涉足其他聪明人提出的领域,并很快超越他们。在纯数学方面,约翰尼在20世纪30年代与哥伦比亚大学的默里的合作是其中最为重要的。至于后来,他与图灵(Alan Turing)的合作可能是最为重要的。

1934年春,年轻的默里在哥伦比亚大学获得博士学位,"为偏微分算子构建了不同的希尔伯特空间,在我看来获得了有益的结果"(引用1990年他写的论文)。斯通教授建议他看一看约翰尼在德国时写的一篇论文。约翰尼也建议默里再读一篇。结果,默里发现约翰尼开始的一个猜想是错误的,并绘制出不同的图解证明它。1935年后又过了55年,默里说:"所有的图解都有冯·诺伊曼喜欢的代数等价性。他对我的图解法很宽容,但是肯定并不十分热心。"一旦相关的代数写下来,约翰尼就以他常有的难以置信的速度作出反应。默里说得很明白:"冯·诺伊曼在不到半个小时的讨论中描述了维数函数的五种值域。"

20世纪30年代,约翰尼和默里合写的有关算子环的一系列论文是首批发现希尔伯特空间所涉及的因子至少有三种类型的论文。这需要非凡的想象力，因为当时没有人能够肯定第二种和第三种类型的存在。如今，第二种因子和第三种因子的无限族已经被揭示，数学家们在研究子因子和超因子。

因为约翰尼是公认的研究希尔伯特空间的专家，其他人在做这方面的探索时都会求助于他。1931年，当库普曼(B. O. Koopman)展示如何表述希尔伯特空间的遍历定理时，约翰尼把这当作"挑战和线索"。遍历定理是统计力学基础的关键所在。当19世纪的科学家试图以牛顿的力学定律为基础解释液体和气体的运动时，他们只能通过计算平均值的方法来完成。约翰尼"朴素的"遍历定理，很快被奉为这类统计力学的第一个严密的数学基础。

在很短的时间内，哈佛的伯克霍夫(G. D. Birkhoff)就大大加强和改进了约翰尼的遍历定理。有些人以为约翰尼会为此气急败坏，尤其是伯克霍夫抢先一步发表了研究成果。约翰尼表达了欣喜之情而不是愤愤不平，尽管他也深深地自责为什么自己没有像伯克霍夫那样从自己的计算中发现下几步。他也感到欧洲的体制（敏锐的头脑汇聚在黑板前有利于促进彼此的思想）比美国这种大家争相宣称自己是第一的体制要有效得多。约翰尼在普林斯顿的聚会虽然美酒飘香，但是从合作的角度讲，比不上欧洲的集体数学研究。

大约在这段普林斯顿时期，乌拉姆说约翰尼"形成了这种最小抵抗的习惯。当然，以他的聪明才智，他可以很快征服所有小的障碍或困难，然后继续前进。但是假如一开始困难就很大，他就不会迎难而上，他也不会……围绕着堡垒东敲西敲找到薄弱的地方并试图突破出去。他会转变方向，研究另外一个问题"。约翰尼关于算子环的论文可不是这样写成的。就像施瓦策所说的："为了完成这篇论文，他碰了三四次壁，每一次他都是撞碎石头冲了过去。"但在20世纪30年代，在其他问题上，还有人说约翰尼没有坚持不懈地把自己最智慧的想法研究下去。1934年,他因论文《群中的殆周期函数》(Almost Periodic Functions in a Group)而获得博歇奖。这对数学家们所说的"抽象、和谐的分析"有着重要的影响,但是约翰尼对此感到非常厌倦。1933年他的匈牙利同胞哈尔英年早逝,为此他感到非常忧心。他感觉到,哈尔发现的所谓的群不变测度方法为数学家们提供了一个重要的工具。一些批评家们认为,如果约翰尼待在欧洲,以他在1927—1929年的产出率,发现群不变测度的人可能就不会是哈尔而是约翰尼本人了。

酷爱这种说法的读者会说,本书应该进一步探究约翰尼在普林斯顿时期在纯数学方面取得的成绩,但这种诱惑还是仁慈地被抵制了。不论在德国还是在普林斯顿,约翰尼都在数学方面开辟和推进了许多新的道路,其他人由此自然地沿着这些道路继续前行。另外,约翰尼不仅仅只属于数学。在为这本书备稿时,对阿姆斯特丹大学(哲学)教授多林的采访是最有意思的一次。多林教授认为,约翰尼是20世纪最重要的哲学家之一。"在6个哲学领域,冯·诺伊曼作出了相当大的贡献,把模糊的问题用数学精确地表述出来。"多林列举了这6个领域:(1)约翰尼对数学哲学领域的贡献(包括集合论、数论和希尔伯特空间);(2)物理学哲学,尤其是量子理论;(3)经济学哲学;(4)理性行为哲学[其中(3)和(4)我们会在第十一章讨论];(5)生物学哲学;(6)计算机和人工智能哲学。约翰尼是在遇到一位奇特的英国年轻人之后,才开始在(5)和(6)领域的研究的。这位年轻人就是在20世纪30年代来到普林斯顿的图灵。约翰尼想把他留下来作助手——这样,他们或许会加快计算机研究的进展,但是图灵回到英国成为战时破译德国密码的主要人物,他所使用的工具当时虽然还不叫计算机,但实际上就是计算机。当图灵杂乱的同性恋行为使得英国官方愚蠢地认为他会成为安全隐患时,图灵便自杀了。

图灵和约翰尼是在相同的想象领域开始自己的事业的。他第一篇公开发表的论文是对约翰尼和哥德尔在逻辑学方面研究的拓展。图灵证明,有一些数学和逻辑问题不能转换为算法,因此如果这些东西存在,即使拥有高级的自动通用计算机器也无法解决问题。因为它们不存在,图灵描述了可以如何输入无限带以制造通用机器。因此,图灵在理论上奠定了现代计算机编程的基础。

我原本以为在那个阶段,约翰尼本人并没有太多思考计算机,尽管在20世纪30年代他的这一数学分支与这些成果有关系。约翰尼开始对流体动力学中的湍流感兴趣,包括如何使爆炸的效率更高。这是他早期与战争有关的工作中最重要的部分。如果他没有来到研究院,维布伦就会邀请他在1933—1934年就这个问题开个讲座。约翰尼做了一些初步的研究,并立即得出结论:要处理的信息很多,20世纪30年代的台式计算机器无法胜任。他开始研究数值分析,假如要改进计算机,就会用到这方面的知识。也是在这个阶段,他证明了有可能建立一个误差偏差有限的大型系统,假如在系统的周围安装上足够的"门",每一个门的失败率就会足够低。

最近发表的约翰尼在1928—1939年用匈牙利语写给欧尔特沃伊的信显示,约翰尼当时的思想已经超越误差理论到达计算机器阶段。更重要的是,那些信告诉我们约翰尼的政治洞察力是多么深刻。他在1935年写道:"在下一个10年间,欧洲将会发生战争。"他担心德国会很快摧毁法国,但是他鼓励欧尔特沃伊说,美国和英国的关系要比中欧人想象的亲密得多。"一旦英国陷于困境,美国就会找到战争借口,即使这个借口可能是莫须有的。"约翰尼对欧洲犹太人的担心令人吃惊地正确。他认为在欧洲战争期间,犹太人可能会惨遭种族灭绝,就像1916—1917年土耳其的亚美尼亚人所遭受的大屠杀一样。

此外,信中还解释了罗斯福的新政并不会像欧洲人认为的那样会产生通货膨胀。约翰尼强调,数学家必须开始注意"人脑的解剖"。如果计算机能够部分地做到像人脑那样工作,它将会得到很大改进。约翰尼和欧尔特沃伊都同意,这样的机器将会连接上所有大型的体系,如远程通讯系统、电网和大型工厂。

如果说约翰尼那时就预见到他的事业发展的主要方向,那就错了。20世纪30年代,约翰尼写给美国朋友的信包罗万象,透露出他的种种想法,如写一本有关遍历定理的书,和乌拉姆或其他人合作撰写一部有关测度理论的新论著("尽量多地运用组合理论,尽量少地运用拓扑理论,广泛使用有限或无限的直接成果。最重要的是,多以概率而少以体积来解释测度工作")。约翰尼在思索,是否可能进展到超集合论,哥德尔是否无法证明可能已经找到了数学中形式主义的新方法,而不是把这门学科的大门关上。到了1937年,约翰尼正在准备"通过对逻辑的非可分配性弄出一点大动静引发一些反感。我认为我知道该如何使用这种系统中的量词。我应当在代数和连续环算术方面做一点实在的工作——但是,毕竟在上帝面前,一种消遣和任何别的消遣没有好坏之分"。

约翰尼并未把这些想法真正坚持下来,他的恼怒("在上帝面前,一种消遣和任何别的消遣没有好坏之分")和20世纪30年代他在普林斯顿的心情有关。他因同事们的伟大智慧并没有如他所愿在学术上发挥动力而感到沮丧。有一段时间,他担心科学成就的整体发展势头可能会缓慢下来。"人类的兴趣可能会改变。目前对科学的好奇心可能会减少,完全不同的事物可能会在将来占据人类的思想。"

在大萧条这段时期,约翰尼在普林斯顿所错失的是在哥廷根理论物理学发展日新月异的动力。第二次世界大战的到来很快就产生了动力。可能具有讽刺意味的是,约翰尼进入这个领域的研究是从弹药的数学问题开始的;在第一次世界大战时,这个问题就已经成为战壕拼杀的关键所在。

第九章

计算爆炸装置

1937—1943年

在1914—1918年战争期间,德国人从克虏伯大炮里射出的炮弹在天空中划出上千米的弧线。令他们高兴的是,他们的射程比德国数学教授预测的要远一倍。这种大炮的化学推进剂并非主要原因——(可能你已经猜到了)哈伯是推进剂的设计者,为纪念被人赞扬的胖子伯莎·克虏伯(Bertha Krupp)而取名为大个子伯莎;原因在于炮弹穿过空气稀薄的地球高空大气层。本来以为应该是安全的后方,如将军们的总司令部或巴黎的一些地方,炮弹却落地开花,于是一门新的学科——火炮弹道学应运而生了。

总司令部的将军们提倡在这门新学科上投入大量的研究资金。他们非同寻常地得到了海军上将们坚定的军种间支持,因为海军上将们希望插着本国国旗的战舰可以远距离炮击敌人战舰,而敌人的战舰却没法还击。数学家们很惭愧,因为支配穿越浓度不断变化的空气的物体运动的非线性——即不断变化的——方程一直是他们的弱项,其中也包括大多数爆破问题。

线性方程是指引你走出普通森林带你回家的地图。当树林里的树随着你疲惫的脚步改变位置时,就需要非线性方程了。因此,约翰尼很早就毫不留情地指出,直到20世纪40年代,数学家们都不擅长计算爆破产生的冲击波——作为在抛射体、机翼、螺旋桨或舵的周围或喷口内的湍流的结果,尤其是这些物体在水中运动或彼此撞击时。约翰尼认为,在评估不同物质的弹性或塑性时也会遇到相似的问题。他发现,如果继续推进他所钟爱的以控制天气为目的的计划,非线性方程就有可能解出来。约翰尼完全有理由在1944年之后为计算机所带来的各种可能而感到兴奋,因为那样就有了解决这些问题的可能。1937—1943年,也就是在前计算机时期,约翰尼成了冲击波和弹道轨道的计算者。结果在那里,他吃惊地发现了一堆数学垃圾。

在远离前计算机时期的1914年,西线的枪炮射击表并非以描述出实际情况的方程为基础,它们其实被扭曲成容易解决的形式。时至今日,在军事数学、经济数学以及一些其他"实用"数学领域有时仍发现这样的一些蠢事。

在1914—1917年,欧洲人的枪炮虽然火力猛,但命中率并不高。于是,美国人在美国还没有参战时就热情洋溢地投入到1914年后新兴的现代火炮弹道学的研究之中了。到1918年,世界上具有领先地位的科学研究机构是美国陆军军械局附属的弹道研究实验室;该实验室最后设在马里兰州的阿伯丁试验场。1917—1919年技术方面的负责人是维布伦少校,此人原是普林斯顿大学的数学教授,因战争需要离职复命。在1918年以及其后,一些杰出人物,包括普林斯顿的亚历山大和莫尔斯以及后来在第二次世界大战早期约翰尼的亲密合作者肯特(R. H. Kent)纷纷加盟,弹道学在知识界的研究地位再一次得以加强。1918年从事射击表研究的小字辈中有一位叫维纳,后来因为哈佛的一些剽窃者拒绝承认他是导师而参与了反抗世界的暴动。

1917年以后的25年间,阿伯丁的枪炮射击表变得越来越复杂。射击表的主要目的是告诉枪手在什么角度扣动扳机,才能获得正确的弹道以射中几千米以外的目标。在20世纪30年代约翰尼对这个课题感兴趣时,一种典型的枪炮所需要的射击表显示出大约3000种可能出现的弹道,每一种弹道需要大约进行750次乘法运算。人们还要考虑到影响子弹飞行和着陆的许多其他复杂状况——如导火索和子弹的类型,射击地点是硬地还是沙漠,对子弹的速度由枪口速度减少到声速以下时产生的变量,以及装甲部队没有考虑到的一些其他问题。

如果你的目标是一个移动的物体,情况就会变得更加复杂。因为1914年装备精良的英国军队只有80辆机动车辆,最初制作射击表的人只需考虑到海员就可以了;没过多长时间,几乎要考虑到所有的人。在20世纪30年代,一些绝望的人估计,至少需要两年的时间,做完几百万道数学运算,才能确定枪炮为击中多大的目标在什么时候以什么角度瞄准。

需要指出的是,许多计算没必要像当时的工作人员想象的那样辛苦。在第二次世界大战时,大炮的准星和飞机的轰炸瞄准器并不准确,作用也没有士兵和水兵开始时想象的那么大。日本人在珍珠港击沉美国舰队时几乎没用任何轰炸瞄准器;德国的火箭弹袭击伦敦时因燃料耗尽,行进路径飘忽不定。然而在第三次世界大战的威慑时期,问题就不一样了,因为每一个潜在入侵都很重要;勃列日涅夫(Brezhnev)应该想到,多核弹头洲际导弹能够在短时间内(根据约翰尼的计算机)瞄准目标,准确命中——也可能就在他自己的脑袋上开花。我们可以看到1991年海湾战争时,导弹是多么精准。

1939年以前,人们以为即将来临的战争是按动按钮,然后装上刺刀冲锋那种类型的;没想到结果是坦克闪电战。马其诺防线东边和新加坡海上的枪炮费力地瞄准着,然而德国人骑着摩托车、日本人骑着自行车从另外一个方向杀了过来。

1918年后第一年,维布伦又开始招兵买马。20世纪20年代由于实施孤立主义,资金散失了;但因希特勒得势使战争似乎不可避免,资金又得以聚拢。20世纪30年代中期,为了编写更为复杂的射击表,阿伯丁购置了一台布什(Vannevar Bush)*的微分分析仪做运算。到了1943年,微分分析仪无法继续胜任工作,实验室和宾夕法尼亚大学摩尔工程系签署了具有历史意义的合同,研制第一台电子计算机。1937年,阿伯丁实验室还开始研制第一台设计非凡的超声风洞(负责人正是来自匈牙利的56岁的西奥多·冯·卡门)。

同年,阿伯丁实验室(在维布伦的推荐下)还邀请约翰尼做兼职顾问工作。

此时(1937年),约翰尼已经肯定战争必然会打起来,他在思索自己担当什么样的角色才可能为美国作出最大的贡献。约翰尼谦虚地认为,他的最佳角色大概应该和1917—1919年维布伦的角色差不多。1937年末,在约翰尼加入美国国籍的文件刚刚获得通过以及妻女刚刚离他而去之后,他就申请参加了美国陆军军械局预备中尉的考试。作为一名预备部队军官,他可以轻松获得各种爆炸信息;他已经开始和肯特合作研究,并发现这些领域令人着迷。

陆军军官的考试和约翰尼从9岁开始就参加的各种考试相比要简单得多,约翰尼以自己的方式对付它们。他全神贯注一口气读完所有相关的陆军手册,然后一字不差地背下来。

1938年3月,约翰尼参加了第一项考试——陆军的组织结构。约翰尼的回答是:"美国大陆分为9个军区……军种分为:步兵,骑兵,野战炮兵……"考试得分为100分。

1938年5月,在军队纪律、礼仪和风俗的考试中约翰尼又得了100

---

* 参见《无尽的前沿——布什传》,G·帕斯卡尔·扎卡里著,周惠民等译,上海科技教育出版社,1999年。——译者

分。约翰尼的答案只是:"他应该起立,立正,敬礼。"满分的成绩把约翰尼逗得很开心。他告诉维布伦,他会成为陆军礼仪大师。在4月份的触犯军法法律考试中,他才得了75分。当被问到触犯不同军法的人该如何处置时,温和的约翰尼的常识和军队严酷的形式主义起了一点小的碰撞。约翰尼对一个问题的回答是"应当给予这个人'未经请假'的指控"。他解释说,任何"擅离职守"的指控都可以得到令法学专家信服的辩解。约翰尼暂时的上级兼考官、美军骑兵少校写道:"错,是擅离职守。"虽然约翰尼得了75分,但他还是通过了考试,而且在考取的中尉中名次十分靠前。剩下的一门是军械局组织机构考试,时间定在1938年夏初;但约翰尼没有准备好答卷,因为在1938年大学开始放暑假时,有三个问题干扰了他。

其一是,约翰尼认为9月或10月会爆发欧洲战争。第二个问题是,克拉里·丹大约就在那时在布达佩斯最终办妥离婚;他打算在克拉里离婚后立即和她结婚,随即带她来纽约。他还希望可以劝说母亲和弟弟离开布达佩斯,他写道:"在欧洲目前唯一合理的行动就是离开。"他还告诉家人,在这场即将到来的战争中"为邪恶的一方冤死"是一个错误。

第三个问题是,约翰尼手里照例攥着许多讲座邀请——一来可以旅游,二来他担心这可能是最后一次让自己浸润在欧洲文化潮流之中,下一次实在是遥遥无期。其中一份邀请来自国际联盟知识界合作委员会,约翰尼觉得这个机构的名字可真不怎么样。他在给乌拉姆的信中写道:"失败,高中德语课白上了。"但该联盟会议日程草案是,会议将在华沙举行,首先由玻尔作讲座,专门细究约翰尼所谓的"玻尔年轻时在量子力学方面不严谨的地方",这让约翰尼十分高兴。约翰尼已经帮助数学家们接受了量子力学,在这一点上,他对自己很满意;但他对换汤不换药的蛙鼠大战不以为然。他想向欧洲人表明自己对于这些是多么释然。第二个讲座由海森伯讲他最新的观点。在约翰尼预见到的战争期间,由于海森伯从华沙返回德国后将会成为希特勒统治下德国最杰出的科学家(或许是一个新的哈伯?),所以最后一次从他的想法中汲取营养似乎非常有用。第三个主讲人是英格兰的爱丁顿爵士,他还是不大相信他所谓的"量子的理论"。约翰尼非常愿意此时与未来的敌人(如海森伯)联手告诉未来的盟友(如英国人),爱丁顿是愚蠢的。

1938年,怀揣着美国护照(因为1937年加入了美国国籍)的约翰尼以他特有的方式周游了厄运到来前的欧洲。那个夏天苏台德地区局势动荡,希特勒显然正在准备蹂躏捷克斯洛伐克,但是和许多欧洲人一样,约翰尼不能确定善恶大决战已经迫在眉睫。有一段时期,维布伦显然建议是否可以通过某种谈判的方式避免战争的爆发。约翰尼用他喜欢的数学式的幽默回答说:"最近世界局势变得非常复杂,如果没有正整数作为序数的重要作用的话,恐怕难以有所作为。"然而1938年6月抵达华沙时,他更乐观地写道:"我认为战争将会爆发,只不过不知道是半年后,还是一两年后。"当时约翰尼认为,苏台德地区不会是战争的导火索,因为大多数欧洲人似乎觉得捷克斯洛伐克(和南斯拉夫一样)本来就不应该存在。

约翰尼因为3个原因和玻尔一起在哥本哈根逗留了一段时间。首先,他要妥善安排玻尔在1939年新学期开学前来到普林斯顿高等研究院,薪水是每学期6000美元——在当时已经算是相当优厚。约翰尼很早就预见到,假如战争真的爆发,玻尔是大西洋美国这边最需要的欧洲人。其次,1938年玻尔所在的哥本哈根是一个引起好奇心的地方,在那里可以遇到大批刚刚逃离纳粹德国的伟大学者,其中有一些人还和柏林保持着联系(那个苏台德的9月,柏林的德国学者在核研制方面取得可怕的突破)。第三,在布达佩斯,克拉里·丹的离婚诉讼正处于一个微妙的阶段。克拉里的律师已经向她提出建议,她打算立即结婚的对象最好不要和她生活在同一个城市——在天主教国家为了能使她的离婚顺利——在现阶段仍然要部分否定他的存在。1938年9月,战争的阴云越来越黑暗,约翰尼觉得他要赶到布达佩斯克拉里的身边。

约翰尼承认,他对接受9月30日法国人在慕尼黑投降而感到愧疚。10月初,他在给维布伦的信中写道:"我只能说,张伯伦(Chamberlain)先生显然想帮我一个忙,我迫切地需要下一场世界战争晚一点打起来。"原因是克拉里还没有办好离婚。但是现在他希望战争在1939年开始:"在我看来,即使再过6个月欧洲政治还是会和现在一样一团糟。"1938年9月的最后几天,约翰尼已经预见到了一场欧洲战争"爆发"时会是什么样子——"空袭演练、大面积停电、防毒面具短缺和令人愉悦的冥想……我倒觉得挺好,反正一旦战争真的开始了,我希望并肯定自己会是一个旁观者。"在静候这场渐渐迫近的战争期间,他非常具有约翰尼风格地写道:

很奇怪,我还研究一点数学。我能为非厄米矩阵做一个么正谱理论,即使是二维的也非常新鲜,看起来相当有趣。

约翰尼对有趣的定义,与其他人可是大不相同。

10月底,克拉里终于办妥了离婚。两个星期后,约翰尼和她结婚,他们立即乘船到了纽约。在慕尼黑投降后,人们无根据地欢庆和平,约翰尼没能成功说服他的家人以及克拉里的家人趁此机会来美国。

1939年1月,在美国,约翰尼有娇妻相伴。他参加了陆军预备役军官的最后一门考试:军械局的组织机构测试。他有一次得了100分。他对朋友说:"没准能当上将军呢。"如果他参加了预备部队,他很有可能会在美国参战时穿上军装成为一名普通的战士。那样,他也就不可能在战争期间对自由世界的火力作出杰出的贡献了。幸亏一位陆军官员愚蠢的官僚主义作风和最高主管部门的支持,历史才得以向好的方向发展。

参议员斯马瑟斯（William H. Smathers）在1939年6月5日写给罗斯福总统的战时助理伍德林（Harry Hines Woodring）的一封信中对这件事提出忠告。斯马瑟斯参议员写道，约翰·冯·诺伊曼"为了进行弹道研究申请陆军军械局中尉军衔，我知道他参加并通过了所有测试。但是，在考试过程中，他满35岁，他的申请被拒绝了。冯·诺伊曼先生是世界著名的数学家。我不明白一个对美国军事武装如此有价值的人会因为技术细节而被拒之门外"。

1939年7月，伍德林的回信自负而生硬。他认为，他已经"仔细考虑了普林斯顿高等研究院爱因斯坦的助理约翰·冯·诺伊曼先生的来信"，但对他的申请还是予以"善意的回绝"：

> 对所有相关因素彻底考虑之后，陆军部才对预备部队的任命提出了年龄的限制。年龄限制自采纳之日以来，一直得以严格遵守。许多申请人，在其他各个方面条件都很优秀，仅仅因为年龄问题而被拒之门外。如果为冯·诺伊曼先生开了特例，对于其他值得特别考虑的类似情况，陆军部无法作出合理解释。

1939年9月，世界进入了战争的第一年，约翰尼连预备役的军装也没穿上。在这期间，自由的事业也没有进展。部分因为参议员们还在努力帮助约翰尼争取一个军衔，1939年夏天，克拉里·冯·诺伊曼只好只身开赴欧洲，扮演长着海蓝色眼睛的斯嘉丽角色，在战争爆发前把她和约翰尼的家人接到美国。在战争爆发前的一个月，除了心急如焚的约翰尼之外，冯·诺伊曼和克拉里的家人还在海上颠簸，幸好他们全部安全抵达。

克拉里的父母虽然安全抵达美国，结果却很不幸。在匈牙利过着舒适生活的有钱人查尔斯·丹（Charles Dan）因在新泽西财产少了而变得不开心。1939年,在来美国后的第一个圣诞节,查尔斯葬身火车车轮之下,很显然是自杀;现在他安息在普林斯顿公墓的一个四块地墓场,旁边是他的女儿克拉里（她在约翰尼去世后于1963年溺水而死,很有可能是自杀）,在另外两块墓穴里,躺着玛格丽特和约翰·冯·诺伊曼母子。查尔斯·丹的遗孀坚持在1940年回到战时匈牙利。有一段时间,约翰尼和克拉里担心她肯定会在大屠杀中丧生;实际上,当1944年布达佩斯被包围时,她就坐在战火之中的自己的家里,饶有兴致地读着克拉里不同的订婚对象写的情书。战后,丹太太去了英国,和克拉里的姐姐同住,直到90多岁时去世。

查尔斯·丹在新泽西的不幸,让我们回想起不是所有的匈牙利移民都像约翰尼那样适应美国。西奥多·冯·卡门把他的老母亲接到纽约。6个月后,她写道："今天我终于看到了一匹马,它在一辆汽车里跑。"她指的可能是运马货车。同期来到美国的作曲家巴尔托克（Bela Bartok）就更惨了。他抱怨说,一般美国人好像都是反刍动物（指他们不停地嚼口香糖）。他无法写出充满快乐的音乐,因为他听不到他钟爱的匈牙利乡下的虫鸣鸟唱,只能听到纽约的噪音。还有,他不适应美国的支票体系,总以为别人在试图欺骗他。哥伦比亚大学没有续签合同让他留任讲师。

自由世界令人不快的1939—1940年并不好过,新郎约翰尼的个人生活也充满痛苦。对于不幸,他和父亲一样采取表面上十分轻松愉快的策略。约翰尼和肯特合著了一篇军事应用类的论文《从逐次差分估计可能误差》(The Estimation of the Probable Error from Successive Differences),1940年作为阿伯丁实验基地第175份报告公开发表。在其后的两年间,约翰尼对这份报告进行3次增补,这些报告使他成为公认的美国最伟大的炸弹模式数学专家之一。但在1940年,他的大部分论文还是关于抽象的希尔伯特空间的算子环问题（现在这些问题已经变得过于抽象了），包括和维格纳合著的一篇论文《最小殆周期群》（Minimally Almost Periodic Groups）。

由于去欧洲旅行已经不可能了，约翰尼在暑假带着克拉里到了她从来没有去过的美国西海岸；在这里，可以和伯克利的费尔纳待上一段时间，也能在西雅图华盛顿大学的夏季学校教课。在暑假期间发生的一桩事，成为后来对共产主义态度强硬的约翰尼被指控和共产党有关联的原因。

1936年，约翰尼在普林斯顿最喜欢的学生之一（有人说是他唯一的学生）是一个加拿大年轻人，后来两人合写了一篇数学论文《透视映射的传递性》（On the Transitivity of Perspective Mappings）。这可不是抓间谍的人会感到兴奋的那种绘图*，这里指的是一串串的数字。1940年在法国沦陷的那个可怕的夏天，这位加拿大人在华盛顿的夏季学校做讲师。令约翰尼吃惊的是，他发现这位年轻人的政治观点倾向马克思主义，或可能已经有了这种倾向。

6年后的1946年，这位数学家在加拿大共产党间谍审讯中被逮捕。约翰尼给加拿大总理写了一封信。实际上是这样写的：他完全可以理解，任何听过这位年轻人高谈政治的人都有可能狠狠揭发他；但他不觉得这位年轻人主要关心的是政治，他对数学专注得更多。最后法庭认为这个加拿大人没有犯罪，宣告他无罪释放。直到今天他还在从事数学研究，且十分出色。约翰尼认为这说明他的信写得完全正确；但是1955年，在约翰尼加入原子能委员会（AEC）的听证时，至少有一名参议员认为"你写这样的信可不太明智"。

还有另外一面证据告诉我们，和朋友们讨论政治时，约翰尼究竟愿

---

*"绘图"与"映射"的英文都是mapping。——译者

意争论到什么程度。同事中有一位持温和左倾观点的人说,和约翰尼讨论是一件令人愉快的事,因为和他谈话,双方都不会气急败坏。还有一些人说,约翰尼总是传播粗俗的段子转换话题,以避免政治争论。

想讨论问题的一个可能的附加条款是"谁也不许气急败坏"。如果讨论的对象可能变得气急败坏或枯燥乏味,约翰尼会避免和他谈论政治。约翰尼也不会和固执已见地信仰共产主义的人生气。他认为,信仰某种主义并不意味着会成为一个坏的数学家或坏的科学家;他迫切希望为数学界和科学界广纳贤士。

有两次,约翰尼冒着风险去保护那些因左翼观点而被排挤出敏感工作的人。私底下,他还保护过一个酗酒的人。他认为对安全问题的考虑做得有些过分了。

1940年夏天发生的大事是,德国军队像切黄油一样在法国本土长驱直入。约翰尼对此早有预言,因此并不像他的大多数朋友那样震惊或害怕。5月,当德国人长驱直入时,他写信给维布伦说,法国的统治者"似乎在期待着奇迹的发生,我也对此真诚希望并祈祷,但是如果他们作战时不那么形式主义,情况会好很多"。他对英法的总体军事规划实在不敢恭维(在1940年1月,他就敏锐地希望在斯堪的纳维亚实施达尔达内利式的运作)。约翰尼还认为,美国不应该过高估计"席克尔格鲁贝(Schickelgruber)*的雇员们"——这成为他称呼德国的官场和军官们的最喜欢的方式——的智慧。

1940年7月,约翰尼表达了不太流行的观点——英国能够抵制或威慑德国的入侵。但他觉得美国很有可能在1941年的某一时候参战,就像1917年那样。他以自己的约翰尼式的风格说,"宫廷御医给宣布生下千金的一对70多岁的德国王子王妃"一个不受欢迎的建议——

---

* 希特勒的父亲(Alois Schickelgruber)的姓氏,在德语中是个可笑的姓氏。——译者

"很遗憾,殿下们需要再一次精神饱满地活动活动筋骨了";美国将不得不接受同样不受欢迎的建议。

乌拉姆的信则大不相同,在1940年7月贝当(Pétain)投降的那一天,他陷入了深深的绝望。乌拉姆写道:"说到世界局势,我最坏的预感成为现实。我对美国几乎完全丧失了信心。我相信你一定会非常震惊于这个国家一片混乱、犹豫不决甚至于丑陋的劣根性的状况。假如俄国人插手,欧洲或许还有希望。"乌拉姆认为美国要想重新武装必然会花费很长时间,甚至"还没有筹备好,而且几个月后很有可能已经晚了。我觉得我们两个抱有太多的幻想,以后会更加失望。我们经历了太多,应当学会如何接受现实"。

约翰尼并不倾向于接受对美国的这类批评。无论是罗斯福还是威尔基(Willkie)在1940年当选总统,都有可能在1941年带领美国参战;为此约翰尼倍感鼓舞。他认为,自由人类的两大敌人(德国和俄国)那时可能"正在鹬蚌相争"。约翰尼可不喜欢乌拉姆期待的俄国人的介入。他希望德国人对疆土辽阔的俄国的进攻陷入泥潭而不能自拔。1941年夏天,约翰尼在希特勒袭击俄国后写信给维布伦说:"我承认,从根本上说战争是危险的,但我觉得世界局势还不算太坏,比想象中要好很多。"

这段时间,约翰尼不断给国会议员写信、发电报,全力支持罗斯福带领美国走进战争,这完全不像他平素的作风。"我想谈谈我的看法,"1941年9月约翰尼在给参议员D·鲍尔斯(D. Lane Powers)的信中说,"目前同希特勒主义的战争不是一场外国人的战争。因为对于整个文明人类来说,战斗的信条是共同的。向希特勒妥协对美国的未来都意味着最大的危险。"1941年12月,珍珠港事件将美国真的卷入战争后,约翰尼几乎欢呼地立即写信给乌拉姆:"我终于如愿以偿了,希望这是光荣的2—3—4年。"

约翰尼当时还不太可能寻求到更广泛的技术构想来支持他的乐观看法,尽管美国国会图书馆1940年夏季档案中的一封信几乎表明他已经找到了。这封信是法国陷落时一个署名埃尔文(Erwin)的加拿大人写的。信的开头就说,作者不能理解约翰尼"对世界形势的乐观主义。我记得我们上次见面时你的头脑还相当理智,但从那时起你的健康的悲观主义似乎已经离你而去。这是因为外部世界的客观发展还是因为你自身的主观变化?"这位埃尔文先生然后询问了《纽约时报》(*New York Times*)上一篇关于铀同位素的文章。"在你自己的高等研究院里取得了部分进展,我不怀疑你对整个问题知道很多。这个问题不仅仅是头版新闻,似乎极其重要……请让我安心:告诉我们为什么和如何能很快赢得战争?这些发现将如何向最好方向转变?"

在这一时期,约翰尼并没关注铀的同位素问题。但在1940年初秋,他自己先美国一步走上了战争之路。

在给高等研究院的关于1945年他的战争工作的一份秘密报告中,约翰尼列出他的第一个重要的政府任命是1940年9月在阿伯丁的晋级,他从一名顾问提升为弹道研究室科学咨询委员会的一员。1940年12月12日,约翰尼回信给一位想在演讲中提到他的军队资历的教授爱德华·厄尔(Edward M. Earle)说:

亲爱的爱德:

我确切的国防职责如下:

阿伯丁试验场弹道研究实验室的陆军部科学咨询委员会成员。

美国数学学会和美国数学联合会战争筹备委员会弹道学首席顾问。

以上我为了准确而没有采用简短的说明。当然你可能不想打印出所有这些冗长的文字。

阿伯丁的科学咨询委员会由大约12人组成,包括无所不在的冯·卡门和其他科学家如基斯佳科夫斯基(George Kistiakowsky)、拉比(I. I. Rabi)和约翰尼等。委员会每年召开三四次会议回顾这个军械部里最具声望的实验室的运作情况,并向陆军部建议下一步举措。1940年,少将韦森(Wesson)在给约翰尼的原始信件中说:"成员加入委员会的主要动机是爱国主义,但科学家们将获得一张铁路免费通行证和一天15美元的津贴。"

这些大约一年3次的会议中,有一次会议的议事日程体现了所做工作的特点。1944年4月18日13:30—14:30,约翰尼将阅读一篇论文《冲击波研究的实验方法》(Experimental Methods of Studying Shock Waves),另有4位科学家以及阿伯丁的常驻成员将对这篇论文发表评论,冯·卡门是其中之一。另外两篇关于碎裂理论和弹道学的电子应用的文章也将同时被阅读;15:00—16:00,约翰尼和基斯佳科夫斯基将听取全体成员关于混凝土爆破的最新实验的报告,冯·卡门将听取关于风洞实验的一个报告。第二天,约翰尼将会主持一场讨论——"应用于枪械压力和空气中冲击的微分方程的积分法",还将出席并评论另一场讨论"自旋、曳引和其他空气动力学系数"。

1940—1942年,豪尔莫什是约翰尼在普利斯顿的助手。两人继续合作发表有关算子环的著述。期间约翰尼还涉猎天体物理学,与钱德拉塞卡(S. Chandrasekhar)*共同发表了一篇名为《恒星的无规分布引起的引力场统计》(The Statistics of a Gravitational Field Arising from a Random Distribution of Stars)的论文。闲暇时(参见第十一章),约翰尼开始

---

* 参见《孤独的科学之路——钱德拉塞卡传》,卡迈什瓦尔·C·瓦利著,何妙福等译,上海科技教育出版社,2006年。——译者

改革微观经济学。但现在他的主要精力是在其他完全不同的方面。在1941年9月——美国参战前,约翰尼成为复杂爆破(如碰撞爆破)的计算大师。

约翰尼是通过战争筹备委员会进入这些领域的。其他一些战争筹备人员认为这些委员会毫无章法,不过走走过场;但约翰尼热情十足。在给乌拉姆的信中,约翰尼称他们为"委员会的集合,和集合的集合"。他认为,"当那天[美国参战]来临时",委员会的工作会显现出成果。战后,约翰尼会说——从一开始就这样说——事实证明,美国的研究组织工作至少做得和任何参战国一样好,比其他大多数大国要好。各种不同的机会摆在有能力的科学家面前,他可以随时随地加以选择,作出最大贡献。事实上,各个机构紧密协作,并赢得战争。在那些年里,任何自上而下计划周详的研究项目——指派一位科学家完成某项特定的工作,都将无法利用不断变化的知识和机会。美国的研究体系在战时保密所允许的范围内提供了最接近自由市场的机制。

贝特向我描述了1940—1941年的早期系统是如何工作的。在1940年夏,他也向一个战争筹备委员会询问:作为一名理论物理学家,他如何才能最好地帮助美国准备应付即将到来的战争。最具吸引力的回答从高层传回来——准确地说,来自冯·卡门:"我们不清楚冲击波中平衡是如何建立的。冲击波中有种突然的压力变化。这当然不可能完全是瞬间发生吧?告诉我它是怎么回事。"贝特和特勒就此问题进行了一些研究,不久就发现约翰尼对此同样感兴趣。"约翰尼对下一阶段很感兴趣:研究气体或其他物质的状态方程是什么,它与冲击波有什么联系。"

状态方程是表达某种流体(如水或空气)的压力与其密度和温度关系的方程,因此成为爆炸的关键。有意思的是,即使到了20世纪80年代,苏联的萨哈罗夫(Andrei Sakharov)在自传中依然将状态方程的计算描述成一场恶梦,此外,"原子物理学和热核爆炸是天才理论家的天堂"。萨哈罗夫写道:"不把简化的假设引入理论方程,适中压力和温度下的物质的状态方程就无法计算(否则所涉及的计算将超出最先进的计算机的运算能力)。"对于核物理学家来说,描述"百万摄氏度条件下类似在恒星中心处"所发生的状况——贝特最终主要凭借这项研究获得诺贝尔奖——则容易得多。

1940—1941年,贝特在状态方程的计算上取得了一些进展,尤其是水的温度变得更低时所发生的有趣现象。贝特表达了与约翰尼合作的渴望,"约翰·冯·诺伊曼正在相关领域做研究",而且其研究明显地正有腾飞之势。1941年9月初,约翰尼写信给战争筹备委员会的组织者之一——基斯佳科夫斯基。这封信充分显示出约翰尼如同章鱼一般伸得老长的智慧的触角,正在吸收几位资深人士在不同的工作领域所取得的成绩。

> 从柯克伍德(Kirkwood)教授、我和你以及威尔孙(Wilson)教授的讨论中,你已经熟悉我们有关冲击波理论工作(与你关于爆炸研究的项目有关)的研究方向。到目前为止,我们已经取得了相当不错的进展。气体中的冲击波理论应当进一步研究。几乎所有令人兴奋的工作都集中在线性飞行冲击波的基础情况……正像你和威尔孙教授在相关报告里所说的那样,在这里威力巨大的"黎曼积分法"是重要的工具……但是……当冲击波和可变密度区域(如气体爆炸的冲击波后部)产生持久接触而成非线性(即变速)时,黎曼方法几乎不能提供任何量的信息,因此需要寻找全新的方法。

约翰尼认为,沿着这个方向已经迈出了最初的几步,新近发表了一篇论文《给定(正的和有限的)能量的无穷小爆震引发的冲击波》[Shock

Waves Started by an Infinitesimally Small Detonation of Given (positive and finite) Energy]。他接着说：

> 这一学科的许多分支值得研究：受影响的媒介中的能级[爆震波，尤其是查普曼（Chapman）和茹盖（Jouguet）的研究]、球形波在行进中（在三维情况下）减弱、气体在理想状态下的偏差等。这个问题最后提及的那个方面引出对状态的普通方程的思考，因此和柯克伍德教授的流体研究建立了联系。

最后约翰尼说，他将为两位助手申请3700美元的额外经费，还指出他和贝特及康奈尔的比尔·弗莱克斯纳（Bill Flexner）干劲十足。两个月后，贝特把他关于冲击波理论的手稿交给约翰尼，由此"我相信我正在着手解释查普曼—茹盖条件，但我还是不十分确定"。约翰尼和比尔·弗莱克斯纳商量成立一个由"约翰尼、柯克伍德、贝特和肯纳德（Kennard）组成的四人研讨小组"。安全问题令人头疼，因为一些最好的教授还没有通过美国安全部门的审查（实际上，一些审查人在法律上还是德国人），约翰尼向比尔·弗莱克斯纳建议：

> 不讨论基斯佳科夫斯基、威尔孙等人组成的委员会机密的、创造性的工作细节。不讨论一般国际文献查阅不到、没有研究的问题。不讨论我们委员会的存在和议事日程。除了这些禁忌，我认为在这个国家培养流体动力学人才，相对于把已知的理论泄露给敌人的极低风险，将有更多的好处。

战后，约翰尼向普林斯顿汇报说，自1941年9月至1942年9月，他任国防研究委员会（NDRC）第八分部顾问，后转为成员，并担当高等研究院和紧急事务处理办公室签署的一份合约的技术领导（"官方调查员"）。他在国防研究委员会的所谓的"成形"职责是研究锥形装药："在这些设计中，爆炸装药精确的几何形状被修正、集中或限制爆震的物理效果。"这对鱼雷和反坦克武器有着重要意义。1941年后,当美国步兵进入大规模陆地战后,他们最引人注目的新型武器是名为火箭筒的反坦克装置。约翰尼从来没有声称过他对这种火箭筒有多大贡献;约翰尼在洛斯阿拉莫斯的一些同事则赞扬他研究过类似的装置,但是他为军方提供的锥形装药的建议(尽管一开始军方的热情很高)似乎在最终的实践中效果并不理想。

1941—1942年,约翰尼在纯数学圈中已经被看作这一学科的天才,但在类似陆军部长伍德林这样的政界人士那里,他的面子还不够大。那些人觉得为了这个爱因斯坦的所谓的助手没有必要变通规定,让他当上陆军中尉。在美国参战的头几个月里,约翰尼作为一个爆炸性武器的实践计算者在相关人士中声名鹊起。马里兰州阿伯丁陆军军械部实验室指挥官西蒙(Leslie Simon)上校(后来成为西蒙将军)对约翰尼尤其崇拜。

约翰尼在陆军军械部名声大振,以致海军军械部很快盯住他不放。一位与约翰尼同时代的人这样损他:"相比陆军将军,约翰尼更喜欢海军上将。因为陆军将军午餐时喝冰水,而海军上将一上岸就喝酒。约翰尼为自己喝酒不上头颇为自豪。"除了西蒙上校,约翰尼这段时期的私人信件的确表现出对海军上将的偏爱。1942年8月31日,约翰尼手写给科学研究与发展办公室(OSRD)主任——不直接隶属陆军或海军的美国国防研究组织的老大——布什一封信,信纸用的是华盛顿拉斐特宾馆的便笺。约翰尼解释说,他已经"签约接受了海军军械部的专职委任,自1942年9月1日起生效"。这意味着第二天就生效。约翰尼写道:"我明白,按照科学研究与发展办公室的规定,作为军队中的服役人员,我必须断绝和科学研究与发展办公室以及国防研究委员会的关系。非常遗憾,我辞去国防研究委员会B1B部成员之职[这是锥形装药合约]以及OEM Sr218合约中官方调查员一职[这是指用在高等研究院与复杂爆炸有关的一个特殊项目的那笔经费]。"约翰尼说:"这份合约的最终报告正在起草,几个星期之后提交。"

自9月1日起,约翰尼就为运筹学新领域中的海军水雷作战处效力,这是一个崭新的机会。正如约翰尼战后向普林斯顿汇报时所说的那样,这意味着,"对那个部门管辖之下的武器使用及针对性措施进行物理学的、统计学的现场军事调查"。合约的一个特点是,1942年的最后3个月,约翰尼将在华盛顿海军部专职工作,1943年1月至7月转至英国工作。

1943年初时去英国被认为是深入虎穴。约翰尼首先想到的是办理一份人身保险:20 000美元——这在当时可是个大数目,受益人是他7岁的女儿玛丽娜。一封措词有些生硬的信寄给了库珀尔夫妇的律师,咨询1937年约翰尼夫妇离婚后有关约翰尼死后财产转让问题是否会有所变更。令人欣慰的,玛丽埃特很快就此事回了一封开头是"亲爱的约翰尼"的信,信里说这份保险有效期间,她将放弃约翰尼不动产的一切相关权利。第二任妻子克拉里也有她的麻烦:约翰尼将乘轰炸机横越大西洋,随身行李是有限制的。手提箱里应该装上海军发的锡制的大头盔,可约翰尼总是把它拿出来,把厚厚的几卷《牛津英国史》放进去。到了国外他打算去参观英格兰的古战场,就像以前他参观美国南北战争时期的战场那样。克拉里总要把书拿出来,把头盔放进去。当轰炸机起飞时,历史书在手提箱里,而头盔在家里。

海军召约翰尼去英国,开始是因为布置在英国周围的德国的磁性水雷看起来越来越复杂。起先,这些水雷一感应到金属就被吸引,随即炸毁目标。这样,利用金属拖网就很容易发现它们的位置并将它们引爆。现在德国人在水雷上增添了设置,使水雷第一次感应到金属时(这往往是扫雷艇在侦查是否有水雷)不爆炸;它们直到第三次或第五次甚至第八次感应到金属时才爆炸。按条理做事的德国人在开往英国的护送船队航线两边布置的水雷肯定有一定的模式。海军请约翰尼在数学上算出这种模式可能是什么以及怎么对付它最有效。约翰尼似乎轻松而有效地完成了这项工作,挽救了许多海军官兵的生命。开心的英国皇家海军的军官在餐厅里悄声嘀咕着"一位叫冯·阿普费尔斯特鲁代尔或什么别的名字的博士在大西洋战争中取得了重大突破。是的,坦白地说,这个人可能是一个美国来的德国佬"。

约翰尼来到英国更广泛的意义在于,在爆炸领域最深刻的美国思想家现在已经置身于遭受最猛烈炮火袭击的自由国家。英国和美国的战争努力都因此受益。英国科学家很快意识到,约翰尼已经比他们更深入地了解空气中和水下破坏性最强的斜击波反射。约翰尼还设计了锥形爆炸的方程,这对他们来说是全新的。英国科学家立刻在特丁顿国家物理实验室的超声风洞中进行实验,和平时期这个实验室被称为英国"道路研究实验室"。

约翰尼与英国海军反潜艇部门的接触也卓有成效,后来雇用了约翰尼9个月的美国海军更加受益匪浅。战后,约翰尼被授予美国海军杰出平民服务奖(1946年7月)和杜鲁门总统贡献勋章(1946年10月),后一个表彰认为,约翰尼"主要负责美国海军高爆炸有效使用的基础研究,发现了新的战事行动军械原理。这在原子弹袭击日本的过程中已经证实提高了空中有效战斗力"。当时的新闻简介谈及了约翰尼对反潜艇战争以及炸弹理论的贡献。一些报道把他描述成投弹时"错失优于命中"的发现者,并把他视为证明投到广岛的原子弹如果在地平面之上方引爆效果将会更好的人。1947年12月,约翰尼写信给《纽约时报》:"在战争期间,我的确发起并开展了对斜击波反射的研究工作。确实得出结论:大型炸弹在地面以上相当高度爆炸比落地爆炸更为有效,因为这样可以产生更高的斜入射压力。涉及的原理若称为高爆炸原理则更为恰当,'错失优于命中'则不妥。"约翰尼对这些1943年在英国的发现加以拓展，使部分的战争努力及时得以改观。

1943年3月，约翰尼报告说，他从英国那里学到了很多东西，"主要来源于道路研究实验室的马利（Marley）和（伦敦）帝国科学学院的彭尼（Penney）。实际上最为奇怪的是，他们更多的研究成果没有早一点透露给我们"。约翰尼认为，英国人在如何使爆破升级方面已经取得了巨大的、实质性的进展。他通过秘密的外交邮袋写信给维布伦说：

> 关于爆震的通常观点是引爆炸药产生的火焰或燃烧气体把空气向外推。因此这种现象中——或随后发生的爆炸中——总是存在两个起区分作用的表面：火焰前端（在燃烧气体和空气之间）和冲击本身（在空气中，在速度、压力、密度等不连续的不同的两个气体层之间）。火焰前端似乎是一种相当不规则的海绵组织，空气隐藏在它的凹进处里。整个区域描述成爆炸气体与压缩热空气的混合物最为恰当。就涉及原始爆炸反应来说，因为爆炸气体还可以慢慢燃烧，因而混合物依旧在燃烧。燃烧过程并不是非常慢，因为空气是压缩的而且温度很高。
>
> 英国皇家科学顾问委员会委员刘易斯（B. Lewis）长期以来坚持在些许不同的关联中这些变化过程的可能性与重要性——然而在空中的高速爆炸中，这一现象似乎非常普遍。马利和彭尼已经从实验上证明，冲击所包含的能量超过了爆炸反应本身所能提供的能量（相对于空气中的TNT）。因此，上面提到的爆炸后燃烧在能量上甚至是必然的。TNT在氮气中的爆炸威力（由于没有爆炸后燃烧）相对较弱……从理论角度来看，这种说法似乎十分有趣。

约翰尼在这里以一种几乎没有谁敢做的方式，转而研究应该适用的方程。约翰尼从英国接受了一些风洞信息,又从牛津一位法国自由职业者那里获得了检测爆炸的照相技术,并被允许深入了解英国的锥形装药研究。他发现,后者有一些有用的X射线技术,但在其他方面都落后于美国。

这次出行有一个部分进行得不太顺利,即提高美国空军第八大队日间轰炸准确度的运筹研究。约翰尼报告说,盟国之间反水雷和反潜艇行动的研究工作组织有效。但是人们都以为英国拥有陆地轰炸效果的专业知识,其实并非如此。英国的夜间轰炸任务迫使年轻的英国空勤人员每次行动都要进行25—35次轰炸,每次任务平均损失五分之一的飞机。每隔几个星期,5或7名20岁的英国人中只有一人有生还的可能。只要导航雷达的目标指示灯开始闪烁,就表明他们似乎位置准确,于是开始投掷炸弹。何时效果极佳以及何时效果最差,并没有科学依据。笔者当年19岁,就是一名没有经过特殊训练的皇家空军导航员。将近50年过去了,约翰尼的报告在笔者看来仍十分有道理。

1943年,其中一位协助约翰尼研究轰炸模式的英国科学家布罗诺斯基(Jacob Bronowski)战后成了英国的电视名人。在战后英国广播公司的电视节目上,他介绍了约翰尼鲜为人知的一面:"可亲又个性十足……毫无疑问是我遇到的人中最聪明的……一个天才。"但他又说:

> 约翰尼不是一个谦虚的人。战争期间我和他合作时,我们曾共同面对一个问题,他马上对我说:"噢,不,不,你没弄明白。你这样形象化的思维是不正确的。抽象地思考。(这张爆炸照片)反映的情况是第一个微分系数同样消失了,因此我们看到的是第二个微分系数的痕迹。"他虽是这样说,我并不这么看。我让他去了伦敦,我去了乡下的实验室并工作到深夜。大约半夜时,我证实了他的说法。约翰·冯·诺伊曼总是

睡得很晚，出于好心，直到上午10点以后我才叫醒他。当我打电话到他在伦敦的旅馆时，他是在床上接的电话，我说："约翰尼，你非常正确。"他对我说："你一大早叫醒我难道就为了告诉我我是对的？请到我错的时候再告诉我吧。"听上去挺自负的，但事实不是。这是他生活的真实写照。

实际上，布罗诺斯基并不真正了解约翰尼是如何生活的。首先，10点钟时约翰尼可能已经开始工作几个小时研究一些相对简单的问题，他可能不太喜欢被打断。在约翰尼去世后，布罗诺斯基批评说，数学家约翰尼在他最后几年里，"越来越多地参与私人公司、工业和政府工作。这些机构可以使他置身于权力中心，却不能增长他的知识或疏离他与人的关系——这些人时至今日也没有搞明白他要在数学方面为人类的生活和精神作出什么样的贡献"。布罗诺斯基认为，约翰尼研究电脑和人脑是在寻求"人脑的不同部分相互联系、协作的方式，从而制定一个计划、一个程序，作为一种伟大的全面的生活方式——在人文学科中我们可以称为一套价值体系"。这就是像布罗诺斯基这样的策划者认为伟大的人才应该做的。在希特勒和斯大林时代，约翰尼更关心的是从独裁者手中拯救世界，防止他们用暴力强加给我们一个单一的价值体系。

大约在1943年5月，伦敦收到来自华盛顿的要求：美国希望他们最好的爆炸理论专家再次回国。但约翰尼希望在英国再待上一段时间，因为他正和一些他认为有趣的实践物理学家协作。约翰尼在给维布伦的信中写道："我觉得在这里我学到了许多理论物理知识，特别是气体动力变化，我会成为一个更好的、知识丰富的约翰尼。我现在还对计算技术有了不同寻常的兴趣。"最后这句话很可能意味着他已经见过图灵了。同时，克拉里写信给伊丽莎白·维布伦，请求维布伦不要再召约翰尼回来，因为他现在在英国过得很开心，如果没有问他是否愿意就强行让他回来,他会发疯的。克拉里不希望约翰尼一个人时发疯。他在家时经常发疯,但她知道如何应付。这位女士尽管最后变得神经质,但在当时十分冷静,盟国的战事真的要感激她。

1943年年中,约翰尼被强召回美国,为了一个迄今为止人类历史上最重大的原因。这也是下一章的论题——核。正如我们将看到的,即使在协助发明原子弹和计算机时,约翰尼依旧保持着他的习惯——同时着手不同事物。在这一章,我们将继续讲述约翰尼在常规爆炸方面的故事,直到战争结束。

约翰尼一回到美国,陆军军械部就拴住他并攫取他由海军出钱资助、刚刚在英国学到的知识。约翰尼后来说,从1943年末到1944年初,他花了25%的时间(这是一个较短的时间)研究气体动力学,帮助陆军和陆军防空系统。他扩展了高空爆炸理论和应用——但不久之后,他在海军时的爆炸是在水下进行的。

约翰尼现在参加了很多不同的研究组织,一些组织因为他无力分身而吐露不满。1944年初,韦弗(Warren Weaver)指出,约翰尼已经和应用数学小组签约了。虽然韦弗不想以任何方式干涉约翰尼参与意义重大的战时服务——但他究竟给了那个小组多少时间?约翰尼生气地回复说,自从他从英国回来之后,40%的时间都在普林斯顿,指派给他的最重要的应用数学难题几乎占去了他所有的时间。他已经确定了"冲击彼此碰撞以及与其他媒介的切向碰撞"问题。这些问题"与最简单的正面碰撞相去甚远,一年前还完全未被探索"。现在约翰尼进行了探索,(他暗示说)其结果正在世界范围内产生爆炸性影响。

1944年初,这封信促使了应用数学小组和高等研究院签订了另外一份合同,旨在探索爆炸数值分析的新方法。结果,约翰尼与他的合作者巴格曼(Valentine Bargmann)、蒙哥马利(Deane Montgomery)合写了一篇论文,开了新的计算机定向数值分析的先河。

现在,军队中其他研究冲击波的人士都把约翰尼视作开山宗师。1944年4月14日,约翰尼写给加州理工学院的一封信或许可以最好地说明他的状况:

> 亲爱的迪蒙(DuMond)博士:
>
> 请原谅我这么晚才回复你3月30日的询问。我不在普林斯顿[实际上在洛斯阿拉莫斯]。我和几个同事一起研究冲击波问题,实际上这是我们最感兴趣的问题。理论工作由海军军械局的一个工作组完成,并和国防顾问委员会应用数学小组签订了协议。我们也正在开发计算方法,主要研究穿卡机器以及类似的一些问题。我们已经在马里兰州阿伯丁弹道研究实验室、国防顾问委员会第二分部普林斯顿站,以及去年的两家英国实验室完成了气体动力学实验。
>
> 我们既研究空中冲击也研究水下冲击,但主要研究空中冲击。实验中使用了微爆炸、弹道冲击以及多种风洞组合,从20毫米和37毫米抛射弹道冲击及非常规非静止风洞中我们获得了最多的信息。我们使用的冲击力对应的压力比是1.1:6,大多数情况下是1.25:3。我以为您主要感兴趣的领域是冲击力对应的压力比大约为1.2:1.03,对吗?如果是对的,很不幸我们两组研究的领域不相容。
>
> 我们主要研究的是非声学领域冲击的反射和折射;在那里,我们发现,与强压、涡旋层的产生相关的过程的全新形式的确存在。如果我领会正确,您的兴趣主要在声域附近。
>
> 不管怎么说,我希望我们能给你一些帮助。当然,如果你通过常规的国防研究委员会渠道提出申请将会方便很多,您可以更加确切地描述您的问题是什么。

你对衰变晚期冲击形式的观察很有趣。贝特从理论上预言：一个三维爆炸波的渐进形式会是这样的，N的两条腿渐近相等……且……

约翰尼在这里写了更多的方程。

现在，约翰尼已经重新加入国防研究委员会，成为研究爆炸波的相互作用和反射的第二分部的带头人。从1944年末到战争结束，他为国防研究委员会所做的实际工作是研究大型炸弹和超大型炸弹达到最佳爆炸所需的条件以及它们作用于不同结构物体的效果。在英国，曾经有人问他，为什么大型的3600千克炸弹的一些早期试验灾难性地失败了，其中一枚这样的炸弹连0.3米多点厚的墙都炸不掉。约翰尼曾经写道："难道TNT的威力只有0.4米？这肯定不对。"这很大程度上取决于约束、形状和结构。这段时期，他的手写笔记上的记录包括德国和日本典型结构中玻璃和混凝土相应量的计算、对特殊吨级的炸弹遭遇不同类型的屏障后爆炸区域的计算，以及对第一次世界大战期间德国人炸掉新斯科舍省哈利法克斯的军需船——结果炸毁了这个城市大部分地区——实际情况的一些具体报告的计算。

在约翰尼1944年的论文中，"千吨位"和"计算机"这两个词开始频繁出现。由于他和阿伯丁试验场弹道研究实验室有过联系，计算机将进入它的特殊存在形式。千吨炸弹（携带1000多吨TNT的巨型炸弹威力巨大不足为奇，而小型炸弹威力更大就令人难以捉摸了）是他关注的新焦点。1943年9月——从英国回来——之后，约翰尼大约30%的时间都在洛斯阿拉莫斯美国工程师协会曼哈顿分部担任顾问——头衔虽然不甚恰当，成果却非常辉煌。

第十章

从洛斯阿拉莫斯到"三一"试验

1943—1945年

    罗兹获得普利策奖的著作《原子弹秘史》明确记载了原子弹的历史。本章中许多与约翰尼无关的故事在那本书中讲述得更为精彩。让人感到惊讶的是，罗兹的故事开篇就讲（他也许是对的），匈牙利怪人齐拉于1933年9月大萧条时期一个灰蒙蒙的早晨，在伦敦的布卢姆斯堡散步时预见到世界可能终结的方式。

    1932年，剑桥大学的查德威克（James Chadwick）宣布了没有电荷的中子的存在。许多科学家认为，这也许就可以避开原子核内正电荷的势垒和在原子核内创造出类似于月亮撞击地球所产生的大混乱。1933年，齐拉"灵光乍现"想到链式反应的可能性。如果科学家能够找到一种可以被中子分裂的元素，由于分裂而释放出2个中子，这2个中子接着顷刻间在链式反应中释放出4个中子，以此类推——这样，在几百万分之一秒内，在狭小的空间里可以释放超出世人想象的巨大能量。通过这个手段可以以工业规模创造原子能和生产原子弹。

    当齐拉按照他的一贯作风为链式反应理念申请一项或多项专利并要求委任他到英国海军任职时，丘吉尔最器重的科学家林德曼写信给英国海军部表示，根据齐拉的理论得出成果的可能性没准小到1%，但是这位小个子匈牙利人是一位"出色的物理学家"，顺着他不会使政府损失什么。

1933—1934年,3位极有想象力的资深物理学家(卢瑟福、爱因斯坦、玻尔)比林德曼还要轻视齐拉的理论。据罗兹所写,卢瑟福曾经说过,"任何一个人想在原子转化过程中寻找出能源就是在痴人说梦";玻尔在他重新修订的一篇论文中证明这实际上毫无意义,看起来与卢瑟福异曲同工;爱因斯坦也开玩笑说,原子能研究就如同在黑夜里开枪射一只体形娇小且珍稀的鸟。其实这有点奇怪,到了1934年后期,世界上极有想象力的年轻一辈科学家极有可能已经射中了这只最为重要的小鸟,不过没有注意到而已。

从1934年1月开始,意大利的费米(1901—1954)和他的团队在罗马以中子轰击他们能想到的一切——水、锂、铍、硼、碳、氟、铝、铁、硅、磷、氯、钒、铜、砷、银、碲、碘、铬、钡、钠、镁、钛、锌、硒、锑、溴、镧。当他们轰击铀时,中子穿过了原子核并开始改变原子。费米得出结论,他发现了一种此前从未在地球上见到过的新的人造铀后(就是铀以后的)元素。4年后,他部分地因一些人称为他一生中所犯的唯一的一次分析错误而获得了诺贝尔奖。

费米和约翰尼的心智有着许多类似的特征,后来两人又发现了彼此很多有趣的地方。奥本海默一度这样总结费米:"执著于一清二楚,他简直无法容忍云里雾里一团糟。由于事物往往是混乱的,这使他相当活跃。"奥本海默可能认为约翰尼也有同样的特质;约翰尼或许会小声嘀咕,奥本海默总喜欢把问题倒退到诗一般的朦胧状态(比如是否以及怎样威慑苏俄),使战后原子能委员会对他相当恼火。费米像约翰尼一样,政治上趋于保守。虽然费米经常拿墨索里尼(Mussolini)和其他人开玩笑,但在1934年他觉得法西斯主义者不过是跳梁小丑,并不是可怕的怪物。他倾向认为所有的权威形式都相当荒谬;不过根据他的妻子历史学家劳拉·费米所说,与其与之争辩还不如接受它们。1934—

1936年，费米的赞助者是参议员科尔比诺（Orso Corbino），他可能会把费米研究中任何有关军事的信息传递给墨索里尼。

一个让人感兴趣的可能性出现了。如果科尔比诺身边的人认识到费米的铀后研究意味着什么——回想起来，一些物理学家本应该有所认识——墨索里尼虚张声势、效率低下的法西斯军队也许能够在世界上第一个制造原子弹。当时虽不过是只老鼠，可能会因此发出吼声而成为另一番奇异的结果。

1938年，当费米获得诺贝尔奖时，他不再认为墨索里尼只是一个小丑，而是"一个疯子，一个爬向希特勒的唯命是从的人"。墨索里尼已经开始实行反犹太法令，而劳拉·费米正是一个在意大利海军工作的犹太军官的女儿。于是费米一家打算用诺贝尔奖金移民到美国。1938年在斯堪的纳维亚领奖之后，他们踏上圣诞节当天的船于1939年1月2日到达纽约；在那里，费米和记者说"我们正在创立美国一脉的费米家族"。

当费米离开实验室准备移民登船时，核物理学史上最了不起的事件发生了，发生的时间和地点——1938年，希特勒统治下的柏林威廉皇帝研究所——看起来都相当危险。

直至1938年年中，威廉皇帝研究所最活跃的人物依然是60岁的老处女迈特纳（Lise Meitner）。她身材娇小、感情丰富、性格腼腆，是一名以分析见长的实验物理学家（和费米很相像，却不像约翰尼），是那种在今天看来肯定会去慢跑的人。1938年，60岁的迈特纳还会一边思考，一边进行长达16千米的步行。1914—1918年战争期间，当她还在东线任奥匈帝国的X射线技术员时，她就按计划离开并与哈恩（Otto Hahn，时任西线德国毒气军官）同时回到威廉皇帝研究所。战争时期他们的度假计划就是在威廉皇帝研究所并肩工作。

迈特纳和约翰尼一样是犹太人。奥匈帝国时期,她的父母接受洗礼成为基督徒。直至1938年,希特勒政权指称她是外籍(即奥地利)女犹太人,因而得以继续从事她有意义的工作。荒唐的是,1938年德国吞并匈牙利后,她正式成为德国女犹太人。尽管她正在柏林利用中子轰击铀进行着高端实验,盖世太保还是打算拘捕她。哈恩和其他人勇敢地帮助她途经荷兰非法逃往丹麦。在那里,玻尔为她在瑞典安排一份相当不合适的工作。

哈恩回到柏林后,和他的助手斯特拉斯曼(Fritz Strassmann)继续用中子轰击铀。1938年9月,当苏台德危机几乎引发欧洲战争时,他们的实验正进行得有声有色。1939年1月6日,哈恩和斯特拉斯曼发表论文说,他们的轰击实验取得了一些奇怪的结果。在证明阶段之前,实验结果就送给了迈特纳,请她分析它们意味着什么。1938年圣诞节,迈特纳和她的外甥弗里施(Otto Frisch)正为此冥思苦想。1939年1月6日,弗里施把他们的结论送交玻尔。次日凌晨,玻尔将依照前一个夏天约翰尼帮助玻尔作出的安排动身去美国,在高等研究院任职一个学期。

玻尔让人在瑞典至美国的"德罗特宁赫尔姆"号上他的船舱里放一块黑板。尽管当时晕船严重,玻尔和另外一位科学家仍在黑板上不停地工作直至到达目的地。1939年1月16日,当"德罗特宁赫尔姆"号停靠在纽约港时,新移民费米夫妇在码头等候着他们。

玻尔在确认迈特纳和弗里施合著的论文发表之后,把这个消息在美国物理学界传播开来。伽莫夫(George Gamow,1933年逃离苏联)打电话给特勒,生动描述了人们最初的反应:"玻尔疯了,他居然说中子可以分裂铀。"特勒想到了费米在罗马进行的实验所显示的奇怪的放射性,"恍然大悟"。

费米也明白了,不过有些尴尬。他的诺贝尔奖获奖感言1个月前刚刚投递出去,还没来得及印刷。费米匆匆在上面加了一个注脚说,哈恩和斯特拉斯曼的发现"使重新检验铀后元素的所有问题变得很有必要,因为大家会发现它们有可能是铀分裂的结果"。像许多最有能力的物理学家——奥本海默、特勒、维格纳、齐拉(但奇怪的是不包括玻尔)——一样,费米意识到更多的东西。正如罗兹所记述的,费米站在位于纽约一幢摩天大楼的新办公室里,俯瞰整个曼哈顿,手里仿佛抓着一个足球一样,说:"像这样大的一个炸弹就足以使它灰飞烟灭。"

齐拉和约翰尼一样,长久以来认为欧洲会发生一场战争。在战争爆发前一年,他宣布了离开英国前往美国的打算。1938年1月2日,他真的移民来到了美国,表面上做某些癌症疗法的研究,他自然没忘了申请专利。他转而开始研究利用辐射给水果除菌,为此又持有一项专利。但是当时他已经在思考链式反应。

齐拉于1939年1月从维格纳那里得到了玻尔的消息,并很快要求费米"如果裂变中释放出中子,那么应该对德国保密"。由于这个过程是德国人发现的,看起来没什么希望可以守住秘密。因此齐拉开始实施下一个计划,写一封信通过爱因斯坦转交给罗斯福,敦促总统开展让原子弹诞生在美国的研究计划。由于齐拉不会开车,所以维格纳(库珀尔教会他开车)和特勒("我作为齐拉的司机被载入历史")各开车一次送他去拜访爱因斯坦。这三个人——齐拉、维格纳和特勒——被称为"匈牙利帮"。爱因斯坦晚年时称,向罗斯福建议制造原子弹是"他一生中最大的错误"。

这一次爱因斯坦高估了自己的影响。罗斯福把这个问题委托给一个由布里格斯(Lyman J. Briggs)博士负责的委员会;布里格斯博士认为这个问题听起来非常令人担心和极其机密,只应该让极少数人知晓。他几乎把所有交给他的资料都锁在保险柜里。

1939年9月,英国正处于战争期间,且状况堪忧。弗里施离开他的姨妈来到英国，在伯明翰大学与杰出的派尔斯（Rudolf Peierls）合作。他们名义上还是德国人，因此是敌国侨民。这两个人在计算，如果能从普通的铀-238中分离出一个像高尔夫球大小的铀-235会怎样，如果存在高速中子分裂会怎样。他们的答案是，在几百万分之一秒内可能会创造出比地心——在这里，铁呈液态流动，孕育着超出任何想象的爆炸能量——还要大的压力。他们在报告中向英国权威机构建议，这种可以赢得胜利的武器是可以制造出来的，生产的成本与战争的代价相比简直微不足道，不管这个代价由希特勒的德国（当时可能毁灭人类文明）承担还是由英国（当时可能挽救人类文明）承担。

1940年4月，德军攻占了丹麦并俘虏了玻尔——当时他本来正在斯堪的纳维亚的其他地方演讲，但觉得应该返回纳粹占领的哥本哈根销毁许多资料。弗里施的姨妈迈特纳在瑞典发到英国的那封著名的电报上面写道："最近见到尼尔斯和玛格利特[玻尔夫妇]，他们都很好，但对于这些事件很不高兴，请通知考克饶夫[Cockroft，英国核科学家]和莫德·雷·肯特（Maud Ray Kent）。""Maud Ray Kent"是什么意思？英国人认为这是"radyum taken"字母易位后构成的，用来警告他们：德国人正迅速研发原子弹。纳粹或许就是因此占领了玻尔所在的哥本哈根，而且夺取挪威及其重水。

家在南方肯特的莫德·雷小姐是玻尔孩子的前英语家庭教师，没人联系过她，因为那个时候没有人听说过她。但是现在她已被载入史册，因为那些调查核前景的英国科学家为了对迈特纳据称是天才的字母易位表示敬意，将他们的团队命名为莫德委员会。

林德曼向丘吉尔概括了莫德委员会的报告："研究这些问题的人认为两年内成败的概率是10:1。不管多少钱我都不愿意打赌说概率最多是2:1，但我非常清楚我们必须前进。如果我们在战争中输给了德国就不可原谅了。"那个星期，丘吉尔处境危险，德国正在对英国实行闪电轰炸。批示时，丘吉尔依然口出狂言："尽管我个人对目前的炸药相当满意，但我觉得我们不应该阻挡改进之路，因此我认为应当按照彻韦尔爵士[林德曼]的提议采取行动。"

实际上，英国并没有财力创造和制作原子弹，因此他们作出了正确的决定：将莫德委员会所有的备忘录和报告送给华盛顿特区的布里格斯——据信他被罗斯福委任可能负责制造这种炸弹的项目。然而杳无回音，英国人很是奇怪。1941年8月，奥利芬特（Mark Oliphant）博士——派尔斯和弗里施在伯明翰大学名义上的上级领导，被派往美国查询原因。他回忆道："我拜访了华盛顿的布里格斯，结果发现这个善于辞令、才智平平的人居然把所有的报告都锁在保险柜里，根本就没给委员会成员看过。"

奥利芬特跑遍了美国的科学研究机构，逢人便讲莫德委员会的要旨（可能对有些人不应该泄露）。他首先说服了伯克利的劳伦斯（Ernest Lawrence），取得了突破性的进展。也是在伯克利，在劳伦斯的回旋加速器等研究中，奥利芬特发现了美国巨大的财力，他相信原子弹由美国制造更为合适。1941年末，劳伦斯费尽口舌说服美国其他科学研究机构的组织者。一旦说服了他们，美国当时杰出的物理学界就会进展神速。政府委员会有名无实，这种情况在美国屡见不鲜。1941年10月9日，万尼瓦尔·布什博士把莫德报告递交给罗斯福总统（如果身在肯特的莫德·雷知道了会多么惊奇呀）。布什获得总统授权在美国开始了当时、也是世界史上最昂贵的科学项目：决定美国是否有能力生产原子弹。在美国还未参战时，罗斯福总统未听取国会意见就作出了花费20亿美元的决定。罗斯福发现，即使纳粹赢得了欧洲战争（在1941年10月看起来可能性依然很大），美国同样需要一种武器保持世界政治平衡。布什很快召集相关科学家在华盛顿开会，时间是1941年12月的第一个星期六。

第二天，日本突袭珍珠港。

在这个早期阶段，约翰尼还未加入原子弹计划，尽管他的三位匈牙利同胞（维格纳、齐拉和特勒）已经为之工作了。约翰尼没有参加的一个原因是，当时人们认为这是一个物理学家而非数学家的项目；另外一个原因是，陆军和海军都把约翰尼当作科学资源，认为不应该让他因其他事情分神；第三个可能原因是，战争的头几个星期布什和高等研究院之间处境尴尬。1941年12月中旬——在战争的头两个星期和原子弹计划开始的头一个月，布什要求高等研究院院长艾德洛特派出最闪亮的明星参与。爱因斯坦是否可以参与从化学上等同的同位素中可能分离铀-235的相关计算？两天之后，艾德洛特寄回了有悖于爱因斯坦和艾德洛特和平主义信仰初衷的爱因斯坦措辞热情的答复：

> 爱因斯坦告诉我，如果这个问题还有其他方面需要他研究……他将很高兴尽力而为。我真诚地希望您不要客气，因为我知道能为国家效力他会多么满足。希望您能认出他的笔迹。为保密起见，不论是我还是他，都不希望这个手稿被其他人随意复制。

1941年12月30日，布什写信给艾德洛特，言辞略带尴尬地说，他将不再派更多的任务，因为"假如让爱因斯坦全面接触这个问题，我完全不能肯定，他会以应当不讨论的方式不讨论它"。布什倒是愿意告诉爱因斯坦一切，但是，"根据研究过爱因斯坦的全部历史的华盛顿人士的态度来看，这完全不可能"。遭到这样的冷遇，艾德洛特心里当然不是滋味，高等研究院在1943年中期约翰尼应召加盟之前在原子弹研制过程中所起到的作用并不像人们想象得那么重要。

1943年7月，约翰尼从英国归来的第一封信是自华盛顿特区科斯莫斯俱乐部写给乌拉姆的。他告诉乌拉姆："我过着奢侈的、妓女一般的生活,不知道自己应该一女侍二夫还是一女侍三夫。"所谓的一女侍二夫是指陆军军械局和海军军械局,两边都希望他专职研究在英国所学的爆炸波问题。他原本打算在陆军和海军都做专职,同时每周在普林斯顿还可以待上两天。

出现了一女侍三夫的尴尬局面是因为现在约翰尼被告知:由于他在高端爆炸方面的专门知识,西南部一个神秘的地方(实际上是洛斯阿拉莫斯)邀请他做顾问。这一次调动在其他人看来就是身兼四职,而且都是全职(海军军械局、陆军军械局、洛斯阿拉莫斯和普林斯顿)。大家原本以礼相待,如今变得有点紧张。1943年9月,他再一次给乌拉姆写了一封"地址不详"且颇为歉疚的信:"自从我从英国回来,每个星期都要辗转三四个不同的地方。现在我在西南部[实际上他在洛斯阿拉莫斯]……圣诞节前可能还要去一趟英国……何时去、待多久我也不清楚……没办法及时回信实在失礼。"

本传记无法回避的一个问题是,1943—1945年约翰尼对洛斯阿拉莫斯的两颗原子弹的贡献到底有多大;另外两个问题是,约翰尼如何适应当地奇特的管理方式(格罗夫斯与奥本海默)和学术氛围(举办左倾的研讨会讨论如何毁灭世界)。首先讨论后两个问题容易一些。

约翰尼在政治上和洛斯阿拉莫斯的大部分人士意见相左,但是他喜欢战时的学术氛围。他和大多数战时的风云人物十分合拍。对这段时期,劳拉·费米写道:"冯·诺伊曼博士是我没有听到过任何批评的极少数人之一。那么多沉着冷静的人、那么多知识分子会聚集在一个并无突出外表的人周围,这是令人惊讶的。"对格罗夫斯和奥本海默,约翰尼同样安之若素。

1942年9月,42岁的陆军准将格罗夫斯被任命为原子弹计划的军事指挥。阿尔瓦雷茨（Louis Alvarez）对他的评价最贴切："除了他的亲密合作者之外，几乎所有人都打心眼里讨厌他。奥本海默和劳伦斯告诉过我他们是多么尊敬他。"后来约翰尼也成了格罗夫斯的拥护者之一。格罗夫斯虽然是军人，但也不是十分刻板，只是受不了齐拉（没有几个人受得了他）。

虽然许多内部人士都期待诺贝尔奖获得者劳伦斯领导洛斯阿拉莫斯实验室，格罗夫斯却选择了奥本海默——这是他最大胆的第一个决定。格罗夫斯这样解释他的选择："尽管劳伦斯非常聪明，但他不是天才，只是工作认真努力，而奥本海默是真正的天才……无所不知……无所不能……这么说不太确切……他对体育运动一无所知。"这番话显示了为什么聪明人欣赏他而浅薄的人认为他高傲自大又极端保守。

格罗夫斯选择了奥本海默使军事情报部门的监察人员烦恼不安。他们被告知（总体来说是恰当的）奥皮（Oppie）*是管理美国最机密、最重要的项目的最佳人选，他善于挑选人才，善于指导下一步工作。后来，一位伟大的历史学家称奥皮是"他那个时代最有魅力、最具权威、最受崇拜的理论物理学导师"，他的学生"热衷模仿他的言谈举止，甚至步态"。

当安全部门工作人员编撰奥本海默的档案时，他们才发现年轻时的奥本海默非常情绪化，几次试图自杀。他最亲近的亲人和他所选择的伴侣似乎在斯大林最恐怖的统治时期都加入过共产党。这些曾经加入共产党的人包括奥本海默的第一个未婚妻［琼·塔特洛克（Jean Tatlock）］，他酗酒的妻子基蒂（Kitty）及其前夫以及他的哥哥和姐夫，还有他非法隐瞒的一位同事。反复无常却十分美丽的塔特洛克在1943年很有可能还是一名共产党员，而奥本海默任洛斯阿拉莫斯主任期间至

---

* 奥皮是奥本海默的昵称。——译者

少和她共度过一个消魂之夜。1944年塔特洛克自杀前不久,负责监视的安全特工对此报告得相当淫秽。

约翰尼认为,奥本海默的政治信仰和经济信仰都不科学,因此令人遗憾(可怜的家伙)。战后,他反对任命奥皮做高等研究院的院长。同时期的人士回忆说,在普林斯顿时,两个人老死不相往来。但是,约翰尼总是热情认可奥本海默的战时成就,包括战后奥皮的迫害者,如约翰尼的朋友斯特劳斯也是如此。约翰尼坚持说:"洛斯阿拉莫斯时期的奥本海默真的很伟大,如果在英国他会被封为伯爵。那么,假使他的裤子门襟开了,人家会说——瞧,那是伯爵派头;而在战后美国,我们会说——瞧,他的裤子门襟开了。"

贝特认为,在洛斯阿拉莫斯,约翰尼是超人般的聪明人,奥本海默是理想的领导者。贝特说(约翰尼也同意),1943—1945年,洛斯阿拉莫斯的领导者的主要作用不在于"技术上的贡献。领导者要做的是把这群学术明星组织在一起,了解正在进行的所有技术工作,令他们彼此协调,为可能出现的不同发展方向把舵。我还没见过谁能像奥本海默那样出色地完成这些使命"。

1942年年末,格罗夫斯和奥本海默选择的恰当环境使贝特和约翰尼十分舒心。奥本海默很久以前就说过,他的两个最爱是物理学和旷野。他把两者合二为———出于1943—1945年的机密考虑——说服格罗夫斯买下洛斯阿拉莫斯农场学校。这个学校的创建初衷是培养男子汉,男孩子们一年四季穿着短裤,可以在冬天气温低于−5℃、夏季气温高过32℃的户外参加活动。

在1943年初军事接管后,廉价的、军营一般的建筑在洛斯阿拉莫斯迅速建成。奥本海默跑遍美国的大学说服顶级科学家来到这里。富于使命感的知识分子几乎一下子就带来了文明之光——他们往往如此。今天(1992年),6名顶级的战时和战后不久加入的团队成员退休后就生活在洛斯阿拉莫斯或附近。尽管这里不像家一般舒适，但是约翰尼觉得这里的气氛是他一生中最令人兴奋的。

原因不难看出。1943年约翰尼被任命为洛斯阿拉莫斯顾问时，最伟大的科学天才汇聚在这块高地上，参与历史上最为昂贵的科学项目。由于一个历史误会，玻尔尚在途中。

1940年丹麦沦陷后，玻尔避免和大多数德国侵略者接触。他和英勇的抵抗组织关系更加密切。但在1941年年末，他从前的德国学生海森伯请求他"像过去那样"聚一聚。他们一起散步时，海森伯谈到了铀弹的可能性，甚至还给了玻尔一张实验重水反应器的草图。玻尔惶恐不安地担心这意味着希特勒德国可能会在战争结束前研制出原子弹。

其后不久，海森伯的确向希特勒装备部长斯佩尔（Albert Speer）的同僚们汇报说，一个菠萝般大小的铀弹可以摧毁整个城市；哈恩也出席了那次会议。但是当斯佩尔把这个观点转达给希特勒时，元首并不热衷投入大量钱财搞"犹太物理"。斯佩尔在自传里说："对我所提出的问题——成功的核裂变是否有绝对把握或可能继续控制链式反应，海森伯教授并没有给我最终答复。很明显，希特勒不愿意看到他统治的地球变成一个燃烧的星球。"

然而，玻尔并不知道希特勒的反应。他也不知道海森伯的重水图甚至还达不到1942年时美国的核技术水平。玻尔忧心忡忡不知道该不该把这个消息带给英美。他一辈子就是这样，一旦需要作出重大决定时，就会举棋不定。假如离开纳粹占领的欧洲去往一个敌对国家，他还怕他的一些朋友会遭到血腥而卑鄙的报复。因此，直到1943年10月玻尔才乘一艘渔船逃到邻近的瑞典，然后乘皇家空军蚊式飞机到了英国，最后乘船来到了洛斯阿拉莫斯。玻尔的到来恰逢新一轮扩编，约翰尼也是同期于1943年9月来到Y基地*的。

---

* Y基地，即"曼哈顿计划"在洛斯阿拉莫斯的工作据点的代号。——译者

一批英国科学家——包括约翰尼在英国的朋友彭尼,还有派尔斯和弗里施——大约同时受到邀请。当时在苏格兰爱丁堡工作的哥廷根物理学老教授玻恩也收到邀请函。玻恩决定不参加战争工作,但是他在爱丁堡的一个实验团队成员加入了上述一行。他的名字叫富克斯,是在洛斯阿拉莫斯工作的忠诚的苏联间谍*。

1943—1944年冬天,在洛斯阿拉莫斯工作的科学家的普遍心情是:(1)我们发明具有巨大杀伤力的炸弹是某种犯罪;(2)但是我们不得已而为之,不然纳粹德国就会抢先一步;(3)因此战后我们必须努力使这些武器国际化(这成了美国的官方政策)。而私下里,约翰尼一点也不同意这些"'好人的'看法"。

约翰尼一点都不怀疑武器的杀伤力会越来越强。杀伤力是战争中人们的目的所在。在20世纪20年代量子力学(原子物理学)出现之后,他就预见到"杀人的效率可以获得一种'量子跃迁'"。目前这场从1939年开始、不知何时结束的战争会促使原子弹的发明。特勒早在1942年就绘制出轮廓的氢弹(在约翰尼看来十分可信)将会有助于(幸运的话)威慑下一场战争的来临。

约翰尼甚至在研制早期对核辐射造成的死亡就似乎冷酷无情。他自己的生命结局也与此有关。1955年,51岁的约翰尼被发现身患癌症,这和他1946年参加比基尼岛核试验不无关系。按照计算,广岛的日本人罹患癌症的概率不超过1%;基于此,比基尼岛的防护措施确保观察者遭受到的辐射远没有那么严重。但是约翰尼和其他伟大的科学家一样在当时低估了风险。1954年,当约翰尼伟大的朋友、时年53岁的费米死于很可能是由辐射引发的癌症时,他惊呆了;20世纪30年代,

---

* 参见《鹰首飞狮——"二战"中最大的间谍英雄》,阿诺德·克拉米什著,高蕴华译,上海科技教育出版社,2008年。——译者

费米在意大利进行核轰击实验时没有恰当的防护措施。1953年,苏联的一场核试验刚刚结束后,萨哈罗夫和马雷舍夫(Vyacheslav Malyshev)在现场附近走动评估试验结果。1954年,马雷舍夫因患白血病去世,萨哈罗夫认为与此有关;35年后萨哈罗夫也身患绝症,可能也源于此。

对于这些人的离世,尤其是他本人的离世,约翰尼如果泉下有知一定会非常遗憾。然而既然原子弹可以制造出来,无论是继续坚持无知还是依赖独裁者的好意,在约翰尼看来都是不足取的。此前的大多数科学进步,从蒸汽动力和工业化到汽车,都会发生事故使人丧生。然而这些进步帮助人类逃离了不能流动、低生产力、专政和过早死亡,从而丰富和拓展了更多的人类活动。约翰尼认为核动力也能做到这些。假以政治上的冷静和恰当的商业优惠(自1945年以来这两方面做得都不够),他认为核时代意味着储存于物质内部的廉价能量最终会释放出来。

遗憾的是,在洛斯阿拉莫斯,这种能量的释放首先用于策划每花费一美元如何可以最大限度消灭更多的日本人。但是此时,日本人正在谈论用"100万人的光荣牺牲"抵抗侵略。日本将军们命令日本士兵牺牲前每人要消灭10名美国战士。日本运用常规武器可能造成的盟军(主要是美军)的阵亡人数之众相当于法国在1914—1918年整场战争期间牺牲的总人数。原子弹可以结束太平洋战争,而不必流那么多鲜血。

假如战争在以后升级为氢弹大战,即使是约翰尼也无法找到类似的安慰了。然而这使他得出了另一个结论:如果自由国家实施威慑理念,恐怖的现代武器能使独裁者闻风丧胆,不敢发动战争。在其著作《博弈论》(参见第十一章)中,约翰尼希望他已经开始科学地发展这个理念。

约翰尼不像他那些乐观的同事那样自欺欺人,他预见到联合国那些数不清的委员会无法完成威慑的使命。善于逻辑思维的约翰尼觉得，摆在他这一代人面前的唯一出路是缔造美国强权之下的世界和平。幸运的是，1943年年末，他自信美国会先于"我们的两大敌人之一"（德国或苏联）研制出原子弹。他并没有低估德国科学家（如海森伯）的效率，但是希特勒在残杀犹太人之后，很明显已经没有足够的资源了。到了1943年，德国几乎每天都遭受空中照相侦察，一个像洛斯阿拉莫斯一样巨大的项目会被探查到并立即被铲除。

1943年9月约翰尼来到洛斯阿拉莫斯时，他认为不管怎么说，欧洲战争都很有可能正在进入最后一年。他在英国待过，因此确认盟国会在1944年光复法国，他也期待着类似1944年7月20日德国军官起义的事件再次发生。1943年9月，约翰尼写信给乌拉姆以回应乌拉姆更加乐观的估计，约翰尼写道："我依旧认为，德国会坚持到1944年——春天前，政治垮台有10%的可能性，夏天或秋天很有可能彻底完蛋。我认为苏联不会和德国讲和，除非德国境内爆发一场革命。但是我对美苏关系的看法是100%悲观。"在对苏联"100%悲观"中的数字"100"前，约翰尼加了一个"≪"（远小于）这样一个数学符号。约翰尼从来都喜欢使用数学符号。乌拉姆的妻子弗朗索瓦丝（Francoise）第一次怀孕时，约翰尼信的结尾是"代表我们全家问候你们二人还有那 $1/2^2$ 未知数"。

在洛斯阿拉莫斯，并不是所有人都像约翰尼那样对斯大林领导的苏联抱悲观态度。但是，他下定决心不参与这类政治讨论。早在1943年，约翰尼就认为几乎一切信息都有可能泄露给苏联人，尽管泄密者很有可能从不谈论共产主义。到了1945年，这个项目在洛斯阿拉莫斯以及其他地方共有10 000人参与，苏联肯定已经渗透了许多间谍，就算没有其他人，也可以通过建筑工人。

约翰尼参与洛斯阿拉莫斯的社交活动，和大家打扑克往往输牌。他刚刚发表了鸿篇巨著，谈论如何赢得游戏，如扑克（参见第十一章），但实际上他并不擅长这类游戏。他总是一边玩着，一边脑袋里琢磨着好几桩别的事儿。

星期天时,贝特和费米组织散步,有时也去登山。约翰尼对于后者一点都不感兴趣。他假惺惺地说:"如果附近有一座3000米高的山没有人登上去过,我倒愿意考虑去试一试。散步就像搞物理,很多人都去过的地方,你们还去干什么?"有一次,约翰尼倒是参加了星期天登山远足,依旧身着正装——在洛斯阿拉莫斯除了约翰尼之外大家都穿随意的西部服饰。乌拉姆比约翰尼还要讨厌登山。他被约翰尼拉进洛斯阿拉莫斯之后,在闲来无事的星期天,往往不请自到,和其他同事(用约翰尼的话说)"谈这谈那,就是不谈正事"。那天约翰尼要去,乌拉姆没人说话,只好加入了第一次远足。上山的路才走了不到200米,乌拉姆就停了下来。洛斯阿拉莫斯的这个地方直到今天都被称为"乌拉姆的歇脚点"。

约翰尼刚开始去西部时,一次在芝加哥联邦火车站换车,乌拉姆被要求去接他。约翰尼身边两个大猩猩似的保安给乌拉姆留下了深刻印象,这说明这位普林斯顿的数学家如今已经是国宝级人物了。约翰尼只能说西部工程项目可能有一个重要的战时职位。乌拉姆回答说,他对工程一窍不通——实际上两人当时正对着陶瓷小便池,乌拉姆比划着说——他"甚至搞不清楚这种便池是如何冲水的,只知道是通过某些自催化效应"。"自催化"是指通过一种本身不发生永久变化的物质的参与而完成的化学反应,这个词在原子弹研制的某些过程中是核心词汇,因此大猩猩们有可能怀疑这是一种泄密。但是,1943年约翰尼写信给乌拉姆说:"很高兴,休斯(Hughes)先生以及相关人员最终同意了。"休斯先生是洛斯阿拉莫斯的人事长官。

召入乌拉姆,是约翰尼对原子弹作出的两大贡献之一:一是找到了帮助洛斯阿拉莫斯数学化的捷径,二是爆聚炸弹。首先考虑数学化的问题。

不过分夸大约翰尼在第一颗原子弹研制过程中所起到的作用是非常重要的。一位读过本章第一稿的智者说:"他作出了许多贡献,但是没有那么大。"约翰尼依然是美国物理学家最尊敬的数学家。正当伟大的物理学家的实验室急需更为简练的数学知识时,约翰尼到了。大多数物理学家已经习惯于做实验,但是如何炸毁地球这样的实验可不好做。因此,约翰尼是洛斯阿拉莫斯发明现代数学模式的团队成员。他表明,炸药和许多其他事物一样,可以用数字代表实验中的物理元素,如果处理得当,这些数字能够构成整个实验。今天,我们不用通过建两座桥、然后观察哪一座不坍塌来确定哪一种桥最坚固。我们在计算机上把整个过程制作出来,我们也是通过计算机计算,使飞往月球的人员到达的地点与预计着陆地点的误差仅在几米之内。

1943年,洛斯阿拉莫斯的科学家需要这种数学建模。他们不能说:"让我们看看这种核爆炸是否威力最大——哎呀!"约翰尼是与他们合作的恰当人选。戈德斯坦后来这样评述个中原委:"冯·诺伊曼不像其他应用数学家只是解决物理学家交给他们的问题,他不仅构思数学公式,还会追溯到基本现象并考虑如何使之理想化。他拥有真正了不起的能力,能够以闪电般的速度在大脑中做复杂运算……特别……会利用心算做粗略的数量级估算。"

洛斯阿拉莫斯的原子弹研制工作需要许多粗略的数量级估算,有高水平的(引入新概念),也有较低水平的(节约不必要的工作时间,及时完成原子弹的研制)。实际上那里有不少人非常擅长估算数量级[贝特、费恩曼、特勒和韦斯科普夫(Weisskopf)],约翰尼的强项在于掌握聪明人的大胆思想并超越他们。

洛斯阿拉莫斯理论部主任贝特给我讲述了约翰尼在高官中的作用,他说:"约翰尼在解决一般性问题时也十分睿智,他在洛斯阿拉莫斯仅仅通过讲解就教了我许多数学知识。我解不出来的某些微分方程他总能解出;请教他一点也不令人尴尬,他只是坐下来然后解出来。"这些问题包括马赫反射、黏性引起的复杂问题以及物质密度压缩产生的问题。

一个研究生向我解释了约翰尼对基础研究工作的效用:"冯·诺伊曼博士走出房间时,立即被那些在某些计算中出了问题的人围得里三层外三层,在人群的簇拥下他只能沿着狭窄的通道走。当他到了下场会议的房间门口时,他很可能已经有了答案或解决的捷径。"

1943年年末,在洛斯阿拉莫斯,大部分的计算还是在台式计算器上进行。1944年4月,米切尔(Dana Mitchell)安排理论部配备IBM穿孔卡片分类机,这是计算机出现前的倒数第三步。洛斯阿拉莫斯上了年纪的工作人员说,这些分类机给约翰尼留下了深刻的印象,他立即开始思索如何改进它们。很显然,米切尔和ENIAC(电子离散变量自动计算机)的埃克特(J. Presper Eckert)有一些联系。这也有助于解释为什么约翰尼第一次看到ENIAC时那么热情地跳了起来。如果真是那样,这改变了世界。

1922年春天,乌拉姆坐在穿孔卡片分类机的中间。乌拉姆在自传里有关1944—1945年的那一部分说,这种新型的半技术产品非常重要,他很有可能是对的。1944年年中,洛斯阿拉莫斯的主要工作是计算爆聚的进程。约翰尼和其他人绞尽脑汁试图解决这个问题,但是他们灵便的捷径和理论上的简化有时会失灵。乌拉姆说,约翰尼并不"热衷于猜测在给定的物理情况下会发生些什么"。乌拉姆觉得,有时解决一个问题就得需要"一根拗筋、一点蛮力,也就是更为现实的、大量的数字工作"。

随着穿孔卡片分类机的到来,这些说法仿佛应验了。在我们开始讲述下一段故事之前,有必要记住——约翰尼帮助研制了"胖子"(或称爆聚弹、钚弹、长崎原子弹)的透镜,究竟在多大程度上缩短了对日战争。

铀-235和钚这两种可裂变物质正在为洛斯阿拉莫斯制造。当这种可裂变物质超过临界质量(约几十千克)并聚集成块时,原子爆炸就会发生。在早期实验中,使用所谓的大炮法,铀-235炸弹显然会取得成功。这种方法是,一块铀-235用类似大炮的装置射入另外一块铀-235的空腔中,那么两块就会一起爆炸。贝特对我说,其中所涉及的物理原理"很快变得近乎平凡"。

但是铀-235需要一个原子、一个原子地分离,这是难关所在。即使1945年夏天制成的一枚原子弹在日本上空爆炸后,日本科学家也会告诉他们的军队,另外一枚原子弹要经过很长时间才能制造成功。他们很有可能就是这样向他们的军方解释的,这也就是为什么1945年8月6日广岛遭原子弹轰炸后日本并没有马上投降,而是一直等到8月9日长崎再次遭到原子弹轰炸后才宣布投降。投到长崎的钚弹本可以更快地完成,因为钚更容易获取——通过化学方法就可以分离成功;而铀-235则不行,因为铀的同位素在化学性质上是一样的。炸毁长崎的日期之所以定在1945年8月9日,是因为另外一枚钚弹可以在8月完成,9月可以再生产3枚,随着生产速度的提高,到了12月就可以在一个月内生产7枚。

约翰尼来到洛斯阿拉莫斯时,出现的一个难题是,大炮法不适用于钚。如果按所需的每秒915米的速度,把一块钚射入另外一块钚的空腔中,钚弹头和它的靶尚未结合之际就融化失效了。由于制造出钚弹才能让世人相信新型杀伤性武器面世了(获取钚比铀-235更为迅速),1944年7月,无计可施的奥本海默情急之下差一点辞去洛斯阿拉莫斯主任之职。他下令终止用于钚弹的大炮法研究。他裁定"赋予爆聚研究绝对优先地位"。

爆聚法或挤压法就是一大团高效炸药裹住一小块未临界的钚——

所以才有了"胖子炸弹"这样一个浑名。在高效炸药的外表面同时点燃所有爆破点,产生的向内的冲击波使钚遭到挤压,密度加大,超过临界状态并发生爆炸。

1943年9月,约翰尼首次来到洛斯阿拉莫斯,抵达的第一个晚上就参与了爆聚讨论。特勒请他吃晚饭,两人交流了各自有关爆聚的专业知识。他们互相补充,充满希望。

当时,洛斯阿拉莫斯的爆聚实验由加州理工学院的内德梅耶(Seth Neddermeyer)主持。内德梅耶提出了这个想法,奥本海默和大多数人(特勒除外)觉得实在不算高明;就连费米都说,你没办法把钚挤成一个更小的球,那样,钚会四处喷溅,就像你试图用双手把水挤成一个球一样。约翰尼在研究锥孔装药时就成了一位爆聚专家。1943年9月,他第一次来到洛斯阿拉莫斯之后,便立即和哈佛大学化学教授基斯佳科夫斯基讨论爆聚的可能性。很快,他们得出一致的意见:爆聚可行。当月,约翰尼和特勒联合向奥本海默提议:"加紧爆聚研究。"

一开始,内德梅耶很高兴获得约翰尼的支持。他认为约翰尼是这方面的天才,尽管他还有一点防范之心。后来他说,约翰尼"被普遍认为开创了大规模压缩学。但我此前就对此有所了解并首次加以实践,冯·诺伊曼使之复杂化"。实际上,这恰恰再一次证明约翰尼善于掌握别人的工作,而后远远把他们甩在后面。爆聚的想法似乎始于托尔曼(Richard Tolman)——塞尔伯(Robert Serber)为其助手,内德梅耶听过有关讲座。约翰尼的计算表明,"胖子"会很重但仍可以用飞机运载。最后投到长崎的原子弹"是一个带着尾鳍的巨型卵形,长2.7米多一点,最胖的地方直径也不到1.5米"。内德梅耶按照约翰尼建议的更为复杂的方法继续研究,然而一开始似乎并不灵验。当他点燃外表面时,高效炸药炸在最终将为钚所代替的金属圆柱体上,但是频闪照片显示爆炸射流行进在主体之前。1943年初冬,爆聚图片"参差不齐,看起来就像阿尔卑斯山的模型"。

奥本海默决定为内德梅耶增派人手,从哈佛大学调来了心有不愿的基斯佳科夫斯基。这造成了一些个人问题。军械局主任、海军上校(后升为上将)帕森斯(Deke Parsons)和内德梅耶一向不和——帕森斯希望他的部门管理稍微带一点军事化,内德梅耶当然不愿意。到了1944年1月,在大部分问题上,帕森斯和内德梅耶都意见相左。1月过后,他们就一件事情取得一致意见——他们谁都不要基斯佳科夫斯基来搅合。同时,贝特和特勒之间也在酝酿着争执。贝特说:

> 内德梅耶一提出爆聚方法,特勒就鼓吹整个实验室都应该把主要的力量用于爆聚研发上。1944年,有关这个问题的所有理论工作都交由特勒负责。特勒作出了两个主要的贡献:首先,他提议应当把原子弹内部的裂变物质压缩到高于正常密度;然后,与其他人合作计算出成功爆聚可能产生的高度压缩物质的状态方程。但是,他谢绝负责详细计算爆聚的小组工作。

贝特后来抱怨,特勒"希望花费很长的时间讨论他发明的组装原子弹的其他方案,或讨论我们主要的设计一旦失败可能产生的种种遥远的可能性。他希望看到这个项目搞得如同理论物理研讨会一样花费了大量的时间讨论,而对实验室的主线研究几乎不做实质性的工作。其他人都觉得自己有一项极其重要的工作等着要做,这种掣肘真是令人生厌"。

在这段时间,约翰尼表现出与任何人和睦共处的能力。当有人要和他议论人事时,他总是话题一转,谈论手头的工作。在特勒和贝特不和之后,实验室需要召入新的科学家,爆聚研究就落在了刚刚抵达洛斯阿拉莫斯的英国人肩上。其中一个不幸的家伙是富克斯;另一个是还算开心的高个子怪人塔克(James Tuck)，他讲话拖着英国腔，逗得约翰尼直想笑。正是塔克建议使用"爆聚透镜"的。这意味着钚核周围的外面一层高效炸药应当迅速燃烧，里面一层——透镜向内所指的稍薄的一端——将缓慢燃烧。这样，其余的冲击波就可以赶上。在击中钚之前的最后阶段，整个冲击波将再次加速。类比是：用光学透镜（如放大镜）把光导向一个焦点，到达稍厚一些中心的光比抵达稍薄一端的光程较长。

贝特和约翰尼一下子喜欢上了塔克的主意，两个人都开始着手设计这样的透镜。贝特以其一贯简洁、谦逊的方式对我说："我失败了，约翰尼成功了。"贝特在接受罗兹的采访时说，1943—1944年冬天，约翰尼"很快设计出一个装置，从理论的角度讲很明显是正确的"。1944年6月，已经被奥本海默提升到内德梅耶位置之上的基斯佳科夫斯基，用了几个月的时间把这个理论转化成实践。

经过开始的几次失望之后，第一批真正令人满意的透镜在1944年12月投入使用。1945年3月，奥本海默暂停了透镜设计研究，启用接近约翰尼提出的系统，附加条款是：不管钚有多么稀缺，在启动"胖子"作为针对日本的武器之前，必须在新墨西哥进行一次试验性爆炸。使用铀为原料、运用大炮法引爆的"小男孩"很显然会成功爆炸，并在制作完成后将投向广岛。但是在那个阶段，没有人能够确定，约翰尼智慧的大脑设计出来的奇异的透镜到底会不会灵验。

爆聚小组至少有一位专家认为它们能行。富克斯火速把约翰尼设计的透镜的种种细节转到苏联人的手中——这是审判他时的主要罪状之一。1945年5月德国投降时，爆聚炸弹取得最后的突破，看来准备就绪可以进行试验性爆炸。1945年6月6日，约翰尼给乌拉姆的信表明，他认为在最后阶段的一个问题是乌拉姆的数学而不是一些争执不休的物理学家作出了最大的贡献："当我听说物理学向集合论无条件投降时,特别高兴。我认为独特的问题就应该有独特的解决方法才对。尽管Y基地知识界鱼龙混杂,而你几乎可说是这个想法之父。"

两个炸弹现在都有可能成功。在洛斯阿拉莫斯,约翰尼成了投掷高度以及其他有关运载数学的主要计算者,因而他成为决定送哪4个日本城市上西天的华盛顿目标委员会的成员。时至今日,在国会图书馆还能够找到5月10日(在洛斯阿拉莫斯举行的)目标委员会评议时约翰尼所做的非同寻常的笔记。这些笔记显示了约翰尼极其冷静、有条不紊的思维。

当天早上的会议要讨论11个议题。约翰尼显然是根据奥本海默制定的议事日程把它们一一列了出来。对他来说无疑是重要的问题,他都用数字或波浪线在一旁作出标示。这些议题是:(1)爆震的高度;(2)天气和操作报告;(3)小部件的投弃和着陆;(4)目标的等级;(5)目标选择的心理因素;(6)针对军事目标的使用;(7)辐射效果;(8)协同空中行动;(9)演习;(10)飞机安全的运行设备;(11)与第21项计划协同(美国第21项轰炸机指令是向日本投掷常规炸弹)。

约翰尼发言的第一个问题是爆震高度(他自己做了笔记,以便和贝特、维格纳进行对照)。在他的笔记中有两个表格,数字之间以及他满意的地方标有箭头。约翰尼的提议是,尽管每一个目标都可以有建议高度,但是高度略低比略高要好。假如爆震高度高于建议高度14%,造成的损失将减少24%;即使爆震高度低于建议高度40%——实际上这种情况不太可能发生,也不会造成如此程度的损失减少。恰当的推迟和导火装置被制成表格,尽管当时还没有人认识到这枚原子弹的爆炸威力有多大。大多数专家依旧判定,广岛上空的"小男孩"的爆炸威力介乎5000—20 000吨TNT之间——实际证明相当于12 500吨。但是杜鲁门还没等全部信息收回,就报告说相当于20 000吨。没有人知道"胖子"大概的威力,但是"三一"试验提供的信息就会使真相大白。

约翰尼在那天早上讨论的其他问题旁也打了勾,还有最终通过的数字和标记。当天下午的会议开始进行目标推荐。空军列出了使用普通炸弹他们意欲袭击的目标,建议适于投掷原子弹的6个目标分别为:(1)京都,(2)广岛,(3)横滨,(4)东京的皇宫,(5)小仓军械库,(6)新潟。

第二组可能的目标由情报部门提出。约翰尼对于每一个目标的笔记清楚地显示,他认为空军的提议更好。情报人员低估了原子弹的威力,它可能摧毁整座城市而不是个别工厂。约翰尼用希腊字母表示自己不敢苟同,并在这些原子弹投掷目标旁写出建议:八幡钢铁厂("21更喜欢使用穿透性炸弹"),东京浅野造船厂("21可以将之烧毁"),东京飞机架构厂旁("同……一样",他使用了与浅野旁边一样的符号),东京卷钢厂(符号同浅野),大阪军械库(已经"被21烧毁"),东京邓洛普橡胶厂("可怜的目标,还是留给21吧")。情报部门的列表上约翰尼唯一标有"O.K."字样的是位于小仓的大型军械库,它也出现在空军的列表上。

约翰尼的笔又回到空军列表,很显然,他反对炸毁皇宫。假如空军坚持这样的想法,这个问题还要"回头征询我们的意见"。3个月后,日本顺利投降,主要是因为天皇还在;当时支持约翰尼的人很有可能挽救了许多人的生命。他还把新潟从空军列表中删除,并说"待掌握更多信息再定"。

约翰尼最终投票赞成的4个原子弹轰炸目标是:(1)京都,(2)广岛,(3)横滨,(4)小仓军械库。这也是当天整个委员会提出的建议。

幸运的是,用原子弹摧毁京都的想法遭到了72岁的陆军部长史汀生(Henry Stimson)的反对。他原本是塔夫脱(William Howard Taft)总统政府的陆军部长,而后任胡佛(Hoover)总统的国务卿。京都是佛教和神道教圣地,用原子弹摧毁它相当于用原子弹轰炸欧洲的罗马、佛罗伦萨或雅典,这会使美国在未来和平的50年中在亚洲臭名远扬。空军备忘录说服约翰尼道,迄今为止没有把京都作为常规轰炸目标的原因是"由于其他地方正在被摧毁,许多人和工业正在迁往那里",还有心理优势,"京都是知识中心,那里的人们更容易理解原子弹这样的武器的用意所在"。这暗示了,就像那些提议把第一枚原子弹投到皇宫的公共关系界人士一样,提议把京都作为轰炸目标的人心理也不够成熟。

5月到8月,横滨也从名单剔除,原因是这座城市已经遭到太多轰炸了。另外一座港口城市长崎取而代之,其优势在于离东京很远。到目前为止可以看出,最好不要牺牲太多首都人口,因为投降的决定将在那里作出。最终,8月6日,原子弹"小男孩"的候选目标确定为(1)广岛,(2)小仓军械库,(3)长崎。当日万里无云的主要目标广岛被命中。

8月9日,"胖子"的主要目标是小仓军械库,替补目标是长崎。当天飞机到达时间有所延误,小仓上空天气也不甚理想,因而飞机飞到了同样多云的长崎,把原子弹投在该城陡峭的山坡上(按照推测,是从云中空隙投下去的),这意味着距离目标还有相当的距离。这次飞行弄巧成拙;此前,7月16日在新墨西哥州的"三一"试验已经证明"胖子"爆聚炸弹确实有效。

约翰尼对"胖子"包含的数学成果一直很满意,但是没有记录显示他对"三一"试验的结果作出了正确的估计。特勒的猜测过于夸张,他以为会相当于45 000吨TNT的爆炸威力。基斯佳科夫斯基的猜测最保守,只相当于1400吨TNT;经常持怀疑态度的奥本海默认为只相当于300吨TNT;很有可能约翰尼的猜测大约是8000吨,贝特也坚持类似看法。"三一"试验的前夜,两种看法的人都很紧张。一组科学家从逻辑上"证明"爆聚根本不能成功,因此正确的猜测应该是零。费米轻松地和人打赌说,不知道原子弹会不会点燃大气层,如果大气层被点燃,毁灭的不知是整个世界还是只是新墨西哥州。

"三一"试验真的达到了相当于20 000吨TNT爆炸的威力。目标委员会被告知,这样的威力足以使300 000—400 000人口的城市沦为"一片充满灾难救济、绷带和医院的洼地"。把目标仅仅锁定到邓洛普橡胶厂就显得不明智了。当"三一"试验照亮新墨西哥时,格罗夫斯将军的二把手告诉他说:"战争结束了。"格罗夫斯说:"是的,我们把两颗原子弹投到日本之后,战争就结束了。"

广岛纪念日、长崎纪念日、抗日胜利纪念日先后诞生两周后,"三一"试验的消息公之于世了。和以往一样,约翰尼没有夸大自己的作用;而其他人则不然,其中包括劳伦斯(他主要负责分离大多数的铀-235)。奥本海默引用印度经文《薄伽梵歌》哀悼:"现在我成了死神、世界的毁灭者。"当然,这使洛斯阿拉莫斯人不免有些恼火。约翰尼对此的评价是:"有些人忏悔罪行,目的是为罪责邀功请赏。"

谈到妒嫉,乌拉姆打了个比方:话说柏林有这么一家供膳的寄宿处,一个人吃了桌上盘里的大部分竹笋,另外一个人起身不好意思地说:"对不起,戈德堡(Goldberg)先生,我们也喜欢吃竹笋。""竹笋科学"成了典故,约翰尼在说笑话时常常用上它。在约翰尼任主席的一个委员会里,曾经有过这样一个讨论(不包括约翰尼):像数字计算机和核弹这样集体智慧的结晶,谁应该获得最大的荣誉。对于这次会议,约翰尼总结道"Per aspera ad asparagetica"——拉丁语中的俗话意思是"历经苦难之后抢甜头"。

这是后话了,那时冷战和平时期已经开始,作为平民的约翰尼也已经获得诸多成就,不仅仅是一位炸药大师了。

第十一章

在经济学领域

约翰尼在经济学领域作出了两个主要贡献,其中之一是1944年与摩根斯坦合著的640页的鸿篇巨著《博弈论与经济行为》。凯恩斯的母校剑桥大学的斯通教授立即把这本书称为"自凯恩斯的《通论》(General Theory)以来最重要的教科书",尽管当时许多经济学家连这两部著作中的任何一部都还没有完全搞懂。

约翰尼对经济学的另外一个主要贡献是1932年在普林斯顿数学研讨会上作的一个没有讲稿的、仅半小时的讲座。毫无疑问,约翰尼一如既往地边讲边在黑板上飞快地草书。这讲座原来的题目是"谈经济学的几个方程及布劳威尔不动点定理的推广"(On Certain Equations of Economics and a Generalization of Brouwer's Fixed-Point Theorem),听上去一点都不吸引人。约翰尼并没有把这当回事,因此连英文稿都没有写。

1936年,约翰尼原本同意在维也纳的数学学术报告会上重复一遍。那一年正赶上他和玛丽埃特的婚姻搁浅,他们先是在横渡大西洋的班轮上别别扭扭,而后又在巴黎的一家宾馆不欢而散,因而约翰尼终止了欧洲之行。很有可能他只是递交给学术报告会的组织者[门格(Karl Menger)]一份9页的德文讲稿,扼要地解释了他精彩而简洁的数学观点。这篇稿子可能是在巴黎的那家宾馆写下的,人去楼空,约翰尼很是伤心。1937年，学术报告会公报上以德文发表了这篇文章。开始时，只有几个目光锐利的经济学家注意到它。

在大约半个世纪后的20世纪80年代，温特劳布（E. R. Weintraub）教授称这篇论文为"有史以来数理经济学方面最伟大的论文"。1989年，他在受人推崇的教科书——《约翰·冯·诺伊曼与现代经济学》（*John von Neumann and Modern Economics*），由多尔（Mohammed Dore）、查克拉瓦蒂（Sukhamoy Chakravarty）和古德温（Richard Goodwin）主编——中说："冯·诺伊曼改变了经济分析的方法。"来自三大洲的11位经济学家为这本书供稿，其中有两位诺贝尔经济学奖获得者。本章的第一部分大量引述了他们的言论（有时各不相同）。

约翰尼几乎是随意地在普林斯顿的黑板上一番狂草，却把经济学引领进入线性与非线性编程、经济发展的动力模型的学科，并在未来能更好地理解计划经济和自由市场经济的无为及有为所在。阿罗（Kenneth Arrow）、德布勒（G. Debreu）、萨缪尔森（Paul Samuelson）、科普曼斯（T. C. Koopmans）、坎托罗维奇（A. Kantorovich）以及索洛（Robert Solow），至少这6位诺贝尔经济学奖获得者承认，他们的著作受到了约翰尼的影响。约翰尼的论文用许多复杂的新工具，如凸集合论和数学编程，拓展了经济学家可以使用的数学工具；这使得一些最聪明的经济学教授追溯约翰尼以前的数学论著，看看是否能够从中找到新的计量经济学武器，他们成功了。此前提到的一位诺贝尔经济学奖获得者说："在我们的报告中所使用的德宾—沃森统计值都是根据冯·诺伊曼平方邻接微分对时间的导数得来的。"

1938—1939年，古德温并没有把门格组织的学术报告会上约翰尼所写的论文当回事，觉得那不过是"数学方面一个创造发明"，后来他把这描述为"职业生涯中一个最大的错误"。到了20世纪80年代，他把约翰尼那9页的论文称为：

本世纪伟大的研讨会论著之一……构架简约、内涵丰富，令人敬畏。很显然是前无古人之作，是智慧的沃土中盛开出的鲜花。它展示了经济问题的答案所在：所有商品都应该以最低价格和可能达到的最大量生产，价格符合成本，供给符合需求；如果要使动态平衡存在，就有必要最大限度增产。

我在1962年撰写的第一本有关日本经济的书中谈到，日本的经济政策是"努力在10年之内将实际收入增加一倍"——许多西方经济学家认为这会导致严重的通货膨胀——结果日本的经济似乎跳入了增长的"良性循环"，而缓慢增长的国家正在陷入滞胀的"恶性循环"。当时的日本经济学家引用了约翰尼的模式"如果要使动态平衡存在，就有必要最大限度增产"。许多西方的政策制定者不同意这个结论，更为主要的原因是不理解它。

探究这篇成形于1932—1937年的论文的全部影响还为时过早，幸运的是我们还有可能追溯它的起源。1928年和1929年，25岁的约翰尼在柏林讲学时会回到布达佩斯的家过暑假。一位出色的20岁左右的匈牙利经济学家当时正在伦敦经济学院就读并准备入剑桥深造，他也和约翰尼一样回到家乡过暑假。此人正是尼古拉斯·卡尔多(Nicholas Kaldor)，过去的4年间，约翰尼在路德教会中学读书，而他则在明塔中学。两人一见如故，尽管政治观点南辕北辙。

卡尔多毕生是社会主义者，后来指导许多前英国殖民地实行计划经济和所谓的平均主义。卡尔多告诉新成立的国家的独裁者，不要担心"惹恼了百万富翁"。尴尬的是，百万富翁是这些国家唯一用得上的商业人士；剩下的都是些只能在街头暴动的部落头目，或独裁者的姻兄弟。

作为卡尔多爵士，尼基(Nicky)*是20世纪60年代英国哈罗德·威

---

* 尼基是尼古拉斯的昵称。——译者

尔森（Harold Wilson）工党政府的主要税收顾问。他着力把非营业收益税的上限提高至98%。几乎是凭借一己之力，他策划了选择就业税，通过税收调控使得英国人不再加入服务行业，回归制造业；当时我们这些自由贸易者认为，高效廉价的韩国制造业者会促使英国人选择另外一种方式。在批评家（比如笔者）看来，卡尔多总是才智焕发、出其不意、新颖独特、招人喜欢。不难看出为什么约翰尼喜欢他、尊敬他，而卡尔多对约翰尼的看法和对所有聪明人的看法一样。1985年，卡尔多临终前在他的最后一篇论文中写道，约翰尼"毫无疑问是我所遇到过的最接近天才的人"。

很可能是在1928年放暑假时，约翰尼问卡尔多，他能否找到一本小册子，从形式数学的角度介绍经济学理论的研究内容，特别是能否以及如何以最低的成本获得最大的发展。卡尔多推荐了一本书，概括了从1874年近乎数理经济学之父——瓦尔拉（Léon Walras）开始，直至当今的数理经济学。

20世纪20年代经济学理论的历史大约如下：在18世纪70年代的亚当·斯密（Adam Smith）之后的一个世纪里，斯密的门徒认为，价格主要是由生产成本决定的。如果一个国家合理地完全竞争，生产的成本就会尽可能降到最低，所有的资源都将尽可能得到最充分的利用并运送到最合理的地方——因为任何企业家如果没别人精明就只有破产一条路。一个难题是需求和生产的关系似乎还没有得以充分展示。19世纪70年代，经济学家教导消费者在下一次花钱购物中寻找最大限度的追加满足。这种"边际效用"必然会对商品起拒绝作用。如果我的冰箱里塞满了盒装牛奶，需要花钱再去买一个冰箱，我会疯掉。因为我有几十万种其他的欲望可以满足——要不然把钱存起来也不错。

亚当·斯密单纯强调供给经济学，并引入了边际效用的概念；1874年，瓦尔拉为每一项投入和产出提出了供需条件。他因而认为可以写下方程以体现经济的运转状况,尽管经济计划者从中并未得到太多快乐。瓦尔拉似乎很高兴地展示方程的数目与未知数的数目相等,因此应该存在合乎逻辑的经济学答案,他相信完全竞争应该会找到它们。

约翰尼以他一贯的速度迅速读完了卡尔多推荐的教材。他回应卡尔多说,基于三个主要原因,他觉得瓦尔拉方程没有什么了不起。首先,边际效用过分强调替代性而忽视了互为条件扩张的力量。如果皮奥里亚的每一个家庭都觉得第二天买一辆汽车可以获得最大的追加满足,瓦尔拉方程并没有完全指出皮奥里亚的街道将会发生拥堵。所有的现代经济学家都认同这一点,尽管寻求互为条件会导致许多计划经济步入歧途。

其二,也是更为新奇的一点。约翰尼认为,瓦尔拉方程显示一些商品以负价格购买最为合算。从这一点来看,方程显然错了。

其三,约翰尼觉得经济学被方程驱使的同时,很有可能还被不平等驱使。如果我们想获得最大限度的满足或发展或其他,我们应当记住,最大值是一个造成其他事物不均等的量,计划者的数学已经对此有所意识。1928年,约翰尼已经为未来的《博弈论》规划好了蓝图。在这本书中,他关注的不是方程,而是讨价还价能力的矩阵。福特汽车的经济策略是正确的,它们不完全依赖市场状况,而是根据通用汽车、日本以及其他汽车制造商实施的战略在市场上引起的变化而制定。

1928年或1929年年初,经济学家马尔沙克(Jascha Marschak)在柏林开办经济学研讨会。诺贝尔奖获得者阿罗引用了陪同约翰尼参加研讨会的通讯记者的一封信:

> 当马尔沙克在黑板上写下生产函数时,冯·诺伊曼兴奋得跳了起来,他冲着黑板挥动着手指说(大意是):"可是你想要的是不相等而不是方程,不是吗?"马尔沙克认为研讨会很难得出结论,因为冯·诺伊曼站起身来围着桌子转,嘴里念念有

词,飞速地讲着生产的线性编程理论。

阿罗说:"他联系和阐述的速度,与传言中冯·诺伊曼脑筋飞转的速度是一致的。"普通的线性方程并不十分适用于经济学,因为你、我以及其他人现在所做的一切会以不同的方式影响到其后所发生的一切。

这是约翰尼与摩根斯坦合著的《博弈论》的起源,也是1932—1937年普林斯顿一门格讲座的基础。1939年,约翰尼送给卡尔多一份薄薄的1937年发表的论文的单印本,注有"附上作者本人的歉意"。一贯坦白的卡尔多承认,"遗憾的是,我真的读不懂这篇论文",只有三个部分还算明白——其中一部分在卡尔多看来和他本人1937年发表的带有社会主义色彩的著述相一致,尽管实际上并非如此。因此,卡尔多在战时英国找到一位难民把它翻译成英文。卡尔多说:"约翰尼同意这样做——实际上,他对任何更广泛地传播他的模式的努力都表示感激。当时,他正全神贯注于手头的研究(我认为有可能是计算机)。"事实上,约翰尼"几乎未做大的改动"就返还了这篇论文的翻译稿;当时他的确在洛斯阿拉莫斯研究别的项目。

1945年,卡尔多安排这篇论文发表在英国《经济统计评论》(*Review of Economic Statistic*)上,著名数理经济学家钱珀瑙恩(David Champernowne)附上精彩的评论——可惜部分有误(见后文)。1945年,这篇论文的题目是"普遍经济均衡的一个模型"(A Model of General Economic Equilibrium),而现在人们通常称为冯·诺伊曼的"扩张经济模型"(EEM)。下文我们就简称为EEM。

EEM从数学角度表明,经济问题事实上可以这样解决:所有商品以尽可能低的成本和尽可能大的量生产。令人高兴的是,一旦你达到这种最大限度的增长,就会存在一个动态平衡。这并不意味着财政部长运用这种模式就可以创立一个乌托邦式的社会;但时至今日,EEM的确有助于政客们搞清楚（大部分政客都是充耳不闻）哪些经济政策是愚蠢的。

开始时，经济学家被EEM弄得头晕脑胀，有点气愤恼火，提出了不同的反对意见。这些反对意见往往（并不总是）误解了该理论的本意。

这些简明扼要的数学使人费解。约翰尼在使用数学语言时，总喜欢让人把它翻译成英语，除非听众会即刻出去做一些更有意义的事。EEM英译文的听众做不到这一点，他们会情绪越来越激动地讨论政治——约翰尼不喜欢这类讨论。

一些经济学家心生怨恨，因为他们专业的一个外来者仅凭9页论文就取得了奇迹般的成就，而他们穷其一生都无法做到。公平地说，60年后，这种怨恨几乎消散了。但1945年之后，对这种模型的种种反对意见却纷纭复杂。许多意见源于误解；还有一些属于这一类型：如果经济学逻辑这样说，实在不公平。当一个团体对某一事物消化多一些时，往往（并不总是）对另一种事物消化得少一些。一些经济学家不喜欢人家告诉他们这些。

在EEM中，每一样东西都产自另外一样东西。引用诺贝尔奖获得者萨缪尔森的话说，最大限度的生产得以完成是因为"除了马、兔子、织机以及生活舒适的人所必需的生存成本之外，所有的生产成果都用于再投资以生产更多的马、兔子、织机和人"。EEM理想的增长率等于模式中虚拟的利率，这引起了误解和某些嘲笑。这对于日常分析来说听起来是疯狂的。在现实世界里，当利率增长到12%时，你就别期望增长的速度达到12%，反而期望它会下降。

其实，这误解了模型中利率的意思。约翰尼以古典经济学家熟悉的方式重新定义了利率。再一次引用萨缪尔森的话，古典经济学家如果听到"当封闭系统最大限度地均衡增长的比率，比如说每阶段为10%时，如果劳动力和土地十分充裕自由，竞争力强的商品的比价不变，那么商品的价格在每个阶段开始时保持不变,而这个阶段结束时,产品以该体系技术增长率决定的10%的利率为折扣出售"之类的陈述,他们并不会感到惊奇。最大的反对声很有可能来自左派,一些人以为约翰尼在鼓吹一种奴隶经济——把工资水平降低到仅够维持起码的生存成本。约翰尼不是这样的,他指出,当劳动力从低生产力工作吸收到新兴技术工业中生产力较高的工作而实际工资并没有大幅增加时,增长是最快的。他去世后不久,日本的状况恰恰如此。如果佩罗恩工会坚持斗争以使实际工资增长过快,其结果反而使实际工资降低。1945年之后,日本成功了而阿根廷失败了,原因就在于此。

另一种反对意见是,EEM认为生产活动不能赚得市场利润率时会完全倒闭。约翰尼只是说如果他们倒闭,增长速度就会最大化。EEM认为剩余商品价格趋于零,因而生产者大批离开那些工业。实际情况并非一贯如此,主要是因为政客们从中作梗。在今天的国际贸易体系中,美国在海外以补贴价格出售剩余面包,欧盟则以补贴价格出售黄油。约翰尼的数学可以简单、正确地判定他们的这种做法十分愚蠢。一些人误解了该模型的循环流程,以为它是说每一样事物都包含其他所有事物的某些因素。这的确有点问题,因为我们随机看到或买到的大部分东西并不随意包含其他大部分东西的成分。软心豆粒糖里没有来自树眼镜蛇的多少投入。约翰尼不过是引导我们走向现代输入—产出表格。他在向贸易保护主义者表明,如果每一项输入来源都最为低廉时如何获得最大增长。

钱珀瑙恩或许在阶级斗争中被卡尔多误导,还以为EEM中有产阶级保全了他们的所有收入,而工人们花光了他们的所有收入。其实,有产阶级并没有保全所有收入,工人也没有花光所有收入。钱珀瑙恩还批评了约翰尼关于土地和其他某些因素是无限供应的假设,EEM只是说当下一种因素价格不变时增长是最大的。

对EEM的一种批评的确有道理。EEM的非货币因素意味着，一旦政客或大银行家通过过度扩大货币供应量引起超额需求，或通过过分限制货币供应量引起经济衰退，从EEM中我们无法读取我们的前景会遭致怎样的破坏。正是在这一方面，后来的动态经济模式——有时来源于EEM——在今天更为有用，尽管此前关于过去哪一种模型造成哪些经济政策的政治操纵者失误存在过长期的争议。约翰尼与宏观经济政策（即讨论政客何时应该增加或减少需求）保持着相当的距离，因为他没有发现任何数学方法能够对此提出有益的建议。他的私人信件表明，1933年，他有些担心罗斯福的新政会导致通货膨胀。许多经历过1922—1923年德国极度通货膨胀的人都会心有余悸；但是约翰尼对此的评价从未过分尖锐。1935年，他写给欧尔特沃伊的信（匈牙利文）表示他非常支持罗斯福扩大需求的政策。约翰尼认为，为了抵消银行系统瘫痪造成的各种负面影响，这样做是有必要的，但他感到罗斯福特意抬高价格实在有些怪异。

曾经有人问过摩根斯坦，像约翰尼这样置身经济思想主流之外的学者如何能够以EEM对经济学作出如此独创、新颖和决定性的贡献。摩根斯坦回答说，约翰尼有一种非凡的能力，能在闲谈中掌握别人的思想。一旦发现了极有趣味的数学问题，他就会不惜花功夫研究它，像导弹一般瞄准它。在20世纪30年代，对于凯恩斯宏观经济理论，约翰尼觉得在数学上不论哪一方面都讲不通，于是转而研究其他问题去了。

在经济学领域，这意味着约翰尼转而研究决策论，尤其是商人应当如何运作以获取最大利润。早在1928年约翰尼就写过一篇数学论文，探讨当你从逻辑学的角度问自己另外一个人将以为你打算采取什么行动时如何运作最佳。在两人零和对策中（我所收益的等于你所损失的，而我所损失的等于你所收益的），如果我同样按照逻辑出牌，实际上你能够找到一个最佳策略使你的潜在收益最大化或潜在损失最小化；如果我完全不按照逻辑出牌，平均下来你会打败我。要对那些从未想到过约翰尼的"极小极大定理"的人解释清楚相当麻烦、困难。

或许从孩子们的莫拉游戏开始好一些。你伸出一或两个手指，嘴里喊"1"或"2"表示你猜测你的对手会同时伸出几个手指。如果你们都错或都对，这一局就无效；如果你一个人猜对了，举起几个手指就算得几分。这里我要抄袭一下数学家布罗诺夫斯基在英国广播公司主持的一档电视节目里实行的正确策略，不过布罗诺夫斯基说他所讲的策略是他的朋友约翰尼发明的。

在莫拉游戏中，你有4个决策可以选择：

决策A：伸出一个手指，喊"1"。如果你的对手真的伸出一个手指（并没有猜对你伸出的是一个手指），那么你得两分——你伸出的一个手指得1分，还有1分是他伸出的一个手指。

决策B：伸出一个手指，喊"2"。如果你的对手真的伸出两个手指（并没有猜对你伸出的是一个手指），那么你得3分——你伸出的一个手指得1分，还有两分是他伸出的两个手指。

决策C：伸出两个手指，喊"1"。如果你猜对了，你们两个总共伸出3个手指，因此你得3分。

决策D：伸出两个手指，喊"2"。如果你猜对了，胜利了，你就会得4分。

就像约翰尼告诉他的朋友们的那样，从数学角度来讲，千万不要采取决策A或决策D。如果是12局的游戏，你应当使用决策B 7次，使用决策C 5次。

如果你使用策略A——举起一个手指，喊"1"，万一深谙此道的对手使用了正确的策略，如策略B——伸出一个手指，喊"2"，12局的游戏中你会赢7次；但是由于每次你和他总共举起两个手指，12局下来你的得分是7×2,即14分。在另外5种情况下你的对手实施策略C,他举起两个手指得分是5×3,即12局下来总共得15分。12局游戏中,你平均失分1分。因此,对付使用正确策略的对手,千万不要使用决策A。

针对熟练玩家,你使用决策D,而他使用决策C,12局游戏中你会赢5局。每次4分,共斩获20分;但你的对手12局游戏赢7局,每局3分,总分21分。平均下来,你输了1分。

如果你们两人都使用正确的策略,最后会打成平手。如果只有你一人运用了正确的策略,而别人又不了解莫拉游戏中的数学奥妙,那么无论和谁玩,你都会大比分胜出。

当问题从孩子的游戏上升到为你的公司赚几百万或拯救世界时,我们就得看看下面的矩阵了。该矩阵引自曼斯菲尔德(Edwin Mansfield)受人推崇的教科书《经济学——原理、问题、决策》(*Economics: Principles, Problems, Decisions*)中所描述的约翰尼和摩根斯坦的合著《博弈论与经济行为》,笔者略作修改。

在这个矩阵中,笔者为自己最喜欢的、名字十分叫好的一种新型产品投放市场制定策略。这是一种猫粮,广告词为:"如此美味,猫都会叫它的名字。"你猜到它的名字了吗?这种新型猫粮叫"喵",因此我的矩阵就叫"喵矩阵"。第1、2、3行概括喵不同的初期营销策略。A、B、C三列概括其他猫粮可能的反应——假定市场是静态、垄断的,喵一旦闯入,每赚一分钱,就意味着其他产品会损失一分钱。每一个竞争参与者都假定,喵进入市场会赢利,而导致其他猫粮减少收入。否则这个新产品就不值一提了。

第1行A列表明,市场调研发现,如果喵实施全面的、闪电式的电视广告策略,而其他猫粮不作为,喵的纯利润为9000万美元。第1行B列

表1 喵矩阵

喵的策略	其他猫粮策略			行的最小值
	A.不作为	B.猛烈的电视广告攻势	C.温和的其他媒体广告	
1.猛烈的电视广告攻势	±90	±20	±40	±20
2.不作为	±10	±80	±30	±10
3.温和的其他媒体广告	±70	±60	±50	±50
列的最大值	±90	±80	±50	←鞍点

注：所有数字都代表百万美元。

表明，如果其他猫粮同样实施大举广告攻势针对喵，喵的纯利润仅为2000万美元。第1行C列表明，如果其他猫粮不是每天晚上占据电视屏幕，而是采取相对温和的广告宣传，喵的纯利润为4000万美元。乍一看，其他猫粮或许认为采取第1行B列的策略最佳，它们也用同样的方式针对喵所使用的昂贵的电视广告宣传。它们的广告策划可能推荐该策略，理由是喵的纯利润（它们的净利润也下降了）不过区区2000万美元。

　　针对这一策略，喵有两条路可以选。首先，它可能会选择不做广告。如果喵不做广告，其他猫粮势必十分疯狂，依旧通过电视广告进攻。根据第2行B列，喵将轻松获利赚得8000万美元。其中的主要原因是，其他公司的纯利润损失就算作喵的所得。其他公司愚蠢地增加更大规模的广告预算，在竞争中必将在其他方面（如价格）丧失优势。显然，其他猫粮如果聪明的话，喵不做广告，他们也决定不做广告；依照我们的矩阵中第2行A列，几乎没有人听到喵的声音的情况下，纯利润仅为1000万美元。

喵有理由考虑一个温和一些、不那么昂贵的广告宣传。按照第3行A列，如果其他猫粮根本不做任何广告，喵也会有巨大的盈利(7000万美元)。如果其他猫粮大肆地做昂贵的电视广告，而广告预算低廉的喵依照第3行B列仍可盈利6000万美元，部分原因是其他公司广告花销太大以至价格和质量上的竞争力变弱。依照第3行C列，如果喵实行廉价的广告宣传，而其他公司也相应实施廉价的广告宣传，其结果是喵至少盈利5000万美元。

这5000万美元实际上是一个鞍点。如果我们矩阵中的数字是正确的，如果其他猫粮采取合理的策略，这是喵可以肯定获得的最大收益。对于喵来说，开始时最聪明的策略是温和的广告宣传(如果市场调查显示了矩阵中的数字)，除非它认为其他猫粮制造商都是傻瓜。如果你看到标有"列的最大值"的那一行，你会发现最小的数字是5000万美元；这意味着如果其他生产商理性运作，喵能指望的最大利润就这些；如果你看到标有"行的最小值"的那一列，你会发现最大的数字是5000万美元。如果羽翼尚未丰满的喵采取的策略合理，不做过分昂贵的广告，而其他猫粮公司也相应地采取温和的广告政策，损失的最小金额就是这个数。因而，有这样一个趋势，双方以温和广告政策对付温和广告政策达到鞍点，喵赢得5000万美元纯利润，其他公司损失5000万美元。如果任何一方有所变化，(在这种情况下)它将输给更聪明的另一方更多。

商人往往很难相信矩阵中存在这样一个鞍点——总以为双方对市场形势的估计会是一样的，实际上这种可能性不大。但是在两人零和对策中，的确会出现鞍点；对主要机会的精明估计或对破产的担心，会引领商业政策趋向鞍点。一些热情的人会说，这对于拯救世界也很重要。

这种策略的确有可能挽救世界，这体现在1962年赫鲁晓夫在古巴布置核武器时的思路。与民主德国签订和平协议期间，他威胁要吸纳西柏林。总的来说,美国对于苏联在古巴布置核武器有三种可能的反应(参见表2)。A列中的美国政策是"不作为,假装没注意",这相当于暗示赫鲁晓夫可以不费力气接管西柏林,并在中东、非洲好望角、中美洲和其他纷争地区加强渗透。现在从苏联人的口中我们得知,假如肯尼迪胆小怕事,这就是他们的企图(如同他们在相当程度上所期望的)。

表2 古巴矩阵

	美国策略		
	A. 不作为	B. 入侵古巴	C. 封锁(但给对方台阶下)
苏联策略	吸纳西柏林等	有可能吸纳西柏林等	可能给台阶下

在古巴矩阵中B列,美国可能采取的第二个政策是"非常激烈的反应,用导弹轰炸目标或入侵古巴"。这一策略的反对者嘶叫着说,这样会激怒赫鲁晓夫,把世界推向毁灭的边缘。实际上,赫鲁晓夫从未打算炸毁世界,尤其是代表卡斯特罗(Castro)炸毁世界。但他在莫斯科的顾问告诉他,如果美国采取激烈的反应,那么全世界的城市广场都会挤满示威人群(他们心中一半是如此期待)。他们会大喊大叫,美国是邪恶的,美国要轰炸古巴,美国要侵略古巴(一些政客就会去听)。他们会说,如果美国针对苏联的行动"反应过度"并使世界面临核战争威胁,下一次就别想得到欧洲的支持。正是由于这个原因,赫鲁晓夫才在古巴布置导弹。

在矩阵C列,美国可能采取的第三个政策是宣布对接近古巴的苏联船只实行封锁,但要给赫鲁晓夫台阶可下。美国选择的正是这个明智的政策。显然,这让美国最大限度获利(美国既不愿意柏林遭到奴役,也不愿意真的爆发核战争),幸运的是,赫鲁晓夫的损失也最小(只需迅速作出决定是否召回船只)。他不愿意在政治局面前丢脸,也不愿意和世界一起被炸到西天去。在某种程度上，赫鲁晓夫的确在政治局面前丢了脸，不过两年之后才下台。

经济学家对博弈论的热情没有对 EEM 那么大。当你利用矩阵讲道理时——就像上面笔者磕磕绊绊尝试的那样——总有一些矩阵看起来像是瘸的，很显然，每一个矩阵的个别部分也是如此。经济学家怀疑决策者会放弃使用这些矩阵表述，转而利用更有把握的猜测和独立性更强的策略，他们不愿意把决策行为搞得过于复杂。每一个吓唬别人的人都知道别人会采取什么行动，这种假定中包含了循环推理。每个人都知道的预测是容易变得蹩脚的预测；如果每个人都预见到"下一代计算机比现在使用的计算机优良得多，尤其适合提供金融服务"，很有可能就会有太多人生产新型计算机和提供金融服务——结果计算机制造商和银行因为供大于求而破产。此外，没有几个决策真正能领会零和对策的精髓。冯·诺伊曼和摩根斯坦合著的大部头教材的后几章讲的就是多人联合对策。决策者应用时，更加难以直观化。

想想约翰尼本人的两个例子：约翰尼玩扑克时常常输，因为他觉得在放松时有更好的事情去想，直观化那么多矩阵实在无趣。他只是坚持另外一篇衍生自数学、专门研究扑克的论文中所讲的普遍规则（其中许多方程里包含字母 n）。那些普遍规则是：如果你的牌好，就要得高；如果你的牌差，要么要得高唬唬人，要么要得低以求过去，但是不要先要得低然后看看再说。许多打扑克动脑子的人基本上都是这个思路。

约翰尼的确认为自己对决策论有所贡献。在他年轻时，欧洲就失足进入 1914—1918 年战争——正如一个历史学家所说——部分原因是战争动员被火车时刻表缠住了。人们挥舞着鲜花、奏着曲子送满载士兵的火车离开家乡时，指望他们冒着突突的白烟再回来就没那么容易了，因为敌人还没有屈服（那种情况下又有谁会想到这一点）。从1945 年到约翰尼去世后的冷战期间，实施的政策总是经过更多的深思熟虑，正因为此，这个世界才没有被核武器烧成灰。约翰尼认为如果对苏联采取更为强硬的做法，或许可以阻止斯大林把势力扩张到东欧。不同意他的强硬看法的一些人还散布传言，说他是从《博弈论》里编造矩阵的疯狂的战略家。说这种话的人往往没有和约翰尼讨论过这类问题。约克（Herbert York，参见第十五章）倒是和约翰尼讨论过这类问题，他告诉笔者："在探讨军事或政治选择时，约翰尼从来不使用《博弈论》中的语言，他用报纸上的语言表达自己的观点。"

但在重大问题——如1991年海湾危机——讨论中，一般情况下你会发现，真知灼见来自那些至少潜在地根据矩阵理论思考的人，而肤浅的想法来自那些不按照矩阵理论思考的人。

笔者十分赞同《博弈论》的开篇，当然持相同看法的人不止笔者一个。约翰尼开始的这几页内容惹恼了一些经济学家。文中说，许多数学知识"甚至可能以一种夸张的方式应用于经济学中"，但"并不十分成功"。许多社会科学家认为，造成这种情况的原因包括人为成分、心理因素以及不同人对不同动机的反应的不确定性。约翰尼认为，这些社会科学家"完全错了"。数学在经济学中没有起到作用的主要原因是，经济问题"往往始于模糊不清的术语，连问题是什么都不确定，何谈应用数学解决问题。在概念以及应用数学所要解决的问题还没有搞清楚之前，奢谈确切的方法是没有意义的"。约翰尼认为，经济学家应当想一想17世纪物理数学化是如何实现的。恰恰是由于此前天文学的发展才使牛顿以及其他人得以在力学取得突破；这些成就的背后是"几千年系统的、科学的天文观察在无与伦比的伟大观察家第谷（Tycho Brahe）那里达到顶点"。

在经济学领域从未发生这样的事情。数理经济学家常常会遗忘这一点。经济学中缺乏这样的陈述：因为什么，得出什么。"（数学是）一种很难掌握的有力工具,由于使用不当或不充分,潜在的模糊与无知一直未予以消除。"约翰尼写道。

约翰尼认为,数理经济学很有可能需要一种新型的数学语言。

> 数学应用于物理学的决定性阶段——牛顿创造力学的合理规则——的产生与微积分的发现密不可分。……(今天)社会现象的重要性、财富与财富表现的多样性以及财富结构的复杂性,至少可以和物理学中的各种复杂因素相提并论。因此有理由期待——或担心,需要一个相当于微积分的数学发现才能够在这个领域取得决定性的成功。

附带说明一下,正因为此,约翰尼本人对《博弈论》的结尾部分没有他和摩根斯坦动笔开篇时那么满意。

大部分数理经济学家不喜欢别人对他们的学科如此苛评。当有人说你费尽力气但收效甚微或用错误的工具于错误的领域时,你的感觉不会太好。笔者的猜测是,约翰尼的这些段落——正确的经济学需要一种新的数学——不久就会被证明十分正确。这可能就是计算机经济预测模式一般说来并不成功的一个原因;另外一个原因是,受商业利益驱使,这种模式过多。

几乎每个银行、金融机构,有时还包括大学,都希望能够宣称自己拥有的预测模式被证明相当正确。有时预测本身使预测无法证明自身是正确的。如果普遍预测石油严重短缺,人们就在遥远的北极开采石油并安装节油机械装置,以致原本石油严重短缺的预测必然变成石油供应过于充足。极其重要的一点是,在计算机发明的头40年间,经济学界像第谷那样收集事实依据的人还是寥若晨星。预测模式中输入了太多的不合逻辑的垃圾,狂热分子盲目崇拜所输出的某些合乎逻辑的垃圾。股票市场中这种问题尤其严重。

因此，约翰尼最早期的经济学论著以及EEM主要支撑起他现在在该领域历史上的重要地位。约翰尼的文集1963年得以出版，经济学家热情洋溢地翻阅着，希望可以找到新的数学工具加以利用。他们找到了新奇的东西，如1954年约翰尼发表在《海军后勤学研究季刊》(*Naval Research Logistics Quarterly*)上的《决定最优策略的一种数值方法》(A Numerical Method to Determine Optimum Strategy)，以及有关概率论的一些论著。

真知灼见不断。约翰尼认为，经济学可能需要全新的数学；有些人持不同意见，诺贝尔奖获得者萨缪尔森就是其中之一。在对《博弈论》的评论文章中，萨缪尔森写道，摩根斯坦和约翰尼"各自的科学个性导致一些小错误——某种与拿破仑式的论断相关的虚无主义倾向"。但是萨缪尔森毫不怀疑约翰尼是"一个天才（如果这个诞生于18世纪的名词还确有所指的话）"，是他所见过的人中反应最快的——"一个能够看透自己的、非常聪明的人"。经济学家萨缪尔森写道："他是无与伦比的约翰尼·冯·诺伊曼，在我们的领域不过是蜻蜓点水，就引起了天翻地覆的变化。"

第十二章

费城的计算机

1944—1946年

计算机史上的英雄之一戈德斯坦说:"计算机的历史散散落落,如同南方古猿亚科(人类学家不断发现的一种变种猿类)一般:不会导向任何地方的小的进化系列。"20世纪40年代,计算机主流产品的问世改变了全人类的生活。成功始于20年前的纯学术研究——与当时的战争需要相关,功臣是一位高个的年轻工程师,然后世界上最聪明的人伸手加了一把力(但重要的是,他只是兼职)。

哥廷根大学在20世纪20年代实现了量子力学理论上的突破,宣告电子时代的到来。最杰出的战时革新家是英国的图灵(他发展了计算机,诞生了计算机史上的"南方古猿"),然后是费城的埃克特(成果是莫尔学院的电子数字积分仪和计算机,简称ENIAC,这是一次了不起的革新)。事实证明,ENIAC是计算机的正宗鼻祖;但此后埃克特悲伤地感到,约翰尼掠夺了他的胜利果实。这一次掠夺使世人受益。到了1944年,电子计算机需要一位顶级数学家的出现:他的洞察力可以筛选出最符合逻辑的计算机设计,他的公共精神可以昭告世界,他了解计算机在学术上还要再上一层楼才可能在自由市场上赢得竞争,他拥有强大的学术声望以筹集资金达成这一学术新高,尽管同时还要分身他事。1944—1953年,正是约翰尼扮演着这些角色。他有能力回顾过去发现计算机如何变成"南方古猿",也有能力展望未来以寻求新的机遇。让我们首先做简单的回顾。

牛顿(1642—1727)实现物理数学化之后,物理学出现了对表格的大量需求。一些是大众需求的表格(如对数表、余弦表和航海表),更多的表格要由搞研究的科学家自己作出来。他们记下自己的观察结果,制表以检测假设。每一张表格的编制都非常枯燥。莱布尼茨(1646—1716)哀叹道:"一个优秀的人像奴隶一样把时间耗费在计算这一苦差使上真是不值得。如果有机器可以使用,这种活完全可以交给别人去做。"

莱布尼茨因此发明了一种过去可以称为台式计算器或可能类似机械化算盘的机器。摇动四周的轮子,你可以做加法或乘法运算。莱布尼茨轮式计算器比法国哲学家帕斯卡(Blaise Pascal, 1623—1662)发明的台式计算器要高级一些,但是比起德国一位不知名的天文学、数学和希伯来文教授1624年的发明或许要稍微逊色一些。三十年战争*期间,瘟疫频发,这位教授也不幸死于这种祸患。

还有一位顶级的数学家和莱布尼茨一样不耐烦,这就是英国的巴比奇(1791—1871)。1812年,当他还是剑桥的本科生时就提出忠告说,对数表(当时错误百出)应当由机器计算,这种机器最好由当时最时髦的蒸汽技术驱动。1823年,巴比奇从英国财政大臣那里争取到一大笔拨款用以制造一台计算机器,这也是科学家与政府签订的早期此类研究合同之一。它和后来签订的许多合同一样,政府为科学家提供资金,让科学家致力某一研究,而不是科学家先努力研究出成果并证明该成果是有市场的。这简直可以说是灾难性的。

---

* 三十年战争(Thirty Years' War),指奥地利哈布斯堡王朝与德意志诸侯在争取欧洲均势的50年(1610—1660年)间1618—1648年那一段时间的斗争。——译者

1827—1839年，巴比奇坐到了牛顿原来的位置，成了剑桥大学的卢卡斯数学教授。他很少出现在课堂上，而是在伦敦埋头制作他的计算工具。巴比奇和那些资金充足的学术科学家患有一个通病——不愿意把手头的项目了结。每当快要完成一个可以在某种程度上成功运转的机器时，他都会"突然想到一个主意，可以以不同的方式更有效地完成同样的任务"，并认为"继续老的思路是无益的"。巴比奇的传记作者给自己的书加了一个副标题"性情暴躁的天才"。巴比奇主要恐惧的是意大利街头手摇风琴师和英国财政大臣，担心后者不愿说服下议院批给他更多的经费。当时最有本事的大臣皮尔爵士（Sir Robert Peel）说："在说服一屋子的乡绅投票赞成制造一个木头人用于计算表达式 x^2+x+41 之前，我需要考虑考虑。"

然而性情暴躁的巴比奇也是一位天才，他为数字计算机孕育了惊人的、独特的想法。"数字"是指以人脑的方式做加法运算和叠加位数的机器。巴比奇发现，数学的机械化最好可以继承1805年约瑟夫—玛利·杰克华德纺织机的刺绣机械化的成果。

法国大革命时期，杰克华德是相当于福特一样的人物。他把自己的发明迅速投入商业生产，1812年占领了遭拿破仑封锁的欧洲纺织工业高端市场。杰克华德在普通的蒸汽驱动的织机上添加了一系列的穿孔卡片以描绘出特殊的图案，钩子可以从这些孔中穿过并拉下经线，这样移动的梭子就能够上下带线。

19世纪30年代，诗人拜伦伯爵（Lord Byron）的女儿对巴比奇先生的分析工具十分感兴趣，"就像杰克华德织机编织鲜花和树叶一样编织代数模式"。在计算机设计者使用语言的一个多世纪之前，巴比奇说，他的分析工具应该由两部分组成：存储仓（就是现在的计算机存储器）和碾磨机（就是现在的中央处理器），"要向碾磨机源源不断输入需要处理的量"。

巴比奇和约翰尼一样意识到,计算机应该以转化为精确的、数学形式的逻辑为基础。当新形式的数学——尤其是布尔(George Boole, 1815—1864)的数学——诞生时,巴比奇推迟了他的发明。罗素一如既往地夸张道:"布尔发现了纯数学,并在1854年的论著中发表。"按照巴比奇的个性,他同意罗素的看法。我们会看到,1944—1945年约翰尼所做的恰好相反。约翰尼发现,计算机和其他自动机的到来将使数字分析的新方法变得日趋重要。他开始努力开发它们(而不是等待它们的到来)。

尽管巴比奇的逻辑、算术和计算机体系相当复杂,他所使用的蒸汽能却很简单。令人怀疑的是,时至今日还没有计算机能够被蒸汽驱动;不过可以肯定的是,没有人想要一试。即使在巅峰状态下,巴比奇的驱动器原型解方程的速度就和人类数学家的速度一般快慢,但它有一个长处——永不疲倦。1871年巴比奇去世后,一位朋友遗憾地说:"一些仁慈而富于同情心的人接受委托组成评委会,负责宣布他为我们留下了什么遗产;但不管是论文还是机器都如此不完整,以至不能获得有用的价值。"

这个评委会错了。巴比奇去世仅仅9年,源于巴比奇的研究的数字或计算机器就再一次出现巨大的飞跃。早期英雄是非常具有商业头脑的美国公务员霍勒瑞斯(Herman Hollerith, 1860—1929)。他为巴比奇的穿孔卡引入了电,并成为IBM贫穷的鼻祖。

1880年,十几岁的霍勒瑞斯在美国人口调查局工作,他发现几百名职员手持羽毛笔把5000万名美国人的详细资料制成表格真是有点荒唐。这意味着人口调查局那些令人感兴趣的数据几年之后才能派上用场,而到那时移民大潮又使这些数据完全过时了。霍勒瑞斯想,一定有那么一种比杰克华德织机要好的类似系统,把穿孔卡片用于每一位人口调查对象:不同的孔代表男性或女性,移民或本土出生,黑人或白人,能否讲英文,有几个孩子。

1890年人口普查时,霍勒瑞斯就发明了这种机器。当时6300万美国人,人手一张卡片,每张卡片有288个地方可以穿孔;这样,在与电刷接触的情况下,任何有孔的地方都可以完成电路循环。这使1890年人口普查的主管人得以在所有卡片回收到华盛顿特区后仅一个月就宣布美国人口总数,紧接着算出美国社会统计数据,其详细程度超过了世界上所有国家所做过的一切调查。官员们欣喜不已,利用霍勒瑞斯的机器"花费不比简单的机器多,但能够演变出更为复杂的状态"。

官员们没有因霍勒瑞斯高兴多久。1896年,霍勒瑞斯建立了自己的企业——制表机器公司。人口调查局和其他国内外客户使用他的机器须交纳租金。美国政府认为他收费太高;有一段时间霍勒瑞斯眼看着自己的公司(和后来的许多计算机公司一样)走在悬崖边上,一边是获利丰厚、欣欣向荣,一边是破产在即、身无分文。1914年,终于出现了转机。一位金融家成了股东们手里最后几美分的救星,他从国家现金登记处雇用了一位精明强干的经理老沃森(Thomas J. Watson Sr.)。在1929年霍勒瑞斯去世前,老沃森把公司更名为国际商用机器(IBM)公司,并运转良好获利颇丰。

由于霍勒瑞斯要价太高,1904—1907年,人口调查局把设计新机器的任务交给了一位名叫鲍尔斯(James Powers)的工程师,以期削低霍勒瑞斯的要价。1911年,鲍尔斯离开人口调查局,创立了自己的私营公司。1927年该公司与雷明顿兰德公司合并,1955年与斯佩里陀螺仪公司合并形成斯佩里—兰德公司,成为IBM的主要竞争者之一。19世纪,英国研究计算机的办法是政府出钱资助像巴比奇这样的天才;而20世纪早期美国的计算机研究却越来越让政府恼火,公务员一个接一个出走,开办自己的私营企业。20世纪早期美国的商用机器工业之所长和英国机器之所短表明捷径所在。但是在后文中我还会谈到,大约在

1960年，美国还没有学好约翰尼在1944—1955年所讲的一些商务课程——肯定没有日本学得好。

1943—1945年，乌拉姆和约翰尼研究爆聚原子弹时所使用的IBM台式穿孔计算器是霍勒瑞斯发明的直接衍生物。1944年1月，约翰尼向管理机构询问是否有更现代的数学化方法在洛斯阿拉莫斯可用。韦弗——战争期间可称作美国数学机密登记保管员——向约翰尼建议，可以在洛斯阿拉莫斯推广使用新型的IBM—哈佛马克1号计算机以及贝尔实验室计算机。1943—1944年，这两种计算机问世时，人们都寄予厚望——随后不久电子计算机就使这些电子机械装置完全多余了。

哈佛马克1号被小沃森（Thomas J. Watson Jr.）形容为"相当于2吨的IBM卡片（如穿孔卡）机器校准在一个轴上"——而贝尔计算机看上去并不差。人类用纸和笔计算两组10位数的乘法（如1 234 567 809 × 9 087 654 321）需要大约5分钟。1943年，IBM穿孔台式计算器可以在10—15秒之内完成，这使一些人宣称他们把速度提升了20多倍。贝尔计算机做这类运算大约需要1秒钟，1944年哈佛计算机也不相上下。这两种计算机比一个使用台式计算器的职员运算速度要快上10—15倍。

因为机器不像人类需要睡眠，印刷以及其他功能的进一步改进也可以完全预见，人们在1944年希望结果节节攀升看来是有理由的。通过24小时不间断运转，据说这些机器的新版本只需一天就会完成人类使用台式计算器需要6个月才能完成的任务。实际上，这些机器的热情支持者担心它们运转得太快，反而对商业利润不利。据说，一位哈佛的发明者警告说，他发明的供全美国使用的机器将不超过5台。看看今天世界上几千万台的计算机，最先进的计算机的运作速度是当时的哈佛计算器的20亿倍还多，当时的预测真是滑稽。

约翰尼真的试用了哈佛计算机，还打算用一用贝尔的产品来解决

1944年洛斯阿拉莫斯的一个计算问题。结果他发现这些机器毫无用处。3个星期之后，洛斯阿拉莫斯的穿孔机解决了这个问题；5个星期之后，哈佛计算机报告已经完成了一半。可能因为哈佛计算机总要把每个数字都算到实际上没有必要的18位，也可能因为出于安全考虑，哈佛计算机的操作员没有被确切告知应该努力做些什么，还可能因为IBM—哈佛计算机婴儿牙齿不全，还没有长成可以啃任何东西的成年人。随着美国第一台真正的电子计算机ENIAC的问世，哈佛、贝尔以及它们的同代产品的所有吸引力都变得毫无意义。

从1944年开始，电子ENIAC的速度比1944年哈佛或贝尔之类电驱动计算机所能达到的速度快1000倍。这听上去有些奇怪，因为电通过电线的速度接近光速。但是电子机械继电器的接头重约1克，因此在那个年代继电器开或关需要大约千分之五秒。在ENIAC的真空管中——或是后来的晶体管中——运动的是电子，质量不到1克的万亿分之一。

这样，从本质上来说，不需要克服什么电阻，真空管可以说是几乎同时运作。最开始时的ENIAC使电路其他部分起作用所需时间大约是百万分之五秒，比1944年需要千分之五秒的哈佛和贝尔产品快了1000倍。诚然，第一台ENIAC每秒只能计算333次乘法运算，但每一个人都会预见到这个电子奇才会越来越快。

到那时为止，提供给科学家的最好的计算器1秒钟之内只能算一道题；在看到ENIAC之后不久，约翰尼就猜到，电子计算机在我们有生之年会快上10亿倍。1990年10月，穿着睡袍的笔者捉摸着约翰尼怎么总是那么正确，他的成果是多么令人惊奇，而到现在为止，我们使用他的发现时却还是那么笨拙。1990年10月，英国气象办公室收到了一台每秒能够进行20亿次计算的计算机，它势必会取代运算速度仅为每秒4亿次的塞博205型旧电脑（1981年购入）。在第一个星期三检测时，刚从包装里拿出来的克雷电脑就预测,下星期一可怕的大风将会肆虐英格兰西部。气象办公室担心这个新玩具会养成无根据预报灾难的坏习惯,直到星期四老塞博也作出同样的预报时才发布消息。实际上,"两台电脑都捕捉到同样错误的大西洋中部的雷达图像",第二个星期的伦敦《星期日泰晤士报》(Sunday Times)解释道。星期一清晨阳光明媚,天气晴朗,无风无浪。星期二的早报兴致勃勃地刊登了着装暴露的模特们在海滩上漫步的图片。1990年,每秒计算速度为20亿次的新型计算机克雷比塞博205旧型电脑提前一天出现错误。有时的确值得想一想,如果约翰尼还活着,我们很有可能会更好地驾驭他的这些快马,而不会像现在这样如同脱了缰绳一般四处乱窜。

1944年的问题不在这里。新一年的问题之一是,1944年1月,韦弗为什么没有让约翰尼注意到ENIAC的可能进展？主要原因是,当时韦弗认为ENIAC可能无法照想象的方式工作;另外,约翰尼正在寻找的计算机应该能够直接解决洛斯阿拉莫斯的问题,而当时的ENIAC还做不到这一点。

矛盾的是,约翰尼是很有可能知晓电子计算机终将诞生的为数不多的美国人之一。根据他与布达佩斯的欧尔特沃伊的通信,早在20世纪30年代末,他们就开始讨论取得了解人脑的早期突破的可能性。到了1940年,欧尔特沃伊正在讨论是否可以从"一个由电子阀门组成的计算系统"中汲取一些借鉴。尽管1943年上半年约翰尼人在英国,他也一定有机会(尽管没有证据)了解或至少有所耳闻,作为美国ENIAC的前身的一种秘密机器——第一台大型电子计算机。

英国战时最大的秘密是1939—1940年缴获或重建德国的埃尼格玛(Enigma)密码机。这使丘吉尔在不列颠战役的大部分时间里得以了解德国的秘密计划。1943年初,德国人的伎俩更加狡黠了。每天他们都要变换3次密钥,有10 000亿种密码组合供他们使用。到那时为止,英国人已经用各种电子解码机迅速检索了截获的德国埃尼格玛信息,重排德国加密的无线电信号数字,直至在德文中有意义的信息出现。1943年1月,约翰尼刚到英国,他在战前挑选的普林斯顿助手(图灵)和1935年在战争尚未开始时就彼此交往的剑桥的朋友[纽曼(M. H. A. Newman)]就已经成为布莱奇利公园——在牛津和剑桥的中间——负责把解码机电子化的三位主要人物中的两位。

1943年12月,图灵成功地让电子在1800个真空管中畅通无阻地急速运行,一个纸带——以每秒大约5000个字符的速度向机器输入信息——在选定的埃尼格玛标题上轻轻摇晃,直到近似德文的信息出现;然后,操作员可以调节控制使以上信息翻译得更加精确一些。尽管这种机器还属于南方古猿阶段,且将来别无他用,图灵还是会从它看到计算机的影子。根据1943年约翰尼从英国写给维布伦的信,我们知道,他已经对计算机产生了"说不出口的兴趣"。在战时英国,"说不出口"意味着一些你不应该谈论的事情,在1943年凡是和埃尼格玛有关的都是极其机密的。有人说约翰尼只是提出一种办法,在位于西英格兰的航海历办公室巧妙地利用国家现钞登记处的计算机器——1943年他曾经参观过航海历办公室;由于英美编撰航海历的方法不同,两国的船只总是无法及时通知彼此所在的位置(尤其是在受到德国潜水艇袭击、发送无线电波求救时)。的确,约翰尼在返回伦敦的火车上为这台巧妙改造过的现钞登记机编写过程序,不过他不大可能对它产生"说不出口的兴趣"。

有一点很清楚,1944年初,没有人告诉约翰尼,1943年春他经常往来的阿伯丁弹道研究室(BRL)和费城宾夕法尼亚州立大学莫尔电器工程学院之间有关ENIAC的合同暂时搁浅。1944年8月,他在火车站的月台上获悉了这个消息。

1941年珍珠港事件爆发时，阿伯丁弹道实验室拥有一台布什微分分析仪。战争爆发后，弹道实验室立即占有了莫尔学院拥有的另外一台分析仪。这种分析仪曾被称为计算机的先驱，其实并非正宗。它们可以称为笨重的机械化计算的最后类型。最终每台重1吨，包括150个电动机，200米长的电线，7000个继电器以及依赖光电池的、复杂的印刷机器。每个转动轴和轮必须为每个问题非常精确地设立。改变计算操作的类型是一项费时的、讲究细节的手工工作，在费城，一些参与分析仪工作的教授对此不太擅长。

尽管有两台了不起的机器和满屋子的穿孔卡计算机器可供操作，弹道研究实验室在战争开始时，还是乱得一塌糊涂。很快，情况越来越糟。即使到了战争的第三个年头，弹道实验室大约180名员工，每天两班埋头于他们的台式计算器且两台分析仪同时开工，碰上复杂的计算也要花上3个月的时间才能完成。当时，实验室每天都要接受6份订单，制作新的设计或轰炸表；因此尽管他们忙个不停，工作往往依然积压了很多。在战争的头几个月，情况更加糟糕。直到1942年年中，阿伯丁实验室才开始以战时速度招募统计员。

陆军军械局要求对第一批战时应征入伍的士兵进行筛选，看看他们中间是否存在有希望的数学家。1942年夏天，这一批筛选出来的人才中就有29岁的戈德斯坦（生于1913年）。他在芝加哥大学获得数学博士学位之后，成为密歇根大学的教师。实际上，莫尔斯曾经邀请他到高等研究院担任助手。

1942年9月1日，新近提升的陆军中尉戈德斯坦随陆军军械局最好的技术上校吉隆（Paul Gillon）一道，研究莫尔学院的微分分析仪的工作状况为什么没有达到预期效果。他们提出了各种改进措施，包括当月将戈德斯坦调入费城以加强军事活力，用一些活泼可爱的年轻女性（如戈德斯坦的妻子）代替那几个年迈的学究操作微分分析仪。费城的一个优势在于那里可以吸引许多有能力的来自布林莫尔学院的女研究生以及附近女子大学的所有研究生。戈德斯坦委任的ENIAC的6名女性程序员中，有4名嫁给了该计划的高级成员。其中一些夫妻从此过着快乐的生活。

戈德斯坦注入了新鲜血液，提高了操作速度，尤其是他较早发现了莫尔学院最优秀的研究生、年轻（时年23岁）的工程师埃克特。每天晚上埃克特都在微分分析仪边琢磨改进方法。埃克特装了一二百个无线电管子，加了放大发生器以及一些电磁和电子配件。他很快令"这台机械模拟机器的运行速度快了约10倍，准确度也提高了约10倍"，但是运行时，它总是令人厌恶地发出刺耳的声音。埃克特和戈德斯坦两个人很快意识到，试图利用微分分析仪解决射击表的工作积压问题永远行不通。在这个阶段，故事中出现了一个更具悲剧性的人物——莫奇利（John William Mauchly）。

1941年，性情温和、政治观点左倾、近视的莫奇利最终接受在厄赛纽斯学院——费城附近一所没有真正研究预算的小型学校——教书。埃克特是一位一流的工程师；而莫奇利这位数学家尽管十分努力，却还没有发表重量级的成果。戈德斯坦以及后来的约翰尼发现，很难认同莫奇利作为一位有价值的同事，尽管他们都极其赞赏埃克特。1941年，在厄赛纽斯学院，莫奇利（不断努力寻求新的研究项目）接触到尚未出名的阿塔纳索夫（John V. Atanasoff）。1926—1945年，阿塔纳索夫是艾奥瓦州立大学的数学副教授，他是少数几个意识到如果电子能从真空管中通过（而不是依赖电磁继电器）计算机将会得到巨大改进的人之一。在艾奥瓦州，阿塔纳索夫的确用300个真空管着手组建一台电子计算机，可惜没有取得什么成果；戈德斯坦认为，原因是"它的工程概念不太成熟，逻辑概念有限"。

莫奇利在遇见阿塔纳索夫后很快被召入莫尔学院。1942年秋,他建议电子计算机应该是解决阿伯丁射击表工作积压问题的关键所在(当美军在北非登陆并发现枪托陷到沙子里时,积压问题更严重了)。埃克特对莫奇利的主意立即产生了兴趣。他注意到电子计算机可能计算出的子弹轨道比子弹在空气中穿行得快。1943年3月和4月,戈德斯坦说服吉隆和一个委员会(维布伦碰巧是成员),陆军应该资助吉隆所称的ENIAC的尝试性研发。1943年5月,研发工作开始了。起初进展还相当顺利,后来陆军大部分顶级科学顾问都上交备忘录(还好没有成功)宣称ENIAC项目荒唐可笑。

我们能够想象他们这么想的原因。一名上校和一名中尉就这么一声令下,就使当时还拖拖拉拉的莫尔学院约20人的小组获得了资助以建造名为ENIAC的U形巨型机器——长为30.5米,高3米,深1米,包含了17 000个真空管,约70 000个电阻器,10 000个电容器和6000个开关。战时物资极其短缺,他们对这些零件的优先配给权很低;运达的零件要么是其他军事单位拒收的,要么是次品。由于17 000个真空管应该以每秒100 000个脉冲的时钟频率运行,再加上一旦某个真空管在某一脉冲失败就会造成整台机器错误百出,一些悲观主义者指出这台机器将产生每秒17亿次的失败概率。费米在意大利时就了解真空管的运作,这些人中唯有他认为,如果电子计算机平稳运行超过10秒钟就已经很幸运了。1943年11月,贝尔继电器计算机的主要研发人写信给韦弗说,他"非常肯定电子设备的研发时间是继电器设备研发时间的5—6倍"。韦弗很有可能相信了这一点,这可能就是他在两个月过后还没有告诉约翰尼有关ENIAC事件的原因。

在从贝尔那里写这封信时,这种预测就已经证明是错误的。甚至在1943年秋就可以发现,ENIAC正在以比它的先辈们更快的速度奔向成功;尽管它在战争结束后才真正开始工作。约翰尼还没有介入之前,研发ENIAC的小组是如何做到进展神速的呢？

这很大程度上要归功于埃克特，还有一份功劳属于戈德斯坦。莫奇利在最开始时也起到了一些作用，他不仅有勇气实现阿塔纳索夫的独特想法，还了解IBM—哈佛以及其他非电子计算机是如何处理问题的。他会说："在这个阶段，IBM会这样做。"后来，莫奇利阴险地忙于起草专利申请。

尽管后来出现了分歧，戈德斯坦还是热情洋溢地总结了埃克特的贡献："埃克特的标准最高、精力最充沛、构思极其精巧、才智甚是出众，自始至终，他使这个项目日臻完善并确保了成功。"埃克特要求真空管受到专门保护，确保板极电压不超过额定最高电压的50%。通过为电阻器、电容器、线路板、真空管座以及其他所有零件制定相似的严格标准，真空管的故障率很快下降到每周2—3次。查找哪一个保险丝熔断的方法十分奏效——除非两个真空管同时出现故障，约翰尼后来称之为"突出部的战斗"。

ENIAC雏形的另一个优势是，戈德斯坦了解到巴比奇从未按时完成任何一项任务的历史。于是，戈德斯坦下定决心推进这个项目直到建造出可操作的原型，尽管其他人都在想方设法改进它——只要戈德斯坦允许再额外延迟一段时间。这些改进ENIAC的提议保留了下来，用于ENIAC的继任者——电子离散变量自动计算机（EDVAC）。

1944年夏末，ENIAC已经送交建造工程师手中，莫尔学院更富设计头脑的人把精力转投到EDVAC上。很有可能是在1944年8月的第一个星期，戈德斯坦在阿伯丁火车站的站台等候去费城的火车。约翰尼出现在站台上，也在等一辆火车。戈德斯坦此前从未见过他，只是参加过几次他的讲座。戈德斯坦记述道：

> 因此我相当冒昧地走上前去向这位世界闻名的人士做自我介绍，并开始谈话。幸运的是，在我看来，热情友善的冯·诺

伊曼总是竭力使别人在他面前放松。谈话很快转到我的工作。当冯·诺伊曼搞清楚我在致力研发一种每秒可以完成333次乘法运算的电子计算机时，谈话的气氛不再轻松、幽默，而更像是数学博士学位的答辩。

很可能是在1944年8月7日，戈德斯坦带约翰尼参观了费城的ENIAC。埃克特在参观前告诉戈德斯坦，他能够"根据冯·诺伊曼所提的第一个问题判断出他究竟是不是天才。如果这个问题是有关这台机器的逻辑结构的，他就会相信冯·诺伊曼是天才；否则就不是。当然，这就是冯·诺伊曼的第一个问题"。

现代计算机时代开始了。

1944年8月后即刻发生的事情带有一点苦涩。笔者倒不会觉得诧异：约翰尼就是这样，他学会了埃克特天才般的想法，而后远远地把他们抛在后面。不论是对市场的判断，还是法庭上旷日持久的裁决，发展的方向都是约翰尼所期望的。但是埃克特和莫奇利觉得他们受到了欺骗也很可以理解。

埃克特是个精力充沛的发明家，对机械的感觉很好，想法十分新颖独创。他用发明改进电影管风琴赚的学费完成大学学业。然后在一个雷达项目中，他为水银继电器线路引入了一种装置。因为脉冲通过液体的速度比电子通过电线的速度慢得多，所以水银继电器装置能够使脉冲减速，而需要的其他脉冲将前行超越它们。埃克特对ENIAC的贡献是突出的，但是他很早就意识到ENIAC的缺陷。

主要的（但不是唯一的）缺陷在于ENIAC缺乏足够的存储器。每当它需要编程解决新问题时，操作员们就得跑来跑去，重新把电缆的插头插好，扔掉开关，改变拨号，搬动设备。如果ENIAC只是用于制作射击表则问题还不大，同样的程序可以连续工作几个星期。一旦计算机需要通过关键的分接头从一个问题转换到另一个问题,麻烦就来了。埃克特建议了几种方法改进下一代计算机的存储器:一种方法来自电影管风琴的声调发生方法,另一种(体现在EDVAC中)使用了水银继电器线路。

与约翰尼既高瞻远瞩又强于实践的奇特的混合状态相比,与ENIAC有关的能人们开始就犯了两个相反的错误:一是发明者贪婪的梦想,一是商界开始时的不屑一顾。埃克特和莫奇利希望通过先后取得ENIAC和EDVAC的专利权赚到盆满钵满。他们聘用的专利律师鼓动而没有劝诫他们。像计算机这样新鲜玩意问世,即使在今天头几个机型通常也赚不到钱。顾客们知道过几年生产出来的机型会好得多。

1944—1946年,商家连其后研制出来的机型也不相信。IBM的小沃森参观ENIAC("金属搁物架上的大量的真空管")时,出色的埃克特和稍逊色的莫奇利认为他们"会很快把IBM挤到一边";小沃森对此觉得很好笑,他认为ENIAC这种装置"巨大、昂贵且不可靠"。

约翰尼第一眼看到ENIAC和第一次讨论EDVAC时的反应可大不相同。他高瞻远瞩地想象到利用在同一间房的17 000个无线电真空管(8月份没有空调,通了脉冲一定很热)模拟人脑;但他又十分实际,开始思考具体细节。这两位年轻人(他指的是埃克特和戈德斯坦)制造出一件非常了不起的庞然大物,它能快速地、合乎逻辑地做算术。每当约翰尼看到有关EDVAC的提议时,更好的想法就从他的脑子里冒出来。

为了能够制造出一台模拟大脑的机器,约翰尼冥思苦想。1943年,麦卡洛克(W. S. McCulloch)和皮茨(W. Pitts)合著的一篇有关人脑神经系统的数学模型的论文发表在《数理生物物理学公报》(*Bulletin of Mathematical Biophysics*)上。它令约翰尼钦佩不已,十分兴奋。现在,不论是谁重读这篇论文都会和约翰尼的一位不愿透露姓名的朋友颇有同感:麦卡洛克—皮茨模型"相当幼稚",但约翰尼却对它"印象极深"。

然而,约翰尼读麦卡洛克—皮茨论文时的激动心情也有助于说明,为什么他看到电子计算机时一下子就找到了感觉。学者型数学家戈德斯坦认为,自己的电子工程师小组成功地开创某些重要的研究。现在,世界顶级数学家的迅速反应使它变得甚至更为重要。戈德斯坦对约翰尼所使用的数学符号最为理解和欣赏。本章引用了戈德斯坦所著的《计算机——从帕斯卡到冯·诺伊曼》(*The Computer from Pascal to von Neumann*)一书的许多内容,该书也转载了他在1944年8月21日和1944年9月2日给吉隆的两封信。

在8月21日的信中戈德德斯坦说,约翰尼每周和他通一次信,并研究计算机如何参与解决爆炸的空气动力学问题。今后的主要问题是:避免重新启动程序而浪费宝贵的时间,并找到一个比计算机累加器更为经济的资料存储工具。"累加器这种工具十分有力,仅仅用来暂时存储数字似乎有点愚蠢。埃克特在开发廉价的装置上有一些好点子。"

在9月12日的信中,戈德斯坦报告说成功地克服了一个困难问题。ENIAC计算约翰尼给出的方程要比IBM—哈佛计算机快得多,但是启动要慢得多。"使用哈佛计算机计算一个7项级数需要15分钟,而启动时间仅为3分钟;而使用ENIAC计算只需1秒钟,却至少需要15分钟的启动时间。"令人惊奇的消息传来,该小组知道如何消除这种差异。"我们提议建立一个集中化的程序装置,把程序指令以编码形式存储其中。""中央程序的一个关键性的优势是,不管多么复杂的程序指令都可以实施;然而在当前的ENIAC上,我们受到了局限。"

戈德斯坦在战后发表的书中写道:"在两封信间隔的两周里,存储程序的想法仿佛取得了进展。实际上在9月的信中这一概念已经以十分现代的样式出现,但在8月的信中作者正在努力改进中央控制的修订方法以使它更有用一些。"戈德斯坦暗示说,这两周来,小组新成员约翰尼以他神奇的速度和智力领导大家跨越障碍,研制出存储程序得当的计算机。费城的其他人认为约翰尼和埃克特的想法不谋而合。1944年9月13日,布莱纳德(J. G. Brainerd)博士(莫尔学院的主任)在写给吉隆的一封信中说,科学家的想法是,ENIAC没有充足的存储能力来解非线性偏微分方程。莫尔学院现在知道,"有两个原理可以作为基础加以利用:一是可以使用光电摄像管,为此冯·诺伊曼博士已经和美国无线电广播公司(RCA)的兹沃尔金(Vladimir Zworykin)博士商谈过(第十三章里我们会再次谈到这位兹沃尔金先生);另一个……是在继电器线路中使用存储器,这方面我们有一些经验(埃克特的方案)"。

有一些作者认为,约翰尼盗用别人有关EDVAC的想法,而不是完全运用自己的思路;这些人以为约翰尼在1944年9月7日才看到ENIAC。正是在这一天,他和普林斯顿的另外一位同事通过安全许可,获准参观。上述引文显示,在这之前一个月,他就已经是有关EDVAC讨论中的活跃分子了。实际上,约翰尼(没有埃克特和莫奇利)出席了1944年8月29日在阿伯丁召开的弹道研究实验室董事会会议,会上基本通过资助EDVAC项目。董事会拿到了EDVAC比ENIAC处理更有效的问题的清单,其中大部分问题都是约翰尼特别感兴趣的。

诋毁约翰尼的人还以为,只有当他访问费城时,才对EDVAC作出了一些贡献。重要的是,这段时间的主要经验之一是,约翰尼并没有受雇专职研究EDVAC。你没法雇用世界上最聪明的人之一,然后对他说:"坐在桌边思索这个项目合理的发展方向。"但在1944—1945年,约翰尼在美国四处奔波完成他的4个专职工作;在火车上,自由想象的他确实为EDVAC最令人头疼的问题绞尽脑汁。

1945年2月12日,约翰尼写给戈德斯坦的信就可以作为他情绪显示的细节佐证:

> 有关输入数据并得出结果的讨论,我还要再说上几句。
> 你可能会想起来,输入数据时会产生两种数字:二进制整数 x,

y在存储器中指示位置,其余的二进制数……应当由人类操作员输入,被机器以十进制数吸收,并如此打印……至于对x,y我们还存在疑虑。由于它们拥有逻辑控制功能,不得不转换它们就有点尴尬。我提议让x,y始终保持二进制形式,但我们最终同意由人类操纵和记忆二进制存在困难。我认为我们忽视了一个明显的解决方法:即在机器的外部以八进制(基数8)处理x,y……

到了1945年春天,约翰尼应邀为EDVAC起草逻辑框架报告。戈德斯坦说,这将会非常有用,因为没有人为ENIAC起草过任何此类文件——"结果,ENIAC里有许多小型装置存在的唯一理由是因为莫奇利喜欢。"

1945年,约翰尼写了这份《关于EDVAC的报告草案》(First Draft of a Report on the EDVAC,简称《报告草案》)。1945年6月30日由莫尔学院油印出版,长达101页。戈德斯坦以及其他人把它描绘成"有史以来有关计算和计算机的最重要的文献"。约翰尼在解释计算机需要中心算术系统(C.A.)、中央控制系统(C. C.)以提供恰当的操作顺序和存储器(M)时,多少有点模仿巴比奇的语言。他继续写道:"这3种特殊的部分——中心算术系统、中央控制系统(与计算机一起)和存储器——相当于人类神经系统中的联想神经元,还需要讨论感觉的或传入的以及传动蛋白或传出神经元的对等物。这些是该装置的输入和输出器官……"

戈德斯坦对约翰尼不吝赞美之词,称赞他是"明确了解计算机主要承担逻辑功能,而电气方面只是辅助功能"的第一人。约翰尼的《报告草案》为计算机"将来几乎所有的逻辑设计的研究确立了模式"。戈德斯坦甚至称赞麦卡洛克—皮茨符号表示法的使用是一个"从逻辑学角度以画面的方式呈现计算机电路如何运行的主要方法"。(戈德斯坦说)约翰尼是"为分类和归并例程"研究出详细程序的第一人:这是一个里程碑,因为它"第一次以完整详细的例证阐述了现在著名的程序存储概念"。他使EDVAC实现了操作的串行模式(即一次性下达指令,然后实施)。约翰尼建议,改进电视摄像管以提供有价值的存储装置。戈德斯坦说:"在莫尔学院小组所有成员中,约翰尼是不可或缺的一位。针对这个项目的某一部分而言,都有其不可或缺的一员——比如,埃克特发明延迟线路作为存储装置是无法取代的——然而就整个任务而言,只有冯·诺伊曼是至关重要的。"

对约翰尼的这些赞美词,埃克特和莫奇利颇不以为然,随着时间的推移积怨愈深。甚至在1945年9月,他们(或他们的专利律师)还把《报告草案》描述成对"埃克特和莫奇利提出的物理构架和装置的"总结,约翰尼不过是把它们转化成麦卡洛克—皮茨语言——在埃克特和莫奇利眼中,这种语言实在是怪异。莫奇利说:"约翰尼学得很快,当然,这是他的本性。"约翰尼"以新的形式解释了我们的逻辑,但仍是同样的逻辑……他引入的符号不同,但是等价的;装置的作用仍然相同。约翰尼并没有改变我们已经表述的EDVAC的根本概念"。

舒尔金(Joel Shurkin)在他的书《心智的机器》(*Engines of the Mind*)中认为,EDVAC的主要创造者是埃克特和莫奇利,约翰尼直到1946年后才在他的高等研究院项目中对计算机作出了真正的贡献。舒尔金认为,在高等研究院,

> 冯·诺伊曼的技术贡献是显而易见、毋庸置疑的。他所设计的机器比世界上所有的机器速度都要快……当世界上所有的计算机制作者都在朝一个方向努力时,冯·诺伊曼的天才头脑比别人更好地阐明并描述了途径……研究院在编程和机器体系结构方面的诸多发展深刻地影响了未来计算

机的发展……当别人对他们的机器使用初级的数字指令时，冯·诺伊曼和他的团队却在开发一种只需稍加修改、就可以适用于几乎整个计算机时代的指令。

如果按照约翰尼的想法，邀请埃克特作为总工程师合作进行，约翰尼在普林斯顿的计算机项目会更早地取得成功。但是舒尔金的最后一句话——适用于"几乎整个计算机时代"的指令——解释了双方的分歧。埃克特和莫奇利认为EDVAC可以直接带来商业上的成功。约翰尼不这么认为，他的着眼点在于开创一个新的计算机时代。

理智地说，约翰尼的概念很难令人不感到更加兴奋；从金钱的角度来看，很容易明白为什么埃克特和莫奇利越来越气急败坏，尽管实际上这并不是约翰尼的错。

1945年年中，戈德斯坦为约翰尼的《报告草案》而震撼。他立即意识到这101页打印稿是一份历史文献。只要开口，不管你来自世界何地，戈德斯坦都会慷慨相送。封面上只有一个名字——约翰尼·冯·诺伊曼。虽然有人为这本书贡献出想法，但约翰尼并没有和他们分享荣誉。原因很简单，他认为这是一份为这些人而写的工作文件，为他和他们阐明前进的道路；1945年3月，他依旧把它看作关键的战时项目。戈德斯坦认为："由于冯·诺伊曼的《报告草案》毫无瑕疵，因而直至他认为其可以作为报告正式发表而从未修改过，实际上，几年之后他才得知这本书已经被广为传阅了。"

部分问题出现是由于1945年3月《报告草案》完成后不久，战争就结束了。其后的4个月里，约翰尼正在参与研制爆聚炸弹，准备进行"三一"爆炸试验，在华盛顿作出决定广岛或其他城市是否应该从地图上消失，计算原子弹应当从什么高度投掷并核对广岛和长崎的破坏数据。约翰尼正生活在世界大事的中心，并没有被排挤的感觉。

埃克特和莫奇利知道他们的战时工作是才华横溢地参与研制一个

称作电子计算机的东西,但如今他们已经不在保密名单上了。这个电子计算机将会成为20世纪后半叶最重要的机器。他们雇用了律师以收获他们那一份劳动果实。

这场不快的结果是研制计算机的动力一分为二——这是一种贬义的说法,但这样幸运地产生了竞争。

我们最好把费城计算机的诸多头绪进行梳理。因为收尾工作拖了很长时间,所以在战争结束之前,ENIAC并没有派上用场。1945年末,ENIAC在洛斯阿拉莫斯的希波计算中才第一次发挥作用。1946年6月30日,ENIAC被费城陆军军械局正式接收。本来打算立刻把它送到阿伯丁,然而当时它还在为洛斯阿拉莫斯进行深奥的运算。约翰尼在幕后运用他越来越大的影响力确保ENIAC 1946年在费城停止运转前完成这一系列计算。还好他成功了,因为搬运和在阿伯丁重新组装这17 000个真空管花费了9个月的时间,这次再生很不容易。

1947年7月29日,ENIAC在阿伯丁重新运转。不久之后,约翰尼使这只垂死的恐龙焕发了新的生命。他给整台机器重新编程,使之成为一台新的、有点原始的程序存储计算机,它也因此在其晚年真正成为一台程序存储计算机。这使ENIAC的运行速度降低,却大大加快了程序设计器的任务完成速度,以致ENIAC再也没有使用过1947年前的运行模式。约翰尼通过增加存储程序设备,延长ENIAC的工作时间为每天24小时,直到1955年10月2日。那天,几千个开关关掉,部分元件——闪光灯和其他样品——成为华盛顿史密森博物馆展品。

EDVAC的两个争执不休的策划小组在它诞生前就各奔东西了。实际上,它最终成型还要归功于自己的孩子们。战争结束时,约翰尼和戈德斯坦动身前往普林斯顿开发他们自己的计算机计划(参见第十三章);埃克特和莫奇利离开了莫尔学院,因为他们不愿意就专利政策签署一份大学声明。

1945年,莫尔学院还有一份与军方签订的完成EDVAC计算机的合同尚未履行,而今人去楼空。虽然颇为无奈,院方还得忠实地履行合同。莫尔学院引入了新的工程师来完成合同,结果他们还真的经受了考验。1950年,EDVAC被交付给阿伯丁,其状况和约翰尼《报告草案》的建议在状态上颇为吻合。而当时,它并不算是《报告草案》的长子;英国剑桥大学于1949年6月启动的电子延迟存储自动计算机(EDSAC),赢得了长子的荣誉。

6名幸运的英国人(其中包括图灵)在1945年得到了约翰尼的《报告草案》。图灵试图在《报告草案》的基础上加以改进,制作出一台计算机——相比约翰尼的原始设计,这种计算机机械上略为简单,逻辑设计上较为复杂,因而编码系统也更为复杂,但可惜没有结果。这恰恰表明了约翰尼天才的另一个侧面:他的《报告草案》在逻辑设计上本可以更为复杂,但他特地简单化以适应当时可能利用的工程和编程设备。剑桥大学EDSAC的制作者对《报告草案》可是亦步亦趋。他们认为全世界生产的计算机拥有一个共同的祖先——目前可以说是圣经一般的《报告草案》——是一桩好事。"只要熟悉了一种机器,适应另一种机器将全无困难。"下一章里,我们会发现,世界上更多的计算机是以约翰尼、戈德斯坦和他们的团队在普林斯顿发表的论文为基础的。

1946年,埃克特和莫奇利离开莫尔学院成立了一家私营企业——埃克特—莫奇利计算机公司。他们从诺斯罗普航空公司获得了一份合同,制造一台二进制自动计算机(BINAC);该机于1950年8月开始运行。然后为人口调查局制造了一台通用自动计算机(UNIAC),该机于1951年3月开始运行。在他们那个时代,这两台机器算是成功了。尽管普林斯顿的计算机项目进展较为缓慢,但约翰尼的智慧灵感不断涌现出来,开创了一个新的纪元。

战后,莫奇利遭受了巨大的不幸。1946年一个午夜,他和夫人到大西洋里裸泳。夫人玛丽(Mary Mauchly)被海水吞噬了生命,莫奇利不得不光着身子跑到邻村求救,他因眼镜丢了以致站在路灯下也看不清楚东西。莫奇利再婚娶了ENIAC项目中一位最能干的年轻姑娘,这位姑娘成了他的贤内助。然而,在当时,他因麦卡锡分子的诽谤中伤——说他和20世纪30年代的左派有瓜葛——而签不到国防合同。莫奇利到底不是一个成功的商人。1949年,埃克特—莫奇利计算机公司囊内空空,他们去找老沃森,希望IBM收留他们。小沃森写道,莫奇利是"一个穿着邋遢、看起来蔑视规则的瘦高个儿,埃克特却很整洁。他们进来后,莫奇利就一屁股坐在沙发上,把脚支在咖啡台上——看这架势,就别指望他会尊重我的父亲了"。沃森父子说处于反托拉斯考虑,IBM不可能接管任何计算机公司。埃克特"十分理解……莫奇利一句话也没说,他跟着衣着笔挺的埃克特懒散地出了门"。

1950—1951年,埃克特—莫奇利计算机公司被雷明顿兰德公司收购;1955年与斯佩里陀螺仪公司合并。斯佩里—兰德公司后来卷入了诉讼:自1944年始,到底有多少埃克特—莫奇利的想法被其他公司盗用。1973年,裁决如下:1945年约翰尼公开发表《报告草案》使这些问题进入公共领域,电子计算机的原始想法并非源于莫奇利而是源于阿塔纳索夫。

1945年后,领导计算机革命的主要任务落在了约翰尼的肩头,并渐渐成为他的另一份兼职工作。他所完成的论文比他的机器重要得多。约翰尼1945年为EDVAC所著的《报告草案》直接把该项目引入公共领域,帮助全世界的人们生产EDVAC的后代产品,每一个产品都会带来修正想法,每一个项目的领导者和团队都会对这些想法进行实验。约翰尼认为这是进步的正确道路。但是他也十分肯定,只要他稍稍动一点脑筋,这些新开发出来的产品很快就会过时。约翰尼决定在这方面动动脑子,并把他的新想法引入公共领域。

当约翰尼采取这些行动时,大多数一息尚存的计算机设计者不再克隆 EDVAC,转而创建高等研究院计算机的翻版。如果你想要赶上世界市场,开明天的车子比开昨天的车子要好一些。一个十几个人相当偶然地组成的小组,在战时保密的条件下(虽然1944年8月之后,他们很幸运得到像约翰尼这样的数学家为他们理顺思路、归纳分类),经过很短一段时间思索之后,就研制出了 EDVAC。但当时约翰尼思考 EDVAC 的时间不过几个小时,而且大部分还是在战时并不舒适的火车上度过的。约翰尼发现,只要研究和实验条件合适,他就可以大大地提高计算机的逻辑设计。即使他筹措的工程资源并不得力(事实上的确如此),只要能够坐下来思考,他就可以做得到。这也解释了他对埃克特和莫奇利及其商业行为的态度。这些人试图满足市场需求,约翰尼祝他们好运;但他认为技术的进步非常快,他们的型号在完成之前就会过时。

只有在埃克特和莫奇利试图获得限制性专利时,约翰尼才开始抵制他们。这些专利会封锁 EDVAC 的技术,当他进行实验以获得比 EDVAC 更加先进、更为重要的技术时,会被挡在门外。为此他写了一些措辞相当尖刻的信。约翰尼的确幻想过:自动化是不是也能够如同达尔文进化论一般创造出更好的自动化,等等。但是,他首先要让 EDVAC 的下一代超过它。

即使目的如此单纯,以这种方法对待技术在西方依然十分不寻常。现在,大部分大型的美国公司不会把他们最佳的革新方案拱手送给竞争对手,以期望他们相互补充思路、加以完善。他们雇用专利律师保护他们眼中所谓的知识产权,埃克特和莫奇利的做法则更为美国化一些。

自1962年始,笔者去过日本十几次,确认了约翰尼对待技术进步的方式十分接近现代日本的方式。日本的律师比美国的律师少得多,包括专利律师。有关任何工业生产良机的初步的、宽泛的知识往往很快进入公共领域。一段时期之后——只有在一段时期后——很多公司才开始竞争、生产可销售的型号。早期的一个主要操作者是让人敬畏的国际工商部(MITI)。许多美国人以为国际工商部为日本制造业提供大笔的津贴;然而遍查日本预算账目却没发现几个直接津贴,因而十分困惑。相比20世纪60年代,尽管国际工商部的权力小了许多,但录像机出现之后的种种情形说明它的运作方式并没有改变。录像机本是西方的发明,开始时价格很高,电视台用它来做即时回放,以确认本是本队正常击打却被裁判误判为"三连击"。

当时,全日本大型消费电子公司约有七八家出席了国际工商部会议,把各自公司的录像机方面的研究人员联合在一起。会议之后,相互竞争的日本公司达成了一个共同的目标:"在某某时间表内,我们可以设计出售价低于1000美元的录像机,我们的商品在全球将有几亿的潜在销售量。"这成了一个口号,有点像20世纪60年代肯尼迪总统的那句"在10年内把人送上月球"。在笔者所了解的一个大型日本公司里,录像机项目只是128个正在展开的、有目的、有限期的研究项目之一。每个项目有一二十人组成,很像ENIAC的研制小组。在限期内,所有公司都会将原型制作完毕。如果自己公司的原型看上去比竞争公司的差,该公司就会召来本公司最好的技术人员,请他们利用业余时间进行反思。如果"我们公司的录像机在投放市场之前出现了问题,我们所有的顶级专家周末都来上班,大家挽起袖管大干一场,把问题解决"。

日本在目标和期限这两点上,与美国"二战"期间的研究项目有相像之处;在把最早的私人知识推广到公共领域这一点上,与约翰尼

1945—1955年开发计算机的做法很相像。现在,在西方的大部分研究项目中,我看不到这种不懈的精神。这种差异没有出现,因为约翰尼是一个主张集体主义的人。和大多数学者相比,他更信仰自由市场。尽管约翰尼身在别处,但他为一个项目研究作出了贡献,他在这个项目开始时说的一段话或许可以最好地表达他的观点。1954年,约翰尼在IBM为美国海军制造NORC计算机的致辞中说,他相信

> 在设计新事物时……想一想要求是什么、价格是什么、究竟应该大刀阔斧还是小心谨慎等等,是常规的和非常恰当的做法;当然,这类的思考也是必要的。如果不遵守这些规则,99%的情况下,事情会很快变得一塌糊涂;但也有1%不同的情况,这一点十分重要……有时会像这次美国海军和IBM的做法:制定具体的规定,旨在调取目前该学科可能的最为先进的机器。我希望很快就会有人效法,我也希望人们不要忘记。

1945年后,约翰尼在普林斯顿高等研究院的计算机项目就是这样的一个例证。这个项目可能没有占得地利,工程资源既不充分也不得力,却拥有天时。下一章将探讨具体成果。

第十三章

来自普林斯顿的计算机

1946—1952年

时至1945年抗日胜利日,约翰尼了解到每年他还要在军界工作几个月,包括在洛斯阿拉莫斯。他预见到必须威慑斯大林领导的苏联,必要时甚至不惜开战。约翰尼认为,如果要保全整个世界,自己另外一项最重要的工作应当是大型计算机。他知道他应当奉上一臂之力,助大型计算机再上一个台阶,而别无他人堪当此任。

关于计算机,约翰尼需要作出四项决定。第一,要决定从何处开始运作、如何募集资金,以及如何调动热情。诚如本章第一部分所谈,资金和热情问题约翰尼解决得相当成功。

第二,在计算机腾飞之前,要构思和解释计算机逻辑设计方面的变革。本章的第二个部分会讨论,约翰尼和他的团队以惊人的速度在全世界范围内将冯·诺伊曼计算机体系结构传播开来。

第三,约翰尼着手制造自己的计算机,并希望这台计算机可以为大型的科学项目提供特殊的用处。本章在第三个部分承认,按照约翰尼的标准,这方面他遭受了惨败。他的计算机的重要性在于仿效的价值,有时它还没启动工作,仿造产品就出来了。

第四,约翰尼胸怀计算机发展方向的宏伟概念——这一点前无古人;或者说更为奇怪的是,也后无来者。他并没有把计算机构想为现在人们所使用的多功能打字机。他希望实验科学家能够利用计算机开始一场改变（他最喜欢用的字眼是"撼动"）这个星球的革命。气象学是约翰尼首先利用计算机功能的伟大学科，他参与领导了一次在他眼中令人失望的未竟的革命，但该学科得以改观。说得更直截了当一些，他希望在今天我们可以控制天气；我们希望第二天是什么样的天气，就大致会有这种天气。1992年，混沌理论家和环境保护主义者的一般看法是，任何"撼动"这个星球的企图都是极其不负责任的。到了2012年，一般的观点可能会认为1957—1992年我们落后了，因为这个星球在这段时期没有诞生像约翰尼这样的数学英才（或是在这个长度只有5秒的简短录音片断的电视时代，无法形成有主见的阶层）。

本章的第五个部分用来阐述笔者关于这个问题颇有诗意的疑虑。

1945年的第一个决定是：从何处开始运作。莫尔学院是灵感诞生的地方，此后它就被专利权问题搞得乌烟瘴气。把计算机项目带回约翰尼所在的高等研究院的弊端在于研究院空间局促，以及那里对待实践活动的势利态度。"进入热气球的骑兵就不许再使用马刺"，1914年西方前线的布告栏里有这样一条合理的公告。高等研究院精妙高深的气氛熏陶出来的人对待像计算机这样锐利的研究项目也抱同样的态度，尽管研究院院长艾德洛特与众人不同。

美国其他大学好像更为欢迎计算机项目。据乌拉姆回忆，此后在加利福尼亚大学召开有关约翰尼式计算机的会议上，"随着人们对这个项目的热情呈几何级数增长，（会议）气氛让我想起了凡尔纳（Jules Verne）的《环游月球》(*Trip to the Moon*)里面的大炮俱乐部"。1945年末，好几所大学想方设法要挖到约翰尼，尤其是挖到他搞计算机研究。约翰尼接到芝加哥大学、麻省理工学院发出的正式邀请聘他做教授，哈佛大学和哥伦比亚大学也与他进行过试探性接触。麻省理工学院的维纳精明地询问计算机研究如何"在普林斯顿争得一席之地？你将会需要一个随你使用的实验室,而象牙塔里容不下实验室"。

约翰尼婉言谢绝了这些大学,因为高等研究院的艾德洛特对试探性的意见征询反应非常慷慨。1945年10月,艾德洛特向高等研究院董事会提议,约翰尼的计算机项目大约需要30万美元,他们最好可以先支出10万美元。艾德洛特还提议,这些资金可以马上利用——这一点十分重要。艾德洛特是这样表述的,这种计算机将是"当今最为复杂的研究工具……一旦建造成功,就可以解决许多难题,实现人类的梦想。第一台具有这种品质的工具在这样一个致力于纯研究的机构建造,在我看来意义非凡。尽管为达到实际应用的目的,可能会有许多模仿的成分"。

一开始需要的30万美元中另一部分,将来自RCA。1945年,因为战后新兴的电视业看起来肯定会极为兴盛,它在普林斯顿的实验室转而研究阴极射线管。

约翰尼已经发现,阴极射线管将最有可能成为计算机存储器的技术。相比通过埃克特的水银延迟线路,通过阴极射线管获得的存储将更加迅捷和随机。RCA的兹沃尔金声望甚高,被认为是现代电视机的发明人之一;约翰尼已经点燃了他的热情。约翰尼认为,他可以使RCA不那么计较专利,这样他就可以向全世界发表关于计算机的新发现了。约翰尼意识到RCA和埃克特之间关于专利会发生意见冲突。1945年,他依然希望埃克特担任普林斯顿项目的总工程师,他在这一点上无疑是正确的。约翰尼明白无误地告诉RCA,他认为埃克特十分聪明;但处于同样的担心,他向埃克特隐瞒了他的上述看法。

RCA忙个不停,为约翰尼生产一种称为"选数管"的特殊阴极射线管。它包含一个个彼此成直角的栅网,在某种程度上形成了许多"窗户"——一次只能打开一个。这样电子束就可以有选择地通过,进入我们熟悉的类似电视的屏幕,这是后约翰尼时代计算机的一个特点。

"选数管"非常精巧、构造复杂、可信度高——却也是灾难性的。几乎就在同时,在英国曼彻斯特大学以小额资本研究的威廉斯(F. C. Williams)发现,用于转换阴极射线管电子束的常规技术对计算机来说就足够了。约翰尼在高等研究院的计算机在整体运行前就滞后了;究其原因,部分在于高等研究院偏理论、轻技术的态度,部分在于RCA技术层次过高。此后的两个赞助就令约翰尼幸运多了。他们来自军方,允许约翰尼更加国际化、更为自由地运作;尽管约翰尼在高等研究院的同事曾一度反对,以为军方介入会引入保密计划和民族主义。

由于资金并非来自传统的学术研究基金(洛克菲勒基金会说他们被饱受战争蹂躏的欧洲拴得太牢了),约翰尼早就预见到从美国海军和陆军吸纳资金的好处。他吸引了他们——使他们成为热情、合作的伙伴——凭借一己之力完成的院外、甚至是在全美国的斡旋,称得上技巧娴熟、目光远大。值得总结的是,这不仅对于现在那几百万企图用平淡无奇的方法从政府手中获取几十亿资金的人有借鉴价值,还因此显示了约翰尼在1945年希望计算机能够做到的那些事情,而时至今日(1992年)许多还没有完成。

约翰尼与海军方面接触的第一个人是战时海军准将(后来升任海军上将)斯特劳斯,1938年他作为华尔街的银行家把齐拉请到美国研究癌症,他在约翰尼一生中的最后12年里将起到巨大作用——主要因为约翰尼知道如何利用斯特劳斯作为公众人物一面的讲求效率以及理性的性格,也知道如何缓解他在处理人际关系时表现出来的心胸狭窄、报复心强等特点。

1945年末,约翰尼写信给斯特劳斯说,数学中所有现存的近似都被可能达到的最快计算速度所制约。而现在,计算速度将至少提高10 000

倍。这个倍数的意义将会越来越重大，它意味着：（1）到目前为止，一个研究者终其一生才能完成的计算一个早上就可以完成，（2）一个研究小组可以多完成100倍的研究项目，速度加快100倍，（3）将会开辟无法想象的新的研究领域。

为了解决某些非线性偏微分方程，一个数学家比用线性方程解决问题时可能要多做100万次计算。没有哪个科学家愿意做100万次求和，结果到90岁时才发现他们耗尽了毕生的精力仍一无所获。因而，科学家们为之勤奋工作并取得成绩的学科依旧利用简单的线性方程并非偶然，如量子力学、雷达、电视机以及战前和战争过程中取得伟大技术进步的几乎所有领域。1945年末，约翰尼在另外一份文件中说，与此形成对照的是，在需要用非线性方程解决的所有问题中，"分析的进步在前沿已经停滞很长时间了"。

当某物体所发生的变化立即引起周围事物变化时，就需要利用那些可恶的复杂的非线性方程了。第二次世界大战期间，约翰尼在研究冲击波（尤其是水中冲击波）时遇到了特殊的难题，因为在每个冲击波的每个阶段"方程的特性同时在各个方面发生变化"。非线性问题包括空气和水的运动的大部分计算，一些与摩擦有关的计算（随物体速度加快而变化），与弹性和塑性相关的各种问题，以及大部分组织问题（一旦你调动资源来解决某些特殊问题时，这一资源调动就意味着市场情形发生了变化，于是问题本身也随之发生变化；这样一来，许多经济和商业计划都成了泡影）。约翰尼相信，非线性问题会出现在气象学（很早他就认为这是应该首先研究的学科）、生物学、化学以及探索人脑的未来研究中——还有许多目前没人敢谈论的其他研究。约翰尼承认，即使是他本人也无法想象不久的将来会发生什么。

对少数科学家同仁，约翰尼会讲得更明确些，听上去更有学术深度一些。他的新型计算机

> 有可能拓展目前的量子理论到更多粒子和更多自由度的体系……它［可能］将为不可压缩黏性流体动力学的关键状态……还有湍流现象以及更为复杂的边界层理论提供计算手段。它有可能使弹性理论和塑性理论比现在更容易接近。它将很有可能在三维电动力学问题上起很大作用。利用计算手段肯定会解决许多普通光学和电子光学方面的关键性瓶颈问题。它可能会对恒星天文学很有用。它肯定会开辟数理统计学的一种新方法：利用计算统计实验的方法……

这部分唤起了大家对计算机的特殊兴趣。但在与极少数数学家同仁谈话时，约翰尼会强调他们的研究工作将因计算机而发生翻天覆地的变化。

约翰尼认为，目前的数学方法是适应缓慢的、纯粹人工的计算步骤而发展起来的。电子计算机会改变可能性、难点、重点和界限，它会从根本上改变计算的整个内部体系，彻底转换所有的程序选择和平衡性，以致在"判断数学上简单或复杂、优雅或笨拙的全新标准"的基础上，旧的数学方法不得不让位于新的方法。

向数学家同行提出这样一番忠告是约翰尼在这场改革运动中最为失策的一步。他在告诉那些50岁或75岁已然功成名就的人，他们需要学习新方法。他简直就是在说，如今放在普林斯顿研究院地下室里的那些真空管使他们几十年来对某些正统数学概念的思考变得过时了。我们后来发现，约翰尼确实遭到普林斯顿一些数学家的憎恨，但他凭借自己的智慧、温和以及（为此而举办的）鸡尾酒会有所化解。

相反，1945—1946年约翰尼对付陆海军上将的办法是燃起他们的热情。约翰尼向他们展示非线性问题可以改变军队职责的种种例子。他对军方说，空气动力学中需要解决非线性问题，这样才能提高喷气式飞机以及未来导弹飞行的速度。当新型飞机的设计能够被计算机模拟检验时，只需在计算机模拟的基础上挑选几个特别出色的设计，进入制造实物阶段。如果没有计算机模拟试验，预算部门拨给空军上将的设计经费对设计新型飞机来说同样很少。因为他们有可能会耗尽用于研制新型飞机和其他武器的资金却制造出不少废铜烂铁。这样，不仅美国军队的效率大打折扣，与之相关的将军也脸上无光。

由于投掷到广岛和长崎的两颗原子弹的非线性计算十分粗糙，没人得出千吨级原子弹的爆炸威力将是怎样。投掷到长崎的原子弹威力小一些，说明科学家还没有把构架的不同弹性和塑性等因素考虑进去，进而研究出射弹孔的正确形状和条件。核爆炸释放的辐射是可怕的、令人震惊的新式战争武器；没有计算机模拟，就没人（包括现在随意发表意见的和平主义科学家）能对它真正深入了解。如果美国打算在广岛原子弹的基础上前进一步，制造出超级原子弹（有可能是氢弹），就需要解决许多非线性方程。

约翰尼在说服海军方面时用的可能就是这样一番说辞：由于"水下爆炸形成的气泡、非均匀性以及因水体表面和底部的存在而必然引起的边界条件"，所以相比空气中爆炸，水中爆炸能量的计算更加需要计算机；计算机能使海洋学、地磁学更加科学。约翰尼说："地球的液态地核的运动相当复杂，其中力学和电磁学扮演着相当重要的角色。"他认为海军应该知道地震波来临的时间，并指出计算机在作战计划方面的优势。如果你在组织海军对敌作战，你应当考虑到敌军可能作出的种种不同反应，考虑到不确定因素，诸如发动进攻那天的天气情况以及一旦某些物资没有按时到达而产生的后勤问题。

人可以用计算机完成也许100次计算，每一次计算可以假定不同的偶发因子。如果你让计算机合理分配，那么在100次的尝试中就可以获得正确的统计模式。约翰尼说，在海军以前的某些军事行动中，这种计划通过演习或相似的方式以中等规模应用过。但是演习是非常困难的艺术——耗时长,装备花销大且令人不胜其烦,因此既不能经常进行,规模也不能太大,尽管实战时手忙脚乱且代价惨痛。

约翰尼告诉上将们,计算机不仅可以解决他们的问题,还有更大的用场。与他们私下里谈话时,约翰尼叹道,美国海军比商界觉醒得可早多了,"在计划一个研究项目或调查时,如果涉及把整个组织拴住半年,没有人愿意卷入一个可能行不通的特定计划上;另一方面,如果进展迅速,人们就会大胆地去发现如何更快地解决问题的方法"。同样,约翰尼对上将们说,计算机能够革新气象学,甚至有可能控制天气。谁都不愿意斯大林首先将利用气候变化的可能性作为威胁我们的战争武器——或许他会威胁我们把北美洲变成处于新的冰河世纪。

事实证明这些话说服了上将和将军们。资金问题从未妨碍过约翰尼在高等研究院的计算机项目。来自不同赞助者的各个款项令人振奋,将军们、上将们以及形形色色的人争先恐后争取合作,又一团和气。这正是约翰尼一开始就计划达到的结果,他运筹帷幄,狡猾得像一只老狐狸。

约翰尼在递交给艾德洛特的早期备忘录中表达了自己的忧虑,他担心没有赞助商愿意争取冠名以及优先使用计算机。毕竟,谁也没有获准约束约翰尼,对他下一个最佳的计算机研发进程实施保密计划,不准他向世界发布。

约翰尼很早就精明地说,高等研究院千万不要同意海、陆两军的合约的形式。这不仅仅是出于抽象的公平思想的考虑,还因为联邦预算机构到时候会说:让我们二选一吧。国会将选出条条框框多的一个,美其名曰为纳税人着想,而对于项目而言则是较为不利的那一个。约翰尼也因此的确在早些时候与海军方面闹过一阵子别扭。海军方面倾向于这样一个说法,因为海军为该项目某一部分投入了三分之一的资金,所以应当被允许使用三分之一长的时间。一个倒霉的海军上校让约翰尼放心，海军"本着科学的精神"欣赏"这类事情，甚至打算雇用一个数学博士研究这类问题"。约翰尼偷偷地写信给斯特劳斯上将说："坦白说，话说到这个份上就很难再继续谈下去了。"

约翰尼左右逢源，在陆军方面也做了工作。在早先给艾德洛特的一份备忘录中——确定的是，当时他正在推进高等研究院应该做把计算机应用于科研的先锋工作——约翰尼认为政府肯定很快就会把电子计算机研究委托给特定的联邦实验室，不过他猜他们可能会委派给计算机一些荒唐的特定工作。他还担心在商业方面，如IBM也会进入这个领域，但是"会受到他们自己以往的程序和行为的影响而无法按照他们的意愿实现全新的开始"。约翰尼似乎已经与陆军商定，如果他的早期研究可以公之于世，他们将来就可以从联邦部门得到更多的专业计算机。约翰尼与陆军军械局签订的合同W-36-034-ORD-7481，应他本人的要求，他有就他的发现发表报告的义务。1946年6月，这些报告中的第一份发往几个不同国家的约175个机构及个人。后来又传来一分法律证词——出于作者意愿，某些可能具有专利性质的材料向公共领域开放。

1946—1951年，这些从高等研究院发出的论文几乎使每一个文明国家都诞生了高速计算机。这是高等研究院计算机项目真正的成就。

几家机构——经约翰尼允许——在计划中的高等研究院计算机尚未完成时，就开始制作中文版，一些机构进展得比高等研究院的小组还要快。全世界每一个项目的本地天才在他们的项目进展过程中都会引入自己的一些修正方法。事实证明，这是开始新技术的一种胜利的方法。遗憾的是，此后其他技术并没有经常采用这种方法。无独有偶，现今，从日本研发新技术的方法中可以发现最大规模的类似状况：尽管日本公司之间竞争激烈——但竞争往往发生在公司或MITI完成神秘新事物(如生产或向美国销售消费电子产品)的最佳方案取得广泛共识之后。1945年过后不久发生的计算机革命的不同之处在于,这种共识主要是通过一个才华横溢的人制作的蓝图和所开的讲座诞生的。这个人供职于美国一个小型的研究机构,计算机研究只是他的兼职。在早期工作中,约翰尼的两个重要助手是戈德斯坦和伯克斯(Arthur W. Burks)。

在约翰尼文集的第五卷中,高等研究院的原始论文上面署着他们三个人的名字。戈德斯坦的说法是,约翰尼会以谈话或在黑板上列出大纲的形式,就一篇论文的主题提出建议;然后由戈德斯坦(有段时期与伯克斯一起)落实成文;然后约翰尼会提一些增补意见,戈德斯坦会据此修改文稿。在这个阶段,约翰尼可能会大手笔地把论文重写一遍,戈德斯坦随他去,除了要修改一下拼写(这一点上约翰尼总是需要有人帮)、语法,有时请约翰尼解释一下(为了方便那些专家级的读者,因为约翰尼写着写着就踏入了一个新领域)。

原本打算写两篇早期高等研究院论文的,但是第二篇被分成三个独立的部分。每篇论文发表之后,约翰尼往往会开办讲座或非正式谈话,这比那些论文又前进了许多。因此不可能快速搞清楚约翰尼此刻到底要干什么。这段时期是西方最为迅捷的大脑在对计算机进行的非同一般的快速思索的时期。公开发表的论文里最简单部分——它们并不非常简单——的目的是建议全世界的科学家、工程师、数学家以及逻辑学家,如何将约翰尼每天思考出来的有关计算机的最佳新形式和主要结构的组合的想法结合起来:它的存储器、数学部件(后来称为中央处理器)、控制器和输入输出系统。

在所有这些部件中,存储器是最具革新性的。约翰尼决心生产出第一台由内部存储器控制的通用全自动计算机器。以前大部分机器,不管何种类型,都由人类外部操作控制(如按按钮或移动开关)。如

ENIAC那样的计算机，使用者首先需要安装开关和插头，然后才能尝试开始工作；在漫长的启动之后，ENIAC会以电子速度完成任何计算。其他如哈佛—IBM计算机，使用者可以在纸带上输入新的指令，因而启动速度较快，但是此后的计算比ENIAC慢了1000倍。阿斯普雷（William Aspray）说，戈德斯坦和约翰尼"提出一种设计，以在计算机内部电子存储器中用数字储存指令为基础，综合了各种方法的最佳特点"。

理想的存储器应当具有无限容量并不受限制的随机存取。这样的存储器永远无法制成，但是约翰尼强调每一项改进都应该朝着这个目标迈近。电子学的问世意味着计算成本将比以前降低很多，其程度无法想象，因而存储器的存储成本相对来说变得更昂贵了。对此，普林斯顿的决定是通过建立存储器层次来完成。初级存储器体积很小，可以随机、快捷地存取；接下来是二级存储器，必要时它应当能够把信息自动转换到初级存储器。通过二级存储器，计算机应该能够做到前进、后退，个人应该可以直接将信息输入二级存储器。存储器层次应该可以延伸到死存储器。必要情况下，个人应当可以采取行动将死存储器转化成初级存储器。

埃克特的水银延迟线路无法真正做到随机存取，这种体系结构速度也不够快，因而阴极射线管开始显现它的作用。一开始，在创造存储器层次时，阴极射线管甚至不能工作；只有在插入磁鼓代替磁带时，层次才可能实现。ENIAC打印计算结果的时间比计算本身所需要的时间长70倍，高等研究院团队因此减少打印。他们的目标是，最后需要时再进行打印，此前利用屏幕显示使计算得以继续。大部分这类改进如今听上去似乎简单得很，高等研究院有关输入输出系统、控制器和中央处理器的其他建议也莫不如此。

一个决定是：假如计算机内都发生了复杂状况，计算机必须在使用者不得不读取之前把它们转化成相对简单的信息。另一个决定是：这个建议原型的未来复制品可以根据不同的项目主任的要求，自由地复杂化或简单化。这三份高等研究院论文的第二部分讲的是计算机编程问题。他们教导说，编程将不会是数学问题的机械翻译，而必须是"为控制意义的进化提供动态后台的一种方法"，因而必须是"形式逻辑的一个新的分支"。

这个小组发表的这些论文为计算机发展了一个清晰的逻辑设计，它们确立的"冯·诺伊曼体系结构"——尽管自此以后技术、元件以及潜力发生了许多神奇的变化——时至今日仍为大部分计算机提供了逻辑基础。高等研究院的计算机项目所取得的工程成就本应该被狂热的崇拜所包围；然而，美中不足之处开始显山露水了。

约翰尼在一个阶段认为，10个人工作3年就可以完成高等研究院的计算机项目。在此之前，他曾经希望用不到3年的时间迅速建成原型。约翰尼计算过，这样，两年之内这种机器"不应该独立承担任何具体的实际任务"。应当可以随时利用计算机测试新的计算方法，做科学实验，在当时看起来可行的情况下进行必要的"进一步修正"。

由于计算机速度快，约翰尼认为有必要发现更为精致的计算方法。他曾经希望在大概1949年可以为他的新玩具忙活个不停。因为他确实没有时间，对计算的恰当使用被耽搁了。在计算机研发的第五和第六年之间，也就是1951—1952年，高等研究院的计算机使用的依然是可以称为"卷发器"的操作工具。1952年，高等研究院的计算机匆匆进入收尾阶段，因为一些使用者——尤其是约翰尼本人需要它为氢弹进行计算——不想再磨磨蹭蹭、没完没了。

当高等研究院计算机大获成功、儿孙满堂时——开山鼻祖还没有运转呢，小字辈倒是接近或已经全面运转了，我们最好找找进展相对缓慢的其他原因。

其中一个次要原因是人事方面的问题。约翰尼原本希望埃克特担任总工程师,因为约翰尼认为他是个人才;但是不需要莫奇利,因为约翰尼认为他只会坏事。约翰尼和戈德斯坦意识到会和埃克特(他在后来的诉讼中说一位对手"撒谎成性")发生某些暂时性的冲突,但他们都认为带上埃克特后普林斯顿项目效率会更高、更有趣。给埃克特的聘约最终被撤回,因为埃克特想要经营一个专利受保护的商业公司。

在经过一场抓住该项目大致情况的面试后,约翰尼任命比奇洛为总工程师。里吉斯在自己书中说明了比奇洛向他证实了这一点。比奇洛乘一架破旧的飞机从马萨诸塞出发,两个小时后到达韦斯科特路26号。一条丹麦大狗在草坪上欢蹦乱跳,在约翰尼开门时从两人中间挤了进去。40分钟的面试中,这条大狗舔舔这个,又舔舔那个,在房里四处蹓跶。比奇洛觉得约翰尼应当对狗管教严一些,但又不好开口。当约翰尼最后送客人出门时,他彬彬有礼地问,这条狗是不是和比奇洛一道来的。比奇洛后来说:"但那不是我的狗,结果也不是约翰尼的。"具有外交官风格的约翰尼,从头至尾对被面试者的古怪行为不多说一句话。这种乐天精神有助于项目顺利进行,尽管高等研究院处于旁观位置的、更为稳重的学者们感觉并不舒服。

后来,比奇洛、戈德斯坦和约翰尼之间在研究方法上也有所冲突。比奇洛更像一个完美主义者,有点类似巴比奇,一旦发现了更好的可行计划,宁可拖延,往往"照着儒略历过日子"(约翰尼语)。当计算机项目拖到1951年时,洛斯阿拉莫斯正在研制氢弹,需要用它进行计算。大家一致同意比奇洛还是继续当他的古根海姆研究员,另请波默林(James Pomerene)为总工程师。1946年,波默林退出纽约黑兹尔坦公司,加盟该项目,他的更加商业化的做法很有可能在1951—1952年推动了计算机项目快速竣工。比奇洛说,约翰尼在黑板上写下大纲,告诉工程师们他希望计算机做些什么,然后他们就去实施。即使约翰尼身在洛斯阿拉莫斯,戈德斯坦也会无谓地抱怨工程问题,两人之间的关系有点紧张。

进展迟缓的另外一个更主要原因是,一些部件的外包合同出了问题。合同要求这些大型商业公司以最先进的技术进行生产——它们是否竭尽全力有时就不得而知了。战后经济繁荣时期,大部分公司都在专心生产自己的产品,研究院奇怪的订单并没有什么吸引力。普林斯顿的评价还算厚道,这些和私营企业签订的合同"为我们省了力气,不用去研究那些最终派不上用场的东西"。

第三个所谓的原因是计算机项目在高等研究院不讨人喜欢。我们将看到,约翰尼的一些数学家同仁对计算机的态度就不怎么样。但是高等研究院高层的态度并非如此。开始时,计算机项目安置在研究院现在的锅炉房。后来迁到一个附属建筑里,现在看起来有点像设备堆放处。搬迁时,居民们抱怨这个企业的噪声会大得可怕。比奇洛解释道,只要把门关上,实际上根本听不出计算机是否在运行,用电量也比两个普通家用的炉子要小。相比高等研究院的计算机,洛斯阿拉莫斯的计算机进入运转状态更快一些,其中一个小组成员告诉笔者:"在洛斯阿拉莫斯找一个修保险丝的人比在普林斯顿容易。"但是波默林告诉阿斯普雷,到最后,除IBM计算机实验室外,高等研究院计算机研究实验室可以和任何一个实验室相媲美。高等研究院没有官僚束缚,约翰尼和戈德斯坦管理项目的效率高且不呆板,许多前来参观的世界级学者觉得普林斯顿是一个非常吸引人的地方。

项目进展相对迟缓的主要原因是,狭小的附属建筑中的工程小组需要承担的工作量比约翰尼开始想象的要大很多。战后供给反复无常,新技术的前进道路是曲折的。今天明智的建议到明天就有可能沦为笑谈。1946年初一些人认为,计算机存储器上面最好涂上蜡,就像老式的留声机唱片和录音电话机磁带一样。在纳粹时期的战时欧洲,磁带录音机技术得到很大改进。这个小组巧妙地吸收了有关磁带的信息，重新设计了磁头和最后的磁鼓。但是，对欧洲的一些进步他们知晓得很晚。

输入输出机制的概念最早来自电传打字机。1947年，人们发现电传打字机需要两个小时才能装载计划好的存储器，而使用现代键盘打字输入到磁线仅需30秒。约翰尼曾经希望RCA可以马上生产出选数管。但在奋斗了两年后的1948年初，仍没有一个选数管可以工作。高等研究院的工程小组很快校正了门外汉开始犯的错误，取得了相当大的实质性的成绩。他们把经验和教训都传给了高等研究院计算机的复制品，这些克隆品于1950年在世界各地开花结果。

高等研究院计算机以及它最初的7个子产品在同一年（1952年）或在其后18个月间，进入完全运转状态。其中有一些进入状态更早，尽管这多少还要取决于完全运转的定义是什么。临近终点时，接近或超过高等研究院计算机的产品往往工程设备强大，可以实现最后冲刺。所有产品都向高等研究院论文致敬，这些论文是他们的蓝本，推动了他们起步。美国这最初的7台计算机是MANIAC[由洛斯阿拉莫斯的迈特罗波利斯（Nick Metropolis）和吉姆·理查森（Jim Richardson）策划]、兰德公司的JOHNNIAC（名字很逗）、阿尔贡国家实验室的AVIDAC（"高等研究院数字自动计算机阿尔贡版"的首字母组合词）、阿伯丁实验室的ORDVAC、橡树岭国家实验室的ORACLE，伊利诺伊大学的ILLIAC以及（最为重要的）IBM 701。701使IBM占领了全球市场。从那以后，IBM就不断向约翰尼表示感激之情，而701在1952年诞生之时就有一些地方超过了几乎同时开始运转的高等研究院计算机。

高等研究院在国外的子产品过于局限于象牙塔内，没有采取迅速动作进入商业开发。但时至20世纪50年代早期，高等研究院的克隆产品在全世界遍地开花——从悉尼大学的SILLIAC到以色列的WEIZAC，慕尼黑的PERM，瑞典的BESK，甚至莫斯科科学院的BESM。

1945—1949年，高等研究院发出的论文部分发动了真正意义上的计算机革命。约翰尼是否成功地琢磨出到底该如何使用计算机就不那么清楚了。

约翰尼希望他的新型计算机能够切切实实地完成他所期待的伟大的科学成就。他决定第一个划时代意义的项目应当是把气象学改造成为一门科学，而不是停留在艺术阶段。

早在1946年5—7月，约翰尼就和海军谈判并签订了一份气象合同。热心的人说他的计划书是现代气象学的开始；而诋毁者说原本就有人建议5名本科毕业生在普林斯顿工作两年，看看能不能弄清楚1910年国际气球日那天英国人理查森（Lewis Fry Richardson）的模型为什么会误差那么大。

1942—1945年，理论物理学家对气象学抱有极端乐观的梦想，而实践气象学家（如同当下的混沌学派？）又过分悲观。在洛斯阿拉莫斯，乌拉姆以及其他人已经考虑过利用原子弹攻击飓风的可能性。飓风的巨大能量在气团（天气）的顶部而其本身的运动非常温和、缓慢。或许可以在飓风途中安排核爆炸，把它们推离佛罗里达州那样富庶的地方？想一想今天的环境学家会说些什么，倒是一件有意思的事。即使是在1946年，尚未取得进展的气象学家也不太喜欢这种想法。RCA的兹沃尔金也期待改变世界上的恶劣天气。1946年1月，他在接受《纽约时报》采访时说，约翰尼的新型电子计算机有可能做到那一点。尽管约翰尼试图阻止这次采访，费城的埃克特还是对此火冒三丈。埃克特把这次采访解释成约翰尼在公开叫板，企图抢走埃克特—莫奇利计算机的公关成绩。莫奇利更加郁闷，他本打算利用计算机根据太阳黑子活动周期预测天气，结果却被约翰尼嗤之以鼻。

约翰尼曾经十分接近气象学的主流阵地。1942年当他研究海中水雷时,曾经咨询过美国最著名的气象学家、芝加哥大学的罗斯比(Carl-Gustrv Rossby,当时美国大部分的气象学家似乎都来自斯堪的纳维亚或白俄罗斯)。约翰尼有点吃惊,气象学好像还是个人的推测,而不是有条有理的物理学。气象学家搜集资料,画出锋系的等压线图和等温线图,但能力相当的气象学家对下一时期的天气状况可能持有完全不同的看法。

对于1944年诺曼底登陆日的天气状况,能力相当的盟军和德国气象学家就意见不一。德国教授在6月5日告诉隆美尔(Rommel),幸运的是天气状况十分恶劣,他可以暂时不去想盟军入侵的事。这给了盟军一个战时惊喜;但暴风雨很快袭击了供给繁忙的海滩,大家不免担心德国教授们的判断或许是正确的。长崎原子弹从云层间投下的状况令约翰尼为天气预报不准确捏着一把汗,他问罗斯比这样一些问题:如果我们对某些地区某一特殊时刻的天气了若指掌,我们肯定能研究出连续的物理进程,然后就能用其预测不同地区相同或是不同的天气吗?

关于可怜的理查森的惨败,罗斯比作出了常规的气象学解释。1922年,英国数学家、第一次世界大战和平主义者理查森出版了一本名为《通过数值过程进行天气预测》(Weather Prediction by Numerical Process)的书。理查森在1910年5月国际气球日开始时就广泛搜集天气资料。他应用常规的现代物理学和流体动力学预测未来6小时之内那些资料会发生的逻辑变化,然后根据气球驾驶员在这一天结束时搜集的资料进行核对。部分由于他的算法不稳定,两组数字没有显示出任何联系。理查兹十分沮丧,他说只有64 000人随时根据天气变化做相应计算时,才可能得出世界的天气变化。

1945年,约翰尼正要创造一个计算能力相当于100 000人的机器。他本人已经是领导流体动力学冲击波数值计算方面的数学专家之一,也了解到自理查森之后物理学其他领域取得的进展。在约翰尼看来，气象学目前面临的问题似乎是一个带有任意初始条件和边界条件的非线性、多维及时间依赖的问题。这正是他设计的计算机要解决的问题，一旦问题得以解决，或许他就可以把冰岛变成热带夏威夷。

1946年5月，在给他的海军合同签订人斯特劳斯的一封信中，作为对海军支持的宣传，约翰尼猜测高速计算机"将为平流层循环和大气湍流研究开辟全新的可能，还……将实现预测一周甚至更长时间以后的天气。如果这个项目成功实施，我们将向控制天气迈出了第一步——但是目前我还不想涉足这个问题"。

在1946年拿到海军提供的经费的一个月后，约翰尼主持了一个顶级气象学家参加的会议，并向他们咨询。他本来以为这会鼓舞人心、提升士气，没想到却令大家垂头丧气。罗斯比认为，气象学的数学问题还没有定义清楚，除了方程之外还有许多未知数；如果没有更多的观察、实验和分析，计算不可能成功。

在查尼（Jule Charney, 1917—1981）于1948年到来之前，高等研究院的气象学小组还没有真正形成。查尼的父母在第一次世界大战前不久从白俄罗斯移民美国，他和约翰尼的政治观点不同，他十分积极地参与反战运动。但他对约翰尼不吝赞美之词："冯·诺伊曼是降临凡间的神……思维非常快捷，常常能猜到别人要说什么……一个招人喜欢的人……思维过程中的逻辑惊人。"查尼在研究生期间的工作引导他探究1910年理查森的方程在什么地方出了岔子，其中一条是，理查森没有充分考虑到地球围绕太阳旋转这个事实。查尼发现，只有做出"越来越复杂的大气模型层次"，才能建立一个连贯的气象预测方程组。他的目标是，首先试着利用最简单的方程预测过去的天气：看看你怎样才能预测两年前1月30日的天气，然后与实际情况加以校对。如果最简单的方程没有奏效，就开始加一点复杂因素进去。

一个好的简单的"正压"模型和一个糟糕的复杂的"斜压"模型之间有主要区别。一个正压模型只能包含你在陆地上搜集的通常的二维数字,它会假定动能在今天的天气系统中守恒。可以想象,大部分为第二天所做的预报都能够合理地这样假定。但是利用这样简单的模型没法预测大型暴风雨的形成、强化或衰减过程。因此,数学家就需要研究高空中潜在能量的斜压守恒问题。

查尼在来高等研究院时就已经基本完成了简单正压方程,并希望如果高等研究院计算机能够如期在1948—1949年竣工就可以检验方程的有效性;但1948—1949年计算机没能完工。1950年3月6日起,ENIAC(约翰尼添加了存储器后,现在在阿伯丁运转)被租用30天。约翰尼不仅亲自安排,还迅速解决了一些必要的、复杂的数学问题,使ENIAC能够理解涉及的一些偏微分方程。约翰尼本打算利用方程预测1949年1月和2月间隔很远的四天的天气状况——然后看看是否与实际情况相符。

ENIAC勉强完成了四天之中两天半的预测,其中一天(1949年1月31日)准确无误,其余的则不然。完成一个24小时的预测需要花费ENIAC 36小时的时间。有人冷嘲热讽道,这意味着星期三中午叽叽喳喳地说"现在我们可以告诉你计算机对昨天天气的猜测准确"。如果利用台式计算器,这36小时的计算则需要8年的时间(1922年时,理查森连台式计算器都没有),专家们现在明白了为什么可怜的理查森大错特错了。因为查尼知道,高等研究院计算机一旦研制成功,会比ENIAC的速度快,所以36小时的计算并没有让他担心。但这两个完整预测之一的失败意味着正压模型比常规气象预测看起来逊色,因此气象小组需要在下一次的模型中添加更多的斜压性。他们做到了,因为查尼现在有一个能干的新助手菲利浦斯(Norman Phillips),解决某些复杂的数学问题还有约翰尼帮忙。

有利的是，1950年11月25日一场可怕的、未被预测的暴风雨席卷了美国东部，破坏了这个感恩节周末。小组现在可以仔细研究这个经典的斜压问题了。1952年夏，他们把296 000道计算题输入高等研究院计算机，做了一次检验，取得了巨大的成功。

打印输出显示，24小时的预测，ENIAC用了36小时，如今10分钟就可以完成，尤其是IBM新型701计算机在高等研究院计算机开辟的领先道路上增加了许多改进之后。1952年8月，查尼可以做报告说："正压预测或许没有超过最好的常规预测，但是有迹象表明斜压预测会好得多。"美国气象局和军方合资买了一台IBM 701计算机。数值天气预测于1955年5月15日开始了，并一直持续下去。随着模型的不断改进和计算机速度的稳步提高，全世界所有发达国家都模仿这种预测方法。

计算机项目并没有像约翰尼希望的那样往实现长期天气预测的方向发展。1955年夏，菲利浦斯发表了一篇出色的论文《大气环流——一个数值实验》(The General Circulation of the Atmosphere: A Numerical Experiment)。1955年10月，约翰尼就此召开了一个会议，结果为现在的普林斯顿地球物理流体力学实验室争取到经费。约翰尼在这次会议上就该学科做总结发言时说，他认为，用计算机预测短期天气现在成为一个永久性的特点；将今天天气图的变量输入计算机，就可以对未来24小时或48小时的天气作出预测，其效果好于人类专家的预测。约翰尼认为，对大气环流的研究（如菲利浦斯所做的）可以拓展成"无限预报"。这将表明，除非发生特殊干扰，天气模式会是通常的状况；除非人类加以控制，那些模式将不会改变。

但是约翰尼也说，阶段性预报，如超过短期达三个月的预报，将会非常困难。令人疲惫的是，任何一个这类阶段性预报"将不得不覆盖整个地球或至少整个半球……气象效果的扩张是这样的：两到三个星期后，地球大气层的各个部分会相互作用——只是南北半球的相互作用相对较弱一些"。混沌学派发展了这一观点,认为,今天北京的蝴蝶扇动翅膀,下个月就有可能在美国东部引发一场暴风雨——我们又没有办法派警察监督每一只蝴蝶。

1955年10月召开的这场会议的一个关键事实是约翰尼——但不包括听众——在两个月前已经得知他很有可能身患晚期癌症。这是他最后竭尽全力的冲刺(参见第十五章)——为世界整理他的遗产。约翰尼希望在气象学领域建立长期的模式,当时他意识到阶段性预测将会非常困难(控制天气将更加困难)。但与现在的混沌学派不同,他认为这不是不可能的。历史会证明,1955年10月以来气象学发展受阻——相比此前5年——是否由于约翰尼已经离我们而去。

计算机的到来意味着算术一下子变得便宜了,因而可以更加广泛地使用。但是长期以来算术都很落伍,尤其是数值分析。约翰尼决心给予它新的生命和新的面貌。

当时在不用人类指挥的情况下,计算机就能快速完成复杂计算。这意味着误差变化将令人担心:计算量不充足时,误差较低;但如果开始时没人注意,误差就会累积。这意味着新型的问题:需要计算多少个偶然事件中带多少个未知数的多少个方程。它意味着重新研究数的随机性质和新的概率理论。约翰尼对这些都感兴趣。随着主机计算机的数量越来越多,这些问题由不同的人分别研究。约翰尼向其中许多人做过简单介绍。

计算机为线性编程拓宽了道路。该领域的美国先驱丹齐格(George Dantzig)拜访过约翰尼,以一种过于悠闲的方式开始聊天。令他不快的是,约翰尼让他"谈正题"。有点生气的丹齐格就用几何和代数语言把他的意思飞快地写在黑板上,想让约翰尼找不到方向。他写得十分简要,觉得初来乍到搞这一学科的人不可能明白。约翰尼说:"噢,是这么回事。"然后讲了90分钟,让丹齐格受益匪浅。

除了为洛斯阿拉莫斯和气象学计算之外，高等研究院的计算机在其短暂的生命里所解决的其他问题有限得实在令人失望；其他计算机很快超越了它。事实证明，在解决冲击波之类的计算问题上，高等研究院计算机耗时太长了。于是约翰尼开始深入思考计算机时代的另外一个机会。有人把这称为约翰尼未竟事业中最伟大的一章，其他人则认为这是他最古怪的一次偏离轨道。

在约翰尼一生中的最后10年，他用原本就不多的部分闲暇思考"细胞自动机"。1953年在瓦尼克桑讲座（在普林斯顿举办的一系列有赞助的讲座）上，约翰尼想象在某天（不一定是20世纪90年代的某一天），我们能够制作出由机械细胞组成的自动机。每一个细胞都会根据附近的其他细胞状况采取行动，（根据他在1953年的思考）拥有29种可变化状态：1种未激发态，20种静息但可激发态，8种激发态。

脉冲器（或建构臂）会通过这些细胞，促使它们进入自动机希望它们进入的状态。细胞如果拥有这29种状态，从理论上讲就可能按照要求完成任何逻辑、构造或操作任务；但约翰尼认为，最好还是进一步研究他所谓的激发阈值疲劳模型。他的想法是，人类能够定义（并最终能够创造出）一类自动机——它能够以有限的手段完成符合逻辑的任何一项任务。这些自动机能够构造其他自动机，当然也包括和它们自身相同的自动机。

直到20世纪90年代，我们还没有创造出这样的自动机。约翰尼所指的并非现代软件所能完成的那一类任务，也不是计算机在许多现代机器中所做的事情。很明显，他的描述包含许多工程或其他方面不精确的地方。然而1953—1956年他所做的思考只是处在他去世前所达到的思想阶段。约翰尼经过大脑的飞速加工过程形成了这些想法，每一个新的阶段都会包含修正且往往都会前进一大步。

约翰尼参加了两组会议，这两组会议促成了维纳1948年的著作

《控制论——即关于在动物和机器中控制和通信的科学》(*Cybernetics: Or Control and Communication in the Animal and the Machine*)。1944—1945年的第一组会议没有起多大作用,因为与会的每一位学者都应当对自己最新的想法和信息和盘托出,但大多数学者的最新想法和信息当时都还是高度的军事机密(如约翰尼就是直接从洛斯阿拉莫斯赶来的)。约翰尼参加了1946年的战后会议,但是那个时候他悲观地认为大脑的复杂性太"可怕"了。他给维纳写信道:"在图灵与皮茨—麦卡洛克伟大的积极贡献被吸收后,情况比以前还要糟糕……这些作者以绝对的、毫无希望的含糊表述指出,任何以及所有的布劳威尔式都可以由一个恰当的机制完成。"约翰尼认为,我们这些想要了解大脑的人与周围那些"对算术闻所未闻"却试图了解ENIAC的人一样希望渺茫。

此时约翰尼正开始思考建立在细胞之上的机制。或许我们应该试试用X射线分析细菌的领地,而不是去描绘人类复杂的大脑。细菌不可能有复杂的大脑,但是它们知道如何寻获食物,如何繁殖以及如何在杂乱的环境中定位。

在随后的几年间,约翰尼和生物医学方面的专家进行了广泛的接触。他想把生物学的一些长处融合到计算机里,包括考虑能够模仿基因功能——导致自我繁殖和更多——的计算机的指令。约翰尼在克里克(Crick)和沃森(Waston)揭示遗传密码之前就谈到这个问题,且他的想法和后来的发现是吻合的。

约翰尼已经接受邀请,在耶鲁大学1956年春季学期开设西利曼讲座。到开学那一天,他已经被癌症折磨得躺在医院里了。两个准备好的讲稿,一部分是在他临终的床上完成的,以《计算机与人脑》为题发表。这两份讲稿包括他有关发现新型数学的可能性的讨论(参见本书第一章的讨论)。

自约翰尼去世后,世界已经步入了自动化;从1956年的标准来看,有些方面还相当了不起。在一些人看来,约翰尼的细胞自动机的构想仍然很先进。在普林斯顿计算机时代,约翰尼在世界范围内为计算能力革命以及短期数值天气预报构建了基础设施,可惜他已经没有时间为细胞自动机作出同样的努力。

那些岁月随着约翰尼的去世已经远去。高等研究院对它最著名的项目的欢迎总是未能给人留下深刻的印象。1945年末,高等研究院数学学院召开会议讨论这个问题。会议记录如下:

> 讨论会思考了这类活动对数学发展和学院总体氛围的影响。西格尔教授、莫尔斯教授和维布伦教授分别发表了个人见解。西格尔教授原则上更倾向于计算工作中可能出现的对数,而不是去查对数表;莫尔斯教授认为这个项目是必要的,但远不是最佳的;维布伦教授的想法较为简单,他欢迎任何科学进步,不管它们将把我们引向何方。

这份会议记录是维布伦签名的,他喜欢发表自己的看法。

当约翰尼仍然在出色的位置时,夸大紧张关系就不对了。他更受研究院研讨会的欢迎,尤其是被新领导奥本海默器重。他和奥本海默是世界上最擅长解释访问学者在研讨会上发言的两个人,他们使学者们的发言听上去很有趣并在有时又显得很重要。政治上的分歧确实存在,包括与奥本海默之间也有不同;因为大家都知道约翰尼是主张反苏的鹰派(尤其是1953年1月艾森豪威尔就任后,参见下文),最后他在华盛顿的影响超过了任何一位教授。但是英雄惜英雄,同志情谊没有变,约翰尼的鸡尾酒会照样举办。

开始时,在研究院主楼的锅炉房里建造计算机。后来有了资金就建起了一幢小的平房,离主楼几步之遥。房子建好后,约翰尼小组的一些成员和研究院的一些教授之间出现了一些嫌隙，空间距离拉开了，思维习惯也不一样。

在1948年查尼加盟之前，气象学家也不是一些省油的灯。一些争吵简直奇怪之至，甚至因为茶杯也会吵起来：有人指责小字辈气象学家拿了太多的糖跑到计算机房去喝茶休息，为此他们还跑到艾德洛特那里讨说法。查尼本人也吵过几回。起初，高等研究院员工中间有一种感觉，气象学项目没什么成绩。大家都知道计算机工程滞后了，但是计算机项目发出的论文赢得了国际美誉。戈德斯坦和比奇洛成了研究院的终身教授，但是顶级气象学家查尼和菲利普斯还不是。

1954年10月，随着约翰尼迁往华盛顿，麻烦就来了。当时发出的一些信现在还保存在国会图书馆约翰·冯·诺伊曼文档中。戴森（Freeman Dyson）——相比他周围更老一些的人而言——实际上是赞同计算机的，他向科学界某些伟大而善良的人发出的信解释了高等研究院的一些状况：

> 长久以来，高等研究院的数学学院就分成三派：纯数学一派，理论物理学一派，冯·诺伊曼教授为一派。冯·诺伊曼1946年发迹并从那时起领导我们的计算机项目。计算机项目建造和运转了一台快速数字计算机，机器费用以及人员费用由政府而非高等研究院支付。在相当偶然的情况下，计算机最积极的使用者居然是气象学家。

信中还说，"在研究院中，气象学家自然更愿意与物理学家和数学家共进退，这样肩头就不用承担什么义务——必须在短时间内得出有用的结果"。是接着收留气象学家还是把他们清理出去（尽管这话没有明说），员工们意见不一；有人还希望把约翰尼的计算机项目也一起枪毙算了。

来自全世界科学界伟大而善良的人们的回答是，约翰尼现在已经是一位名声在外的预言家了。英国国家物理实验室的布拉德爵士（Sir Edward Bullard）强调："关键的一点是，研究院拥有冯·诺伊曼博士就有可能拥有世界上最聪明的人。我敢肯定，最后决定性因素在于他想干什么。"芝加哥的钱德拉塞卡说：

> 只要冯·诺伊曼还在积极参与计算机项目，就没有必要怀疑与计算机一同研究的问题是合理的、有价值的。即使在某一特定时刻他的注意力重心放在别的什么地方，冯·诺伊曼也会根据需要和实际情况灵活地重新调整他的兴趣所在。所有这些都很清楚，无需我赘言了。

但在约翰尼离开之后，其他科学家马上建议最好把他们自己最喜欢的项目引入研究院，让那些气象学家靠边站。海洋学"此时多少已经超越了动物学阶段，和气象学相比，总还略微成熟一些"；"有一个人正在研究地壳的形变力学"，选他也不错。

高等研究院的教授们对这些建议的反应并不热烈。在1957年约翰尼去世之后，他们关闭了计算机项目，并通过了这样一个动议：从此以后他们不再进行实验科学——在高等研究院不会再有任何类型的实验室了。查尼和菲利普斯去了麻省理工学院，戈德斯坦后来去了IBM。

1956年约翰尼生病入院，结果证明他身患晚期癌症。他写信给奥本海默解释道，尽管还未公开，但实际上他不会再回高等研究院了。私下里，他已经接受了加利福尼亚大学的聘约，到那里做自由教授：他将在校园附近居住（尽管还没决定在哪个校区），在十分可观的商业赞助下继续研究计算机及其未来使用。随着他的细胞自动机、全新的计算机状态以及新型数学的发展，没有人知道约翰尼能够在多大程度上丰富我们的生活。

1952—1956年，约翰尼更忙了，他要拯救地球。

◆ 第十四章

随后是氢弹

1945年8月日本投降时,约翰尼还是高兴不起来,他几乎百分之百地肯定,将来美国和苏联会开战——除非美国在国际上严阵以待,或许有可能幸免。后来有人诽谤约翰尼,把他描绘成一个咄咄逼人的家伙,鼓吹首先对莫斯科实施核攻击;但他实际上像个天使一样以平静回报他们。约翰尼认为,有些人的观点(如果占上风的话)会使美国在为期不远的战斗中惨遭核攻击或奴役,或承受这双重灾难;但约翰尼依然和他们保持着友好的关系。他只是觉得,美国科学界最聪明的一些人居然"不了解他们所生活的世界"。这些人中就包括爱因斯坦。

1945年,爱因斯坦宣称:"原子弹的秘密应当提交给一个世界政府……[这个政府]应当由美国、苏联和英国这仅有的拥有军事力量的三大国建立。"爱因斯坦希望这个世界政府可以实施军事干预,推翻西班牙和阿根廷法西斯政府,他认为他们才是1945年和平的直接、主要的威胁。爱因斯坦还希望把德国变成一个农业大国,不再搞工业。性情温和的爱因斯坦在战争即将结束时说:"如果把鲁尔*留给德国人,讲英语国家的极其重大的牺牲就白费了。德国人可以被杀或被拘禁,

---

* 鲁尔工业区是德国,也是世界重要的工业区,是德国发动两次世界大战的物质基础。——译者

但他们不能在可预见的时间内,通过重新教育,实现以民主方式思考或行动。"

爱因斯坦的观点并不是个别的;科学界有许多人和他的看法一致,其中包括约翰尼心中最亲近的研究伙伴或和他一样的乐天派朋友。他们受到许多娱乐界人士、文人学士以及新闻界的追捧,约翰尼不大和那些人混在一起。1947年,华盛顿特区的外国新闻社年度奖授予爱因斯坦,"赞赏他为世人理解原子能用于战争属于非法而作出的勇敢努力"。

没有证据表明,约翰尼这段时间心中愤懑。他对美国向苏联递交的对原子能实施国际控制的巴鲁克提议很欣慰,这份提议主要是由受人尊敬的科学家奥本海默和拉比草拟的。约翰尼很高兴,因为他知道斯大林领导的苏联会拒绝这些提议。斯大林本人要不顾一切、最大可能地获取最大规模的核武器。当苏联蛮横地拒绝巴鲁克计划,甚至把爱因斯坦关于世界政府的倡议说成"这不过是资本主义独霸世界的浮华幌子"时,约翰尼注意到,他的大多数科学家同仁最终眼睁睁地看着天平倾向苏联一边落了下去。

约翰尼早知道,斯大林会打破每一个协议以便牢牢拴住东欧政府,包括约翰尼的祖国匈牙利。20世纪40年代中期,苏联并非如一些胆小的美国人认为的那样强大;但约翰尼相信,苏联会在5年之内发现原子弹的秘密。

到那时,实现在美国强权之下的世界和平就会出现新问题。约翰尼认为,针对苏联要谨慎而坚定。约翰尼1946—1949年的军事行动和政治观点是基于这些考虑而决定的。

约翰尼的部分军事活动,包括每年大约有两个月在洛斯阿拉莫斯工作。1945年秋,他在那里埋头于广岛、长崎两颗原子弹爆炸途径的分析。他从"希波"计算中得出结论,核弹的威力可以很轻易地产生可怕的效果。这意味着核裂变以及此后的聚变将为维护和平提供强有力的武器。约翰尼还认为,核裂变及此后的聚变将最终使电以及能源的成本降低为零——或者几乎像水一样便宜。

约翰尼承认核裂变产生的辐射和事故将引起死亡,但他认为(假如没有战争)其数量不会超过在交通事故中丧生的人数——即便出现了像他本人一样危险的司机,他还是很高兴世界拥有了汽车。约翰尼尊重其他科学家关于自由世界将实现类似世界政府的看法。他认为改变世界气候这样的项目是可行的,几乎不能由一个国家单独决定。但与此同时,问题是自由世界将存在多久。

希波计算证实了约翰尼的看法,美国独占核武器的时间不会太久。在洛斯阿拉莫斯,不下10个人问"这可能吗?"现在答案揭晓——"可能"。在约翰尼看来,制造核弹相当简单。约翰尼知道苏联在美国拥有广泛的间谍网络。他们不可能不注意到洛斯阿拉莫斯的存在,因此苏联很有可能已经得到了间谍的帮助。无论如何,约翰尼不认为保密工作是主要的。

到了1941年,苏联已经拥有几十名值得尊敬的科学家研究原子能,包括库尔恰托夫(Igor Kurchatov)和卡皮察(Peter Kapitza)。1941年德国入侵后,这些科学家暂时中止核研究,调往更为紧迫的战时工作岗位。1945年年中,一个新的大规模的苏联核研究工作开始了。大部分身在民主德国的德国核科学家被带到了苏联。在那里,他们的实验条件相当舒适,并非被关在战俘营里。研究V-2火箭的德国科学家也被俘了,于是威胁增加了一倍。苏联的核研究工作由贝利亚(Lavrenty Beria)直接领导。约翰尼对贝利亚可能如何对付洛斯阿拉莫斯的自负者发表了一些令人不悦的玩笑——没想到却十分贴切。贝利亚的确和卡皮察大吵一架,还把他关了禁闭。但约翰尼老早猜到,大约到1950年苏联就有可能制造出至少一颗粗糙的原子弹。

因此，约翰尼的军事目标是尽快帮助美国制造出一种威力更大的炸弹。在当时大学繁荣时期，尽管大部分科学家像士兵从散兵坑撤退一样，正在离开洛斯阿拉莫斯回到他们原来的学校教书，然而成功的机会依然很大。1946年末，洛斯阿拉莫斯只剩下8位理论物理学家，像约翰尼和特勒这样的战时中坚力量有时过来增援个把月。约翰尼很快成为这里最受仰慕的人物，特勒则不然。

特勒敦促，洛斯阿拉莫斯每年应当进行12次核试验，并集中开发氢超级炸弹（我们会在1949年以后的故事中探讨这个问题）。每年进行12次试验对于洛斯阿拉莫斯的那几号人来说，无论是实际上还是政治上都不可能。因此，特勒的大部分提议都受到阻挠。特勒认为，1946—1949年这三年算是浪费了。

约翰尼不认为那三年是浪费，他反而在洛斯阿拉莫斯过得很开心。希波计算以及1946年在比基尼岛环礁上对目前炸弹的试验显现的证据表明，原子弹的效率以及可靠性可以大大提高。约翰尼作为观察员参加了比基尼岛环礁试验，很多人认为他身患癌症去世就是因为这次试验。希波计算显示，广岛的原子弹爆炸威力相当于13 000吨TNT爆炸，长崎的爆聚相当于释放了21 000吨TNT，但长崎的炸弹破坏力差得多。通过希波计算约翰尼已经知道在哪里放置炸弹，应该考虑哪些次等因素。1948年春在埃尼威托克环礁进行砂岩行动时，最大的爆聚炸弹威力达到49 000吨TNT。在超级炸弹研制出来之前，1952年，从飞机上投掷到埃尼威托克的普通核裂变炸弹威力最大达500 000吨TNT——也就是说，杀伤潜能大约是广岛原子弹的40倍。

尽管这些试验的细节性工作是由洛斯阿拉莫斯的专职员工进行的，但大家欢迎约翰尼前来解决主要问题。约翰尼一下车就倾听问题，然后坐在那里对着天花板嘟囔，最后给出智慧的答案。他用他早先的计算机斟酌某些计算，也开始思考有一天核弹的重量可以轻一些，这样火箭导弹就可以运载它们了——或者也可以通过把它们压缩到地雷、炮弹和水雷中制成作战武器。

正如约翰尼通常认为的，与战时的大团队相比，现在与洛斯阿拉莫斯小组的合作更容易一些。约克曾经写道："那些选择留在1946年被遗弃的洛斯阿拉莫斯的人，要么是因为喜欢阳光明媚的平顶高原上的生活，要么是因为对突然间等着解决的问题感兴趣，要么是因为需要对冷战吹来的第一股冷风作出反应。"这三个原因都打动了约翰尼。他非常喜欢新墨西哥，还和克拉里一道与弗朗索瓦丝和乌拉姆一本正经地讨论他们是否应该在那里建两幢相邻的房子，以便退休时居住。希波计算之后的问题令他十分着迷，部分由于他觉得解决问题的办法近在咫尺了。他还在对冷战的冷风作出反应。

战斗在欧洲结束后，约翰尼那些劫后余生的亲戚和熟人——比约翰尼想象的还要多——纷纷来到美国。克拉里的母亲开心地从布达佩斯来了。长寿的奥尔丘蒂来到了曼哈顿，莉莉·佩德罗尼（娘家姓奥尔丘蒂，对本书帮助不少）也断断续续生活在那里，直到1990年去世。战时匈牙利的上中产阶级比居住在希特勒统治的欧洲其他地区的那些被重新施洗的犹太人幸运一些，他们没有遭到惨绝人寰的大屠杀。霍尔蒂上将是那里的救星，惊恐万状的布达佩斯犹太人充满希望地传递着小道消息：霍尔蒂岳父一家有犹太血统。所以，希特勒专制被布达佩斯的情况所软化。

约翰尼认为，美国应当抵制苏联对东欧的扩张。批评他的人认为这种不负责任的谈话有引发美苏战争的危险。约翰尼在1945年回答说："如果我们有战争的风险，趁我们有原子弹而他们没有时会更好一些。"他之所以得了个鼓吹先发制人、抢先袭击的名声，一半是由于这番论调。

另一半原因是约翰尼毫无疑问地坚持威慑原则。现代武器的威慑没有给世人带来多少不适，但有一点很突出——让苏联领导人清楚一场核战争会给他们带来什么一直是约翰尼的目标。所有那些坐在苏联决策桌前的人应当知道，在一场核战争的最初几分钟内，一枚落在他们所在地方的炸弹会把他们都送上西天。约翰尼预见到，斯大林在世的最后几年以及刚刚离世的那几年是最紧张的时期，让贝利亚接不成斯大林的班很重要。

战后头三年里，约翰尼在华盛顿并没有真正的影响。1948年，约翰尼在当时大多数右翼美国人都不太看好杜鲁门的情况下，令人惊奇地对他表现出极大的热情。对斯大林封锁柏林的抵制以及此后援助土耳其和希腊的杜鲁门主义向约翰尼显示，长期的退却局面已经扭转了。在1948年的总统选举中，杜鲁门出人意料地战胜了杜威(Dewey)，约翰尼给乌拉姆写信说："选举结果令我又惊又喜。我觉得实际结果相差不会太悬殊，但是杜威的确代表某一未知量和一次严重的冒险。这样的结果是一件好事。"大家都知道约翰尼不是共和党候选人的支持者，他曾经嘲讽递交到他手中的一篇浮夸而空洞的科学论文"读起来的确很像杜威州长的演讲稿"。"马歇尔计划"以及1950年对北朝鲜入侵的迅速反应使约翰尼更加热情地支持杜鲁门。

1948—1950年，约翰尼在军界担任6个顾问之职，还和私人企业签订了6个报酬更高的顾问合同。他还利用闲暇时间开展世界计算机革命，担任高等研究院的普通教授。1949年3月，他通过秘书路易斯(Louise)口述了一封信，收信人读到："因为工作我实在脱不开身，我希望只需再干上几天。此时，路易斯高兴得不得了。你能猜到为什么吗？"

约翰尼在阿伯丁陆军军械局、现在的银泉海军军械局、华盛顿研究与发展委员会、田纳西州橡树岭国家实验室和洛斯阿拉莫斯担任军事顾问。他的主要商业合同是与IBM、标准石油公司*和兰德公司签署的。斯特劳斯后来在华盛顿他的委员会内部是这样评价约翰尼在兰德所表现出的天分的:"那是一种宝贵的能力——能够把最困难的问题分成它的组成部分,于是所有问题看起来都变得出奇地简单。大家都奇怪,怎么自己不能像他一样把问题看得那么透彻从而得出答案呢?"

幸运的是,标准石油公司的研发部门能够理解约翰尼写在黄纸上的大量的数学符号。其中一组符号显然是在返程火车上写的,改进了从即将干涸的油井洞穴中钻取石油的方法,并最终获得了专利。"大部分残留的石油通常都在像五点一样的图样的死角里,通过在这些角落里钻井……"

约翰尼在旅行途中或火车上尤其多产。一张显然写于火车上的便条写着:"我们谈话时我的脑子一定是生锈了,当然因为……"接下来是满满十几页的数学方程,在火车停在离洛斯阿拉莫斯最近的终点站时,思路才停下来。在从洛斯阿拉莫斯开往拉米的政府专车上,乌拉姆提出了蒙特卡罗方法。只需少量取样或随机取样,民意调查者就会对投票选举结果作出较好的预测。在原子弹研究中我们已经获得几百万个数据,我们是否有可能在数学上找到相似的方法,在某种误差范围及概率下从中取样算出对我们有用的结果? ——不一定非得求出确切答案,但是大致可以估计出答案。

和往常一样,约翰尼最初对从别人那里听到的这个建议持怀疑态度;经过一段时间的思索后,他就会远远超越他们了。在从返回普林斯顿的火车上下来之后,约翰尼寄来了12页的手写稿,上面写着:"我发现了蒙特卡罗程序可以求解典型的抛物微分方程。"克拉里后来成为熟练使用蒙特卡罗程序的计算机操作员,但是往往要经人(不是不殷勤的

---

* 约翰·D·洛克菲勒于1870年创办,又称美孚石油公司。——译者

约翰尼)允许才能列席使用蒙特卡罗程序的会议。

一次数学讨论会上专门讨论的一个话题是，沙皇统治时期的一个数学家，在穿越西伯利亚的火车上一坐就是6天，在没有参考书籍和充分数据的情况下是怎样算出定理的。约翰尼在他的下一次火车旅行中，写满了整整53张大裁纸以获取解方程所需的数据。他把这些资料寄回时，附了一张便条："火车到达芝加哥用了5小时32分。"有一次他乘10个小时的火车跨几个时区旅行，并预订了一张火车到站20分钟后从同一车站发车的返程票。旅行社的工作人员为他预订的自然是火车到站后过24小时20分钟才发车的返程票。这使约翰尼很恼火，因为他期待着在两列火车上工作20个小时而不被打扰。

一次乘火车时，他全神贯注地工作，于是请检票员告诉卖三明治的人(此前经过此处)，他坐在一车厢某某号，想吃点三明治。检票员气鼓鼓地说："看到他的话，我会和他讲。"约翰尼带点客气地问："这列火车是线性的，不是吗？"

一次，约翰尼和洛斯阿拉莫斯同伴乘火车返回拉米，他解释说他打算在火车上和拉米开往洛斯阿拉莫斯的汽车上完成一些工作。洛斯阿拉莫斯下面的公路刚发过洪水；这一行人中的一个撒谎说要安排他们坐驴车过去。到拉米时碰巧听到了公驴的叫声，他到现在还记得约翰尼脸上的表情。战后从洛斯阿拉莫斯到火车终点站可以乘小型飞机。一天，约翰尼与一行人赶来搭飞机，刚好特勒准备搭乘另一架飞机。因为两个匈牙利人有事要谈，就一起乘第二架飞机，其他人上了先起飞的那一架。第一架飞机中有个人的围巾从窗口吹了出去；大家马上很担心，万一围巾搅在后面飞机的螺旋桨上就损失了一个匈牙利智囊团。飞机安全着陆后，他们诙谐地把担心描述给约翰尼听。"我们在你们头上多少米，在你们前面多少米，飞行的速度是……围巾撞上螺旋桨的概率是百万分之多少"，约翰尼当场说出了一个数字，后经证明完全正确。笔者要说明的是,约翰尼的传说有那么多,这是最贴近他的一个故事版本;其他的戏剧性都没有这么强。

到1952年为止,大部分时间里约翰尼和重要政客没有太多接触。由于他反应特别敏捷,所以还是有些用处。1952年有这样一个例子,在内华达州核试验之后不久,一场龙卷风袭击了马萨诸塞州。该州一名政客的办事员打电话联系到了约翰尼,当天他就发回了下面一张便条。约翰尼经常寄发这类上面写满方程的便条,但这一回他用平易英文回复这名公务员:

(1) 龙卷风是一些偶然情况巧合的结果,其必要条件是:适当的初始上升气流,大气中适当的垂直层结构使这些上升气流继续升高,随后出现潮湿的空气以及冷凝核。马萨诸塞州出现所有这些条件的复合概率是35年(1915—1950)16次龙卷风,即马萨诸塞州每年发生龙卷风的概率是16除以35等于45%。根据泊松定律,这些年龙卷风的分布是:22年0次,10年1次,3年2次。所以伍斯特龙卷风根本不是原子弹引起的。在马萨诸塞州,每一个季节发生龙卷风的概率几乎是均等的。

(2) 原子弹几乎不可能引发龙卷风:它的能量很小,且马萨诸塞州大气层中的成核中心非常多。一个在宾夕法尼亚州引起强度为每小时30毫米普遍降雨的普通气候锋,释放的能量相当于50 000吨级别的原子弹每秒所释放的能量。

(3) 到目前为止爆炸的约30枚原子弹中只有一枚引起明显降雨。那是在比基尼岛实施的一次水下核爆炸,是烟雾喷射和潮湿的热带大气相互作用的结果——这些条件在美国大陆完全不同——是一场下了30分钟的热带雨。有关这方面如果你需要了解更多细节,请告诉我。

1947年，有人请约翰尼以及其他两位教授讲讲国会怎样通过公平分配国会席位更好地遵守自己的法律。约翰尼简洁地解释道，至少有5种不同的数学方法来衡量这种语境里的"公平"。他把它们称作"最小除数法"、"调和平均法"、"均等比例法"、"主要分数法"和"最大除数法"。这五种方法各不相同，他只能推荐一种最少违反公平的其他定义的方法，能不能对如今的国会议员有好处就不知道了。一些国会议员不太喜欢约翰尼的办法。

奇怪的是，约翰尼和政界更紧密地结合居然缘于他试图阻止高等研究院的一项人事任命。1947年，艾德洛特决定从研究院院长的位置上退休。那位无处不在的斯特劳斯上将如今已经是高等研究院委托人委员会的成员之一了。他问爱因斯坦和约翰尼他们推荐哪一类的院长接班人。爱因斯坦回答说："你应当找一个安静的人，这样想思考的人就不会受到打扰了。"约翰尼推荐49岁的布朗克(Detlev W. Bronk)博士——一位杰出的生理学家(介于医学和物理学中间领域的教授)，曾成功地领导了各种基金会和机构，方方面面对他都没有什么微词。当得知最有可能成为高等研究院院长的人是洛斯阿拉莫斯的战时主任奥本海默时，约翰尼(对于他来说)一反常态地用模棱两可的措辞写信给斯特劳斯说："奥本海默的聪明才智是无可辩驳的，他似乎正是我们研究院最需要的新生力量——如果在这方面我们可以令他感兴趣的话；但是我有些担心让他做研究院的院长是否明智，其他人也有同感。如果你愿意详细了解，我想这些问题更适合我们口头讨论一下。"

尽管如此，奥本海默还是走马上任了，带着一个巨大的保险箱，里面装着他研究的高度保密文件。他来普林斯顿的一个原因是这里离华盛顿很近，他打算加入许多重要的委员会，坚决地宣传比杜鲁门左的政治和科学观点。这些委员会中最重要的是由为新成立的原子能委员会(AEC)担任顾问的顶级科学家组成的全面顾问委员会(GAC)，该委员会由奥本海默任主席,并拥有控制权。国会已经授权,所有有关原子能的事务,包括洛斯阿拉莫斯,都由原子能委员会负责。因为当时人们认为原子弹问题干系重大,不能交由军队单独管理。

研究院的许多学者反对奥皮,认为他那个巨大的保险箱把冷战带进了研究院。约翰尼担心的是奥皮关于冷战的看法太不现实了;但在处理研究院事务方面,他们两人倒是合作得天衣无缝。分形(fractals)的发现者、数学混沌学派的先驱芒德布罗(Benoit Mandelbrot)应约翰尼的邀请第一次到研究院演讲。他对里吉斯回忆说,当着这么多学界泰斗的面他十分紧张,他结结巴巴的演讲令人遗憾。"但奥本海默和冯·诺伊曼的精彩总结挽回了那一天,他们先后把我的演讲重做了一次,而且精彩得多,最终圆满成功。结果对我非常有利。"新的科学观点会令奥皮和约翰尼的思想都很兴奋,激起一种惺惺相惜的友情。

遗憾的是,正如约翰尼所预见的,奥本海默和斯特劳斯的关系可紧张多了。奥本海默要是觉得哪一个人是傻瓜,就会狠狠地整治他;斯特劳斯可不愿意被人当作傻瓜。斯特劳斯提议应当禁止向斯堪的纳维亚国家出口某些东西,否则技术会从美国手中流失,难道科学家就不觉得苏联人可能会在制造原子弹时利用它吗?奥皮说:是的,确实会,他们或许会利用它来做榔头、螺丝刀和回形针呢。

1949年8月29日苏联核爆炸成功,也炸飞了美国的许多霸主地位。

在苏联的领空附近,长期以来美国飞机都在不停地巡逻,用突出的滤色镜搜集苏联的各种核废料。洛斯阿拉莫斯的老员工说,第二次世界大战期间就有一些飞机在德国上空侦查,监视德国是否有核反应堆副产品。一些战后机构说,斯特劳斯上将在与包括约翰尼在内的科学家讨论之后,派这些飞机上岗巡逻。1949年8月末,这些滤色镜发现了他们没有想到的东西。经华盛顿以及其他地方为期3个星期的检查后,杜鲁门宣布,苏联很显然已经爆炸了它的第一个核装置,代号"乔

1"。对于像约翰尼这样的专家来说,这是预料之中的事;而大多数政客和选民都深感震惊。

紧接下来的是一场讨论:下一步我们该怎么办?开始时,这方面的报道有些拙劣。参加这场末日大讨论的约200人随意性很强、兼容性很强。讨论的问题是美国是否应该继续开发超级炸弹即氢弹,(即使是投掷型氢弹)其破坏力也有望超过广岛原子弹1000倍。

自1942—1943年,科学家就已经意识到:如果核弹中心产生的100 000 000℃的温度可以用来燃烧氘(氢的一种重型天然同位素),或许再加入氚(一种更重的氢的人工合成同位素,因此成本很高),那么核弹爆炸的威力就会超过广岛原子弹约1000倍。实际上,如果加入无限多的氘,体积无限扩大,这种爆炸的威力可以是无限的。从理论上算出加入多少氘就可以毁灭整个地球是可能的。

氢弹最为热情的鼓吹者是特勒和劳伦斯。第二次世界大战期间特勒就打算开发这样一枚超级炸弹,他本来已经想出了其中许多物理依据。这是他钟爱的一个项目。1944年,奥本海默坚定地告诉特勒,洛斯阿拉莫斯必须集中精力完成其首先能够完成的项目,即普通的原子弹。毕竟氢弹有一些难度——在有些人看来,还好有这点难度。没有人知道裂变炸弹到底能不能燃烧氘。这种操作很像拿着一根火柴去点一堆煤而希望煤能够燃烧起来。

1946年初,特勒向包括约翰尼在内的31位科学家组成的秘密委员会递交了他的氢弹计划设计。委员会得出结论:特勒的设计——后来称为"经典超级炸弹"——很有可能可行,但是需要大量的资源。委员会的大部分成员不想花几十亿美元去制造一个杀伤力超过广岛原子弹1000倍的炸弹,要知道广岛爆炸中有100 000人丧生。1946年会议中的31位科学家包括富克斯,他把特勒的设计提议(还好是错误的)直接交到了莫斯科。

1949年8月苏联代号"乔1"的裂变炸弹爆炸成功的消息传来后,特勒在华盛顿各地巡回演讲。他说,必须给予制造氢弹工作最大优先权。大多数科学家,包括奥本海默领导的全面顾问委员会成员对此表示反对。口才出众的费米和拉比说,超级炸弹"可以视为阳光下邪恶的东西"。它将毁灭几百万无辜的生命,它不可能仅仅用于军事目标,它产生的巨大辐射使大面积的地区在未来很长一段时间内不适合人类生活。

奥本海默也"强烈建议"不再继续开发氢弹,但他认为他的理由是技术上的而不是道义上的。他给一个朋友写信道:"我不敢肯定这种没用的东西行得通,也不敢肯定它可以被输送到目的地,除非用牛车来拉。"不管怎样,奥本海默认为应当优先考虑改进美国的普通型核武器。他觉得计算机还无法及时准备就绪承担必要的计算工作以检测氢弹是否可行;他还说,(典型的奥皮方式)撞大运式地研究有可能毁灭地球的武器显得"有悖任何实验方法"。他怀疑苏联人是否真的要追上美国了。有些人说苏联人可能会成功开发氢弹,奥本海默则说:"我们会回答,我们从事氢弹研究并不是要威慑他们。"他对一个朋友说,他主要担心的是:美国的超级炸弹"似乎被国会和军界想象成解决苏联所提出的问题的方法……我们致力于此以挽救我们的国家,在我看来和平岌岌可危"。

"乔1"成功爆炸的消息传来的那个星期,约翰尼和特勒恰好身在洛斯阿拉莫斯。约翰尼立即赞同特勒的看法,"如果超级炸弹可能制造出来,就应当由美国完成"。他比奥本海默更清楚,如果把原子弹和氘连在一起,美国的计算机能够在一百万分之一秒内算出个中状况,因此不必进行毁坏环境的试验。但是约翰尼主要的论据是奥本海默说法的镜像。如果美国"国会和军界"把超级炸弹"想象"成解决问题的方法,那么苏联又何尝不是这样呢?尽管奥本海默怀疑苏联能否很快开始研究氢弹，约翰尼却可以肯定他们已经开始了。现在我们确实得知，1948年萨哈罗夫正在研究苏联的氢弹。

约翰尼认为，如果苏联人首先研制出威力超过广岛原子弹1000倍的炸弹，许多可怕的后果是奥本海默的哲学做梦也想不到的。在欧洲将会出现一股潮流，主张向强大的苏联投降。一旦处于劣势，约翰尼就更恐惧战争。在苏联，贝利亚直接领导的项目一旦在斯大林晚年先于美国制造出了一枚超级炸弹，贝利亚就取得了巨大的胜利。约翰尼认为在斯大林接班人的斗争中，绝不能允许贝利亚取得胜利。

"乔1"之后的几个星期里，约翰尼在普林斯顿的主要宣传活动是"让大家不听罗伯特·奥本海默那一套"。奥皮虽然在普林斯顿无恙，但他正在华盛顿节节败退。艾奇逊（Dean Acheson）最贴切地表达了政界的观点。他说，像奥本海默这样的人觉得科学家已经给人类生活带来"足够的罪恶"是可以理解的，但是不知道为什么他们会以为如果美国不去研究如何制造下一个罪恶，那么别人也不会这么做。

1950年1月杜鲁门宣布，他以总司令的身份命令原子能委员会继续进行各种形式的原子武器的研究工作，包括"所谓的氢弹即超级炸弹"。在接下来的4个星期里，已感宽慰的参谋首长联席会议对此犹豫不决，但或许还是幸运地把这个命令解释为"全力开发氢弹及其生产和运输方法"。

科学家又纷纷回到了洛斯阿拉莫斯——包括一开始反对氢弹的那两位：费米和贝特。费米觉得，法律认可的政治权威一旦作出决定，科学家就不应该继续说三道四。贝特坦率地承认，他回到洛斯阿拉莫斯是想证明氢弹根本就不可能研制出来。他很吃惊，洛斯阿拉莫斯的每一个人看上去都好像干劲十足。大家的看法转变了，一方面可能是由于像约翰尼这样的民意领导者对氢弹的热情影响，更重要的原因或许是1950年朝鲜战争的爆发。

没过多久就证明,贝特关于不可能制造超级炸弹的愿望看起来可能成真了。1950年,特勒原本的超级炸弹计划显然行不通,原子弹无法引燃氘。在规定的百万分之一秒内,火柴无法点燃那堆煤,只是发出了嘶嘶的响声。

走了三步才实现最初的醒悟。一些计算显示,这次白费力气源于乌拉姆——再次来到洛斯阿拉莫斯的乌拉姆已经是T-8小组的组长了。实际上,T-8小组的主要成员只有乌拉姆和他在威斯康星大学的同事埃弗里特(C. J. Everett)博士。乌拉姆从不掩饰他对埃弗里特的依赖:"我只是有一些笼统的想法,有时还相当模糊。埃弗里特能提供严谨、灵巧和具体的证明,并最后成形。"在这些乌拉姆—埃弗里特——有时被误称为"揭穿特勒的超级炸弹"——计算中,埃弗里特几乎"磨秃了他的计算尺"。乌拉姆的崇拜者说,这个阶段他在孤军奋战;批评乌拉姆的人说,孤军奋战的是埃弗里特。

揭穿的第二阶段是乌拉姆和费米展开的一些更为基础的工作。第三阶段,也就是决胜局,是在约翰尼的计算机上的运算。约翰尼曾经认为,对这百万分之一秒所发生的状况的乘法运算量是人类有史以来最庞大的一次。后来证明这个猜测有点夸张,部分原因在于他低估了小学生每周完成的乘法运算量。但幸运的是,约翰尼现在可以运用两台计算机——ENIAC和他的忙个不停的普林斯顿原型机。运算一开始就显示乌拉姆的证明是对的,特勒(约翰尼本来希望的胜出者)错了。约翰尼在计算机首次实验后向洛斯阿拉莫斯垂头丧气地汇报说:"冰柱正在形成。"

这些计算结果出来后,贝特写道:"在1950年10月到1951年1月,特勒本人绝望了。"贝特接下来又过于残酷地说:"特勒的10个想法中有9个都是错的。他需要一些更具判断力的人——即使他们不像他那么有才华——来选择那个通常只是灵光乍现的第10个想法。"证明特勒的第10个想法也只是半对的有4个人，乌拉姆和约翰尼是其中两位；因此，浏览一下他们的信件，看看他们是怎样看待特勒的一定很有价值。

答案是他们十分尊敬特勒的科学想象力，但也会因为特勒在个人关系方面所犯的一些错误而笑上几声（其他人会暴跳如雷）。信中提到特勒是如何拒绝一位杰出的科学家的提议的。他说："如果它来自那个象限，那它肯定是180°地错了。"在乌拉姆—埃弗里特计算的一个阶段，特勒对埃弗里特撒性子说："这有一个错误，要乘以10的4次方。"根本没错的埃弗里特十分气恼，但乌拉姆却笑了。乌拉姆在某年1月写道，"特勒虽然人在这里，但是耶鲁的一些精神犹存。"约翰尼回信道："我很高兴特勒将在洛斯阿拉莫斯遇到罗马人。""特勒终于为此成立了一个委员会，这回他可以自言自语了。"乌拉姆在回信中说。尽管一些不喜欢氢弹的人——特别是奥本海默，对特勒在20世纪50年代末暂时的艰难处境幸灾乐祸，但约翰尼和乌拉姆两个人没有。因此后来才有了在1951年1—3月策划的著名的特勒—乌拉姆发明，这很快就促成了真正的超级炸弹。

这项发明仍然部分被归入国家安全机密，因为所有热核炸弹的拥有者，包括苏联和美国，都不希望卡扎菲*上校知道如何制造杀伤力增强了1000倍的原子弹。乌拉姆的突破可以追溯到1944—1945年他和约翰尼研制原子弹时使用的爆聚透镜，随后又添加了一些镜台。教材把乌拉姆的两个镜台的爆聚设计概念描述为一种重新设计的爆震器，它会把第二个由氘和氚组成的可裂变核压缩到极高的密度。最后由乌拉姆和特勒合著的论文题目有点吓人，即"谈流体力学透镜和辐射镜中异化催化爆震"（On Heterocatalytic Detonations in Hydrodynamic Lenses

---

* 卡扎菲，利比亚领导人，1942年生，1969年9月1日领导"自由军官组织"推翻伊德里斯王朝，建立了阿拉伯利比亚共和国。——译者

and Radiation Mirrors），这让我们想起了芝加哥冲水马桶那段故事。

特勒和乌拉姆在这个阶段并没有什么意见分歧。乌拉姆的叙述是，他和洛斯阿拉莫斯的一些资深人士讨论过他的看法之后，

> 第二天早晨我和特勒谈；尽管埃弗里特的工作对他的计划造成了巨大的负面影响和损失，我不觉得他对我有何敌意，但我们的关系看来肯定有点紧张。特勒立即采纳了我的建议，开始有点犹豫，几小时后便热情十足了。他不仅看到了全新的元素，还发现了一个平行版本——我所说的方法的备用法，或许更加便捷、更加具有概括性。从那一刻起，悲观转变为希望。

乌拉姆还说，一个更为详细的跟踪报告由特勒和霍夫曼（Freddie de Hoffmann，1989年去世，生前为本书安排了许多帮助很大的采访）起草。特勒的说法是，经过1951年初的郁闷之后，"几个星期内就出现了两束希望之光：一束是乌拉姆的颇具想象力的提议，另一束是德·霍夫曼的精密计算"。

那个时代的尚存者说，制造氢弹需要6步，除倒数第二步的一半外，其他全是特勒完成的。这就是特勒依然可以当之无愧地被称为氢弹之父的原因。贝特认为称特勒是氢弹之母更为合适，他为此孕育了很久，而且期间受了不少苦。

在约1951年3月特勒—乌拉姆突破之后，洛斯阿拉莫斯的工作进展得一帆风顺，只是人际关系出了问题。

1951年5月进行的"点燃了地球上第一束热核的烈焰"的所谓乔治爆炸，实际上和所有这一切几乎没什么关系。乔治爆炸是用巨大的原子弹点燃小量氚的一次成功尝试。把喷灯放进少量的煤中当然会把它点燃，但是不能解决用火柴点燃一堆煤、且此后只要添煤火就会越烧越

大的问题。

特勒—乌拉姆结构一经提出,所有人都同意洛斯阿拉莫斯应当继续研制超级炸弹。奥本海默记录了自己的观点:"我们1949年的项目小得可怜,说说还可以,但是没有多大的技术意义。因此,有人也可能说,即使能作出,你也不想要它。1951年的项目从技术的角度来说很适合,你完全无话可说。"因此,全速推进各项工作为1952年11月在埃尼威托克的麦克爆炸做准备。这一次爆炸的威力相当于10 000 000吨TNT爆炸——将近广岛13 000吨TNT爆炸的1000倍。必须承认的是,麦克装置需要把一整幢大楼塞满冷冻装置以维持爆炸前液态氘的形状,所以它不可能用飞机运输。但在1954年3月的卡斯尔爆炸中,一个爆炸威力相当于15 000 000吨TNT的装置可以从飞机上投掷下来。

在1952年11月麦克爆炸至1954年3月卡斯尔爆炸之间,苏联新任领导人马林科夫(Georgy Malenkov)宣布,美国不仅没有独占原子弹,也没有独占氢弹。1953年8月12日,苏联引爆了第一个热核装置,萨哈罗夫是重要创始人之一。和同类爆炸相比,那是一个微型热核爆炸,爆炸威力很有可能在500 000吨TNT以下,不到麦克爆炸的1/20。失败的原因之一是,富克斯汇报的仅仅是1946年特勒的原始想法,那时还没发现这实际上根本行不通。直到1955年,苏联还没有类似的特勒—乌拉姆发明,后来萨哈罗夫创造了苏联的特勒—乌拉姆发明。

到了1952年11月1日麦克爆炸时,美国在超级炸弹竞赛中终于获胜,对此约翰尼很满意。让他高兴的是,在他的初级计算机的帮助下,避免了一场巨大的灾难——斯大林在世时苏联获得可怕的军事霸权地位,但他对核战争依然不太乐观。直到1952年,约翰尼还写信给斯特劳斯说,美苏之间的冲突依然十分可能。因此,无论何时美国都应该传递给苏联领导人这样一个信息:如果你敢发动战争,你本人就会被送上西天;这场战争会使美国体无完肤,但是必须承认,胜利必定是属于我们的。

1952年11月,在麦克爆炸的同一周内,艾森豪威尔当选美国总统。艾森豪威尔总统先是任命斯特劳斯做他的原子能事务特别助理,然后任命他为原子能委员会主席;他还任命夸尔斯(Donald A. Quarles)为国防部部长助理,负责研发,然后又任命他为空军司令。夸尔斯的膀臂是公务十分繁忙的加德纳(Trevor Gardner),时任空军司令特别助理。所有这三个人——斯特劳斯、夸尔斯和加德纳——都认为有一个人——他们眼中思维最敏捷的美国科学天才——能够最好地推动美国的战争技术。

他们三人都是约翰尼的"粉丝"。

第十五章

惊人的影响

1950—1956年

约翰尼对1948年杜鲁门连任总统表示欢迎,1945—1949年,在杜鲁门政府大部分的科学顾问中,约翰尼在政治上是右派。直到1950年1月杜鲁门决定研制超级炸弹,约翰尼和军界主要的联系是第二次世界大战期间他曾为之作出贡献的一些机构,如洛斯阿拉莫斯。1950年1月,军方开始吸纳约翰尼这样的强硬派,而不是奥本海默这样温柔的诗人。约翰尼欣然接受邀请,遭到一些人的批评。一些朋友说,这是因为他喜欢听到"直升飞机停在草坪上的声音";另一些朋友说,他喜欢"和上将们推杯换盏共进晚餐,尤其是他发现自己比那些人更有头脑之后"。约翰尼自己的文章暗示了一个更有说服力的原因。他为军方官僚的无能感到震惊;他认为,引入科学的方法至关重要,这样才能挽救和平与整个世界。

在全力开发超级炸弹的第一年,也就是1950年,约翰尼接受的两项新的军方委任是均在华盛顿任职的武器系统评估小组(WSEG)顾问和军队特别武器项目(AFSWP)顾问。1950年4月,他与战时欧洲胜利者布拉德利(Omar Bradley)、军界顶级技术专家陆军中将赫尔(J. E. Hull)以及杰出的战时古董级人物万尼瓦尔·布什共进午餐,并正式接受任职。

赫尔在就餐前给约翰尼的信中说,武器系统评估小组刚刚递交给杜鲁门它的第一份重量级研究(但实际上没有效果)——核武器时代如何策划战略轰炸。为了更好地进行接下来的研究,该小组希望和"国家最伟大的科学人才"建立更紧密的联系。午餐后,布什的来信透露出这样的观点,"这一次与军界最睿智的人才合作的机会"使约翰尼能够引入"科学的方法解决军中重量级人物眼中相当重要的"问题,这个任命"几乎获得所有人的支持……(武器系统评估小组)为美国国防作出了具体的、实质性的贡献,作为这样一个小组的一员会给您带来巨大的满足"。约翰尼应邀做武器评估小组顾问并负责敦促(加州理工学院的)H·P·罗伯逊(H. P. Robertson)教授(在第七章里曾写过,刚刚移民美国的玛丽埃特曾费尽力气给一个婴儿洗澡,这就是那个婴儿的父亲)在该小组承担的全职工作。

约翰尼写给罗伯逊的信以"亲爱的鲍勃"开头,然后就是一番敦促,语气并不像布什欣赏"军界最睿智的人才"那样令人愉快;相反,约翰尼对他们简直快要绝望了。他认为,原子能委员会根本就没有向军方讲清楚核技术将会使未来的战争发生巨大的变化,部分原因可能在于他的科学家同仁不喜欢向这些残忍的大兵们解释,利用新型武器杀几百万人就是小菜一碟,简单得吓人。但是约翰尼告诉罗伯逊:

> 我十分肯定这段时期内,除了武器评估小组之外,没有哪个组织能够理顺原子能委员会和军队的关系,逐步制定合理的标准以判断原子能委员会与军事事务的关系政策应该是什么,武器研发的目标是什么,武器研发应该如何与军队相结合以及原子能委员会和军队应该如何交换信息。信息在那些本可获得的地方的缺乏以及过去由此产生的误解和努力方向的错误已是难以想象,没有目睹的人不会相信。更确切地说,你们可能看出情况一团糟,其实是糟到不能再糟了。一些极端

的错误现在正在纠正，但还有许多错误没有任何改观。看来只有武器系统评估小组能系统而智慧地适当改正这些问题了。我怀疑若是你研究了这些问题（有可能你已经研究了），就会发现确立和发展每一项这样的服务都要经过许多同样决定性的和代价昂贵的阶段。毋庸置疑，武器系统评估小组需要像你这样的人……

在军队特殊武器项目中，约翰尼很快给一些成本过分昂贵的项目泼了冷水。一位权威将军给他写信道："有关鹈鹕的报告，我会向大家转告你附加的少数派意见；但是请千万留下来做顾问。"

在1951—1952年——依旧是杜鲁门任职期间——约翰尼收到了另外4个与军界联系更紧密的任命：(1)中央情报局顾问；(2)原子能委员会的全面顾问委员会成员；(3)洛斯阿拉莫斯的新对手、在利弗莫尔的劳伦斯和特勒的实验室顾问；(4)美国空军顾问委员会成员。

最后3个任命使约翰尼的对外交往陷入紧张状态。

在奥本海默离开后，约翰尼被任命为原子能委员会的全面顾问委员会成员——一个由总统（即杜鲁门）直接任命的职位。到1952年夏，奥本海默已担任了5年的全面顾问委员会主席，他的辞职并非出自本意，却遭到欣然应允。

奥本海默带到普林斯顿的保险箱里的一些秘密文件立即被拿走了；但迪安（Gordon Dean，奥本海默的朋友，接受杜鲁门的委任担任原子能委员会主席）留下了一些文件，理由是奥本海默将继续担任全面顾问委员会的顾问。这是杜鲁门在其任期最后一年里犯的一个错误。空气中弥漫着臭气熏天的麦卡锡主义，国会疯狂迫害过去和斯大林主义有过任何瓜葛的人。奥本海默的家庭成员过去和共产党关系甚密，这仿佛成了不稳定因素。约翰尼认为，即使不谈国家机密，从个人角度讲，他们可能是不稳定因素。

约翰尼在麦卡锡主义中没有扮演任何角色。他把这种政治迫害当作拙劣庸俗的笑话,不论是义愤填膺的右派朋友,还是魂飞魄散的左派朋友,都对此很恼火。约翰尼写信呼吁,不管过去甚至现在有没有共产党倾向,应当挑选最佳人选担当科学职位或予以拨款资助。事实上,他写信给那些过去与共产党联系的朋友,要他们不要申请必将带来政治迫害的工作。幸运的是,他觉得还有许多科学工作不会引起政治迫害。令人尴尬的是,那些在20世纪30年代与斯大林主义关系暧昧的人,关于说过些什么和想要些什么甚至对自己都不敢说真话;因此,在国会委员会面前自然面临被指控做伪证的危险。

对奥本海默的迫害逐步升级,这给约翰尼也带来了麻烦。当迪安从杜鲁门委任的原子能委员会主席的位置上退休时,他最后的一系列行动之一就是将奥本海默的全面顾问委员会顾问一职延期一年,这样那些秘密文件还可以待在奥本海默在普林斯顿的保险箱里。当斯特劳斯成了艾森豪威尔任命的原子能委员会主席的第二天,他采取的第一批行动之一就是把它们取走。随着冲突的升级,一位不胜其烦的国会工作人员发表自己"经反复掂量的意见":"奥本海默是一个苏联间谍。"1954年,原子能委员会举行了质询并根据多数意见得出侮辱性的结论:奥本海默不应该继续接近保密材料。

对奥本海默提出推迟研发超级炸弹的建议持反对意见的那些人,成了对他不利的证人中的大多数。这些充满敌意的证人中也包括特勒。如果劳伦斯不是生病在身,也完全有可能加入其中。约翰尼组织了一组对奥本海默有利的重要证人:这些人和奥本海默反对超级炸弹的意见相左,但清楚他绝不是安全隐患。实际上,为了组织这群人,约翰尼还自己掏了腰包,当奥本海默的律师提出补偿时他拒绝了。在人生旅途走到一半时,约翰尼扮演了一个诚实的角色;因而也令一些朋友十分气愤,遭到了两面夹击。

一边是斯特劳斯——约翰尼与艾森豪威尔政府的主要联系人,他对曾受到奥本海默无礼轻蔑的对待恨得牙痒痒;另一边是约翰尼在高等研究院的同事们,他们团结在一起支持他们的院长奥本海默,并反对高等研究院前托管财产管理人斯特劳斯。约翰尼飞车赶回高等研究院参加一次员工大会。会上,戈德斯坦像霍雷肖(Horatio)*一样镇守桥头,让大家冲着斯特劳斯狂轰滥炸一番,发泄一些不必要的怨恨情绪。这段时间,约翰尼和每一个人都保持着一团和气,但他不喜欢各种形式的联合声明。迫于压力,大家都在这些声明上签名,包括一两个私下里并不情愿的年轻教师。约翰尼个人对学者的定义之一就是不在表达共同感情的声明上签字的人。不管情况多么复杂,任何一个有思想的人都会用自己的语言来表达意见,而不是像一群猎狗那样乱叫。

约翰尼在1952年杜鲁门任期内接受的第二个职位也要求他在夹缝中走钢丝,在那里,他的那些睿智的科学家朋友彼此间吵个不停。1951年3—4月,特勒—乌拉姆突破开辟了一条通往热核炸弹的道路后,特勒和主任布拉德伯里(Norris Bradbury)以及洛斯阿拉莫斯其他资深员工关于下一步该怎么走激烈地争吵,互不相让。特勒希望进展再快一些,其他人觉得不太可能。特勒拂袖而去,到华盛顿寻求支持以成立原子能委员会领导下的第二个核实验室,与洛斯阿拉莫斯竞争。布拉德伯里强烈反对成立第二个实验室,奥本海默开始时也是如此。他们认为这样会分散洛斯阿拉莫斯的资源,当时实验室正在高效推进准备在1952年11月进行麦克热核爆炸。

---

* 指一位在桥头孤独奋战的罗马勇士。公元前6世纪受到伊特鲁丽军进攻的罗马,不得不毁掉比列河上的桥来阻止敌军。霍雷肖独自一人站在桥头奋战,直到和桥共同坠入河流,但他却得以生还。——译者

1951—1952年，特勒在华盛顿争取参议员麦克马洪（Brian McMahon）领导的国会原子能联合委员会（后来指控奥本海默是苏联间谍的那个人就是该委员会成员之一）的支持，可惜帮助不大。劳伦斯有一个位于加利福尼亚利弗莫尔前海军空军驻地（地价相当便宜）的实验室。他告诉特勒和国会，新实验室可以设在他的实验室的旁边，而且实验室人员可以由加利福尼亚大学的在职人员充当；这倒是帮了特勒的大忙。

有意思的是，特勒告诉他的传记作家说，他深深尊敬的两个人反对他和劳伦斯合作，"他们是费米和冯·诺伊曼"。约翰尼认为，劳伦斯在政治上是鹰派中的强硬派，特勒和他合作会失去影响力。一些人说，这段时间，约翰尼鼓吹对苏联实施防御性战争；有趣的是，和劳伦斯相比，约翰尼更像一只咕咕叫的鸽子。

利弗莫尔实验室于1952年夏天成立了。很快这个实验室就陷入了另外一场争吵中。1952年11月，世界上第一个大型热核设施爆炸——麦克爆炸全部由洛斯阿拉莫斯一手安排。一些报纸以及后来出版的一本书把这归因于1951年特勒从洛斯阿拉莫斯出走，并在利弗莫尔建立新实验室（当时麦克爆炸刚刚处于起步阶段，大家忙得团团转）。在1953和1954年，利弗莫尔头两次试验爆炸嘶嘶地响两声就玩完了，一个核装置连内华达州境内的一个小塔楼都没炸掉，憋着气的洛斯阿拉莫斯人全都哄堂大笑。

1952年，身为洛斯阿拉莫斯顾问的约翰尼为什么会同意担任利弗莫尔顾问的呢？事情的过程又如何？答案是，约翰尼在研究计算机的经历中发现，一旦实现了开始的突破，竞争是推动新科技的最好方法。约翰尼完全同意特勒关于利弗莫尔情况的最明智的陈述。特勒写道：

> 我知道友好的竞争、不同观点的培养以及不同环境下产生的想法的交换会使科学蓬勃发展。我也知道科学家们合作组成的唯一的一个小组很容易为某一发展阶段的某些特别方

面所迷惑,而忽视了其他有希望的方法。我的信念越来越坚定:我们国家的安全不能只交付给一个核武器实验室,即使是像洛斯阿拉莫斯这样优秀的实验室也不行。

历史证明这些话字字是真理。在利弗莫尔第一任主任约克的明确指导下,实验室开始"建设直径最小、重量最轻、稀有物质投资最少或按重量比率收获最高的核爆炸装置,争取把目前的探索前沿再推进一步"。当海军潜水艇发射的导弹需要一枚重量轻的弹头时,"北极星"的诞生还要感谢利弗莫尔作出的贡献。由于没有把宝全押在洛斯阿拉莫斯上,20世纪50年代末期自由世界的安全得到了更好的保障。

在杜鲁门最后两年的任期内(实际上是1951年),约翰尼接受的第三次军事任命是美国空军科学顾问委员会(SAB)成员。他加入这个委员会是出于对"老乡"——冯·卡门的忠诚。20世纪30年代,冯·卡门住在加利福尼亚州,他所提出的航空设计使附近马奇机场一位年轻的飞行员阿诺德(Henry H. Arnold)少校很感兴趣。战争结束后,阿诺德已经升任美国空军司令,他请冯·卡门担任科学顾问委员会主席,策划空军未来技术发展方向。1951年,冯·卡门70岁生日时邀请他的匈牙利同胞约翰尼加入科学顾问委员会。约翰尼答应了,他几乎马上就发现原来空军技术管理也是那么官僚化。1952年11月,就在麦克热核爆炸的同一周,艾森豪威尔以压倒性优势赢得总统选举胜利,这件事对约翰尼人生中的最后4年影响非凡。

艾森豪威尔的当选为美国政府带来了20年来第一次真正意义的变革。华盛顿来了一个共和党实业家小组,他们下定决心审查并积极纠正他们所发现的民主党重蹈覆辙造成的谬误。新任国务卿杜勒斯(John Foster Dulles)把他的讲话或政策归纳为"大棒"主义。杜勒斯主义意味着,任何企图在世界各地挑起战争的苏联政策决策者将被警告,战争在开始的几个小时内就能把他们本人送上西天。国防部的新团队就是要想方设法让大家相信可能有点难以置信的核威慑政策。

这些人中，约翰尼的首批崇拜者包括加德纳（空军司令特别助理）和夸尔斯（很快升任空军司令）。夸尔斯曾经担任过桑迪亚公司首席执行官；该公司位于新墨西哥州洛斯阿拉莫斯附近，在制作核武器时承担工程最后扫尾的工作。桑迪亚公司曾经给约翰尼送来一份长期顾问合同，合同中具体规定要求他完成的工作，但在最后一页宣布工作的报酬为零。约翰尼以中欧人幽默和彬彬有礼的方式回复，后来才发现这份合同不得不签，否则有些事情桑迪亚就得向他保密——其实那些事约翰尼早知道（有些还是他的发明）。夸尔斯欣赏约翰尼，告诉加德纳要特别留心他。

加德纳是一个活跃分子，他下定决心要使共和党国防政策的审核变得灵动起来。约克原本担当我们所说的特勒—劳伦斯利弗莫尔实验室主任，如今也被拉了进来。约克用崇拜的口吻描述了夸尔斯—加德纳审核风格，他写道：

> 一开始审核是由一些委员会承担的。他们在三军分头工作，并向不同的项目管理层汇报。这些委员会人员重叠，于是信息会在机构内部、机构之间传来传去，超出了保密和管理的适当范围，影响技术进步。当然这种组织和操作风格也会使一些固执己见的人独霸一方。

约克接着写道：

> 大约一年之后（即1954年），为了推动进展和加深变革，以前的各种委员会被重组为少数的委员会，其中最重要的一个由冯·诺伊曼担任主席。"冯·诺伊曼委员会"（与正式的名称不同）就空军直接控制的项目向空军司令提出意见，就所有大

型军事火箭计划向国防部长提出建议……冯·诺伊曼十分睿智，对所有的事物都好奇。他长着一张娃娃脸，有时候举止就像小孩子一样；他到我们家做客时，我的3岁和5岁大的女儿特别喜欢在他的身上攀爬。他强于纯科学和纯数学领域，而且著述颇丰；同时又极其擅长理论的实践性工作……科学能力和实践性的结合使他深得军界高层、工程师、企业家以及科学家的信任，且无人能及。他当时显然是核导弹的重要顾问，一旦他就能做什么该做什么发表看法，每一个人都会洗耳恭听。

在1953年1月艾森豪威尔政府成立的第一周，约翰尼收到了新命令下的第一个委任——加德纳请他担任空军科学顾问委员会下设的核武器小组组长。该小组本身似乎也在经历某种核裂变，成员包括特勒、布拉德伯里、贝特（他们两个和特勒简直水火不容）、约克、兰德公司的两位科学家和来自五角大楼的一位科学家。

或许只有像约翰尼这种气质的人才能领导这样的一个小组，并很快促成结论性意见。这些结论扭转了美国的国防政策，外交政策（也随之）改变。他的方法是强调新技术状况，将讨论直接引向其可能性。约翰尼一开始就强调：

> 根本的经济——政治策略状况发生了彻底的改变。核武器成本不再昂贵、不再稀缺、不再属于美国垄断。这些人所共知，但是仍需重申——我认为我们的思想还没有消化这些概念……不能再认为核成分是核武器系统涉及的最困难的一个部分，现在它们是这个系统中最简单、最灵活的部分。

针对约翰尼的核武器小组提出的第一个问题是：一架B-52型轰炸机能够携带的氢弹的最大威力是多少？当时（1953年）还处于计划阶段

的B-52轰炸机能够携带136—226吨的重量升空。尽管刚刚在麦克爆炸中爆炸的唯一热核装置根本不可能用飞机运载,约翰尼的小组仍信心十足地预测,根据"相当保守的"估计,B-52能够运载的热核炸弹有望达到20兆吨,即20 000 000吨TNT的爆炸威力,这是一个了不起的数字。实际上,利弗莫尔实验室审核了如何建设和试验威力超过上述数字的炸弹的提议,这就意味着这种炸弹的威力超过广岛原子弹威力的2000倍还多。艾森豪威尔在议事录中正确地写道:"千万别;这些东西已经够厉害了。"

向约翰尼核武器小组提出的第二个问题是:是否有可能制造一个重量仅约1360千克(这样或许可用"宇宙神"洲际导弹运载)、可炸毁直径460米以内的所有物体的炸弹。小组冷冷地回答道:"这两个问题不能混为一谈。"有可能制造一个重量不到1360千克的2 000 000吨级炸弹以摧毁5.1—7.2千米内的所有物体。因此计划者应该选择一个最佳方案,可以减少"宇宙神"导弹负重(这样就易于制造),但或许只能运载一枚1 000 000吨级的炸弹(能够摧毁3.2千米内的所有物体)。

威胁性的大棒政策因而化成了硬邦邦的数据。欢欣鼓舞的国防和政治机构请约翰尼担任战略性导弹评估委员会主席。约翰尼和他的同事在上任时便引起了一片震荡,他们同样为国防建设引入了全新的管理风格。

在1954年之前的10年间,导弹并不被认为是十分有效的军事选择。1939—1945年战争的最后一年,德国人向英国发射了两种不到10 000枚的无人操作导弹,其中8000多枚是V-1型。这些导弹是无人驾驶的飞机,准确性极低,其中击中目标伦敦的还不到一半,大部分被英国空军防御系统拦截或完全偏离轨道。

1944—1945年战争期间,德国人发射的其他约1500枚导弹为V-2型。它们是弹道(或大型子弹形)火箭;因为一经发射,它们就会像子弹一样沿着它们的动量和重力相互作用形成的轨道飞行。V-2型导弹在落地爆炸之前,没有一枚遭到成功拦截,但这1500枚导弹仅仅使2500人丧生,而且几乎都是平民。每一枚造价昂贵的导弹仅消灭一个人,极不划算;这很像1991年海湾战争期间,萨达姆(Saddam Hussein)统治的伊拉克所发射的飞毛腿导弹。V-2的目标无法定得更为精确,它只能是"争取轰炸伦敦市"。1944—1945年,V-1、V-2导弹所能携带的1吨重的常规炸药,其破坏直径仅约27米。西方盟国从未尝试制造和V-1、V-2破坏力相当的武器,原因十分符合逻辑。大部分V-1、V-2导弹的行程勉强能达到322千米;相比而言,只要他们拥有制空权(1944年盟国做到了),轰炸机运载的炸弹更多、准确率更高、行程更远。

1945年战争结束时,美国人采取了代号奇特的"别针行动",从佩讷明德*带回大多数最为重要的德国火箭专家。苏联人仅得到了佩讷明德的几个资历很浅的人物,但是很有可能省了一大笔钱。资历浅的德国科学家可以告诉苏联人如何制造V-1和V-2型导弹,实际上并非十分复杂。美国得到的资历深的德国科学家构想到太空计划的未来,实际上有些想法并非绝佳。

苏联人很有可能比美国觉悟得早一些,他们明白,1945年后,苏联的军事和政治计划应当调整以实施三个新的、宏伟的策略:(1)即使没有人敢爆炸一枚核弹或热核炸弹,实施最可信的威胁的一方也可能秘密地征服世界;(2)飞机将会越来越不堪一击;因此(3)核威慑的未来取决于远程火箭——这种远程火箭可不像V-2那样只携带几乎没有任何杀伤力的相当于1吨TNT炸药、只能杀死一两个人、行程仅为322千米的火箭。新型导弹的每一个小小的火箭头上将携带相当于几百万吨TNT的炸弹,能够将整个区域夷为平地,且瞄准精准(最终在几十平方

---

* 德国东北部的一个村庄,位于波罗的海一个海岛上,第二次世界大战前和第二次世界大战期间(1937—1945年)是研制V-1和V-2等导弹的中心基地。——译者

厘米里),可飞越四分之一地球。

在1945年和冯·诺伊曼委员会在1953年成立之间,美国还没有适应这种思路。他们对导弹的研究没有什么想象力,而且都封存在军种间的档案袋里。

美国空军试图开发3种V-1型无人驾驶飞机,但在投入运行前就已经完全过时了。空军还开始研发弹道导弹,但由于资金短缺而进展缓慢。海军和空军有各自的火箭计划,但几乎没有什么合作,成功的机会很小。

1954年初,冯·诺伊曼委员会在结束会议后汇报说:(1)有可能制造一个火箭驱动的弹道导弹,可携带核弹头、行程达四分之一地球且目标精准;(2)在这个领域,苏联可能领先我们几年时间;(3)美国需要新型的管理方法才有可能赶上去。

1954年,冯·诺伊曼战略性导弹委员会(在约翰尼的坚持下)拥有了实干型而非空谈型的成员。有一个出人意料的成员是首次单独驾驶飞机飞越大西洋的英雄林德伯格(Charles Lindbergh);他的出现告诉那些高级军官们,在这个锐意进取的时代,不应该再搞诸侯割据。其他成员包括:基斯佳科夫斯基大学和杰尔姆·维斯纳大学两位校长未来的科学顾问、拉莫(Simon Ramo)和伍尔德里奇(Dean Wooldridge)的两位工业家(不久他们就离开委员会创立拉莫—伍尔德里奇集团,成绩斐然)、兰德公司的创始人、休斯飞机制造公司的未来首脑、加州理工学院的两位教授、贝尔实验室的一位代表以及洛斯阿拉莫斯和利弗莫尔的代表。

关于战略性导弹可行的这一汇报,部分来自约翰尼的核武器小组,也有可能是约翰尼在中央情报局所担任的顾问一职帮了忙。约翰尼冷静地把技术人员安排在军队中各个独立的项目中,这样就可以向他汇报哪些部分是相关的、哪些部分是不相关的。

约翰尼预见到"提高战略导弹能力的非常紧迫性",原因有二。首先,"苏联迅速增强针对我常规空军轰炸机的防务";约翰尼认为这将发生在"这个十年的后半段"——20世纪50年代末,苏联人有可能做到射下任何一架飞往莫斯科的B-52型轰炸机。他的第二个担心是"苏联本国"导弹"研发的飞速进展"。他认为他们已经准备就绪,在20世纪50年代苏联喜欢的某一时刻,会产生时间虽短但很危险的导弹差距。

一些人认为,约翰尼1953—1955年关于苏联在火箭方面领先一步的估计可能过于悲观且依据不足;但事实证明,约翰尼完全正确。奇怪的是,约1951年后苏联人允许一些从佩讷明德带入苏联的技术人员返回德国。约翰尼从他们以及其他情报来源那里找到证据,然后马上采取行动;后来证实,这些行动是具有决定意义的。

根据冯·诺伊曼委员会的建议制成了6种美国导弹,从20世纪50年代开始直至冷战即将结束为止保卫着和平。3种洲际弹道导弹("宇宙神"、"大力神"、"民兵"),两种中程弹道导弹("雷神"和"木星"),"北极星"是潜水艇发射的导弹。这6种导弹的程序设计全部都是由1953年后的3年内所作出的决定促成实施的,尽管最先完成的一枚也是在约翰尼1957年去世后才发射升空的。

许多人认为,在一个时期内同时实施6种火箭计划是一种浪费。约翰尼认为这样做是应该的。他从开发计算机的经历中得知,不同项目在相互竞争和合作中同时进展更好。总的来说,在约翰尼去世之后的一代时间里,日本八大电子公司正是通过这种途径使他们的民用微电子工业处于领先地位,但约翰尼对此已经无法知晓了。约翰尼十分清楚的是,火箭竞争应该产生于崭露头角的、最有希望的模型之间,而不是基于互为对手的海陆空三军的自尊心。

奇特的是,约翰尼竞争与合作相结合的方法实际上还节约了开支。这可以从6个项目的相关数字中清楚地看到。大致说来,"宇宙神"(1)作为美国的第一个洲际导弹而设计并如期完成,实现了为它制定的性能目标。"雷神"(2)是"宇宙神"的后代,使用的是"宇宙神"的元件及技术成果。它的射程仅约2400千米,因此需要从欧洲盟国的领土上发射,它的优点(除了可以把欧洲人紧紧纳入同盟)是很有可能它会先于"宇宙神"而完成。

在"宇宙神"计划开始实施时,"大力神"(3)和"民兵"(4)所包含的技术尚未就绪。不推迟"宇宙神"计划但继续(3)、(4)计划是正确的。

"木星"(5)的理由不是那么充分。它在陆军中扮演"雷神"的角色。开始时,"木星"因为形状狭长可以通过瑞士的火车隧道而受到大家的称赞,还因为希特勒的航天先驱冯·布劳恩(von Braun)现在正在参与陆军的程序设计。此时,关于军种间更合理的分配的争论出现了。形状狭长的"木星"可加以改造,用于船上或潜水艇中,因此开始时支持它的海军随即开始寻求另外一枚可以自控的导弹。利弗莫尔实验室发现,一百万吨级威力的炸弹的重量可以越来越轻。海军建议,"北极星"(6)的直径仅为1.4米。这意味着,一艘核潜艇上可以安装16枚"北极星"火箭,该火箭的射程超过1600千米。20世纪60年代,这种导弹被部署在海上。在苏联重型导弹对美国构成真正威胁之前的一段时间内,它们是针对莫斯科的可靠的核威慑。

苏联领先于美国的所谓导弹差距持续了16个月。这危险的16个月从1957年8月开始,即约翰尼去世6个月后,当时苏联的一枚洲际弹道导弹在试验中飞越了广阔的西伯利亚;美国的"宇宙神"导弹在1958年12月才达到同样的射程。

更不重要但更具有戏剧性的是,1957年10月,苏联的这种最重型的火箭改装后把一颗重83千克的人造地球卫星一号送入轨道。美国作出反应,在1958年1月把1.4千克重的"探险者号"送入太空,使用的火箭助推器是私运过来的、陆军所有的、布劳恩设计的"木星C"。当时流传着的一个笑话是:"'探险者'对苏联人造卫星说——现在就我们两个了,让咱们说德语吧。"实际情况是,苏联人用他们的最重型火箭向宇宙空间发送了一个无足轻重的无线电发射机,而美国人则用最轻型的火箭发送了一个小很多的球。

当1960年肯尼迪(Kennedy)当选美国总统时,美国人所害怕的导弹差距两年前就不存在了。在1957年8月苏联火箭发射横跨西伯利亚的导弹至1958年12月美国发射"宇宙神"这16个月间,的确有理由担心。肯尼迪就任时,相比研发时间长得多的苏联导弹,美国的"宇宙神"以及在进程中的后继者更可靠、更实用、更准确、重量更轻,也更为灵活。在肯尼迪任美国总统期间,苏联人在远程导弹方面从未真正领先过。这就是1962年他们试图把中程导弹安置在古巴的原因所在。肯尼迪能够告诉赫鲁晓夫把那些东西拿走,因为他们两人都清楚,当时美国完全有把握对莫斯科实施威慑。正是10年前成功而干净利落的努力,才换取冷战时期这一挽救和平的关键时刻;当时是1953—1954年,主角是约翰尼任主席的两个委员会。

这两个委员会的头一批报告,还带来了新型的国防管理计划以及其他计划。因为当时影响国防的许多新技术正在会合,负责高效火箭技术与苏联人竞赛的美国人需要发现某种机制以协调不同的技术(其他人对这些技术往往一知半解),并同时开展研发、生产以及随之产生的武器部署。但此前没有过这样的机制。约翰尼启发下的两项革新开始寻觅这种机制。

在和冯·诺伊曼委员会合作紧密的施里弗(Bernard Schriever)将军的领导下,空军建立了它的所谓空军研究发展指挥部西方发展分部(WDD)。冯·诺伊曼委员会成员约克说:"如今许多系统发展和系统管理方法都是在他[施里弗]的领导下最先推行的。"一些目前尚不存在的领域很难聘请到专家,但这些领域显然很快会比那些由现任上级管理的领域更为重要。冯·诺伊曼委员会承担的就是这样的工作。

约翰尼的第二项革新是让导弹动起来。一些胆怯的人认为这样做不太恰当。冯·诺伊曼委员会成员拉莫和伍尔德里奇在鼓动之下创办了拉莫—伍尔德里奇集团,给武器贸易提供现在所称的全面系统工程和技术指导(约克的说法)。拉莫—伍尔德里奇集团与汤普森产品合并之后成为TRW公司,后来发展成为一个重要的、涉及范围更广的国防承包商。约克直言反对他和艾森豪威尔所称的"军事工业复合体"说:"这种安排绝对没有什么不妥或错误……不能为了查证而让历史重演,但我相信没有WDD、施里弗将军和拉莫—伍尔德里奇集团,'宇宙神'计划就要拖后一年才能完成,结果成本会更高。""宇宙神"得以挽救的那一年是历史上最重要的年头之一。

艾森豪威尔政府成立伊始,约翰尼就承担了超负荷的工作——要是一个普通人,早就累坏了。除了要为计算机革命和气象革命出谋划策并承担高等研究院的其他工作外,他所有的时间都奔波于从普林斯顿到华盛顿、纽约、洛斯阿拉莫斯和重新返回普林斯顿之间。

1953年1月完成洛斯阿拉莫斯的工作后,约翰尼及时赶回来参加艾森豪威尔的就职典礼。这是他原本的日程安排:

约翰尼的日程表(A)

1月29日星期四——上午9点,AFSWP赞助的TUMBLER专题研讨会,华盛顿

1月30日星期五——上午9点,TUMBLER专题研讨会

中午12点,与西蒙(Simon)将军和戴维斯(Davies)先生共进午餐(西蒙办公室)

下午2点30分,波斯特小组高层会议,华盛顿

2月2日星期一——上午11点,怀特(M. White)博士

2月3日星期二——上午10点,数学员工会议

2月4日星期三——上午11点至下午4点,国家安全局,华盛顿

下午4点30分,与拉比、惠特曼见面,原子能委员会大楼,全面顾问委员会办公室,华盛顿

2月5—7日星期四至星期六

——原子能委员会—全面顾问委员会会议,华盛顿

2月10日星期二——恩迪克特(Endicott),纽约

2月11日星期三——上午10点45分,高等研究院研讨会发言

下午2点,维格纳

下午6点30分,与里特(G. Ritter)在高等研究院共进晚餐。

2月12日星期四——下午2点,约翰逊先生(麦克格罗—希尔)

下午2点15分,理查森博士

下午2点30分,卡尔顿(Bill Carlton, PU)

2月13日星期五——上午11点,物理学会议

下午12点30分,全体员工会议

2月16—17日星期一至星期二

——战略性空军指挥会议,阿伯丁

2月19日星期四——上午11点,高等研究院研讨会发言

2月20日星期五——上午9点30分,罗塞尔先生(埃索实验室)

2月23日星期一——上午10点45分,高等研究院研讨会发言

下午1点30分,怀特博士

2月24日星期二——下午3点30分,纽约(斯特劳斯先生)

2月25日星期三——晚上7点30分,超级俱乐部,那索酒店

2月26日星期四——上午11点45分,安德鲁先生(Merle M. Andrew, ARDC,巴尔的摩)

2月27日星期五——上午10点,罗塞尔先生(埃索实验室)

3月2日星期一——上午,华盛顿(全面顾问委员会)

晚上8点,瓦尼克桑讲座

3月3日星期二——下午3点,阿洛特先生(RCA,卡姆敦)

下午5点,瓦尼克桑讲座

3月4日星期三——上午10点45分,高等研究院研讨会

下午3点,德拉托尔(de la Torre)先生

下午5点,瓦尼克桑讲座

3月5日星期四——上午10点,高等研究院主导通讯会议,数字天气预测项目

上午10点45分,埃布尔先生(华盛顿)

下午5点,瓦尼克桑讲座

实际上,约翰尼的工作负荷比日程表上列出的还要多出一倍。加德纳请他承担新的小组和委员会工作。

到1954年夏,斯特劳斯认为约翰尼同时为太多事务分神。因此,1954年8月,他建议约翰尼接受艾森豪威尔总统的直接任命,担任全美国只有5人的原子能委员会委员。这份工作需要得到国会的一个联合委员会的批准,任期从1955年3月至1959年6月。

约翰尼为什么会接受他一生中第一份有名无实的全职工作——早晚固定上下班,由秘书和员工打点事务——呢?原因之一是他确实喜欢作为一名委员那种举足轻重的感觉;另外,他不觉得这是一份全职工作。

到了1954年8月,约翰尼知道他可以带上大部分公务员和政客一起大步奔驰。斯特劳斯写信告诉他说,联合委员会质询这一关可不好

过,叫他措辞谨慎一些。约翰尼给斯特劳斯的回信表明,关于核能商业化的问题,他期待着和参议员凯佛夫(Kefauver)这样的平民主义者辩论一番,谈谈他符合逻辑的理由。在这个阶段,约翰尼已经超前想到了核聚变的可能性,这样世界上的能源就会像水一样便宜。他认为,到那时,美国应该以拥抱世界的方式应对这一巨大的发展,这一点很重要。他甚至希望,到1959年,也就是他作为原子能委员会委员的任期内,就可能实现这一点。

1954年末,约翰尼对世界政治变得更为乐观。他认为,在斯大林继承人的争夺战中,那些因核威慑而变得理性的苏联人赢得了胜利。赫鲁晓夫在执政期间也许会开始一些谈判,约翰尼想做这些谈判的幕后军师。约翰尼认为,诸个单独的国家将决定现在它们不能挑起战争。他相信,很快我们就会需要一个类似世界政府的组织来管理核发明以及其他发明。约翰尼对可能在北极和南极的冰原上撒上染料以调控这些地区因反射造成地球的能量损失深感兴趣。他不像现代有些人那样厌恶温室效应,而认为人们应当觉得暖和一些——让世界温度提高几度,把地球变成一个亚热带星球——相当不错;但他也赞同,这样的主意不能让一个国家来拿。在一次新闻采访中,约翰尼说:"我们过去总会有一些新的领土带去新的发明;现在,我们的不动产耗尽了,我们的一些新想法会撼动整个星球。"当约翰尼展望这段时期时,他希望自己离决策权近一些。在原子能委员会中,他很快拥有了话语权,主席斯特劳斯(艾森豪威尔的密友)是忠实崇拜他的人。

如果1959年前的5年间,核问题不像约翰尼预想的那样具有戏剧性,他会觉得原子能委员会就没有必要留住他不放了;他还有很多事赶着要做。国会批准他为原子能委员会委员之后,依然同意他保留冯·诺伊曼导弹委员会主席一职。约翰尼有一天工作24小时的特殊能力,因此他还进行了许多其他项目。克拉里和约翰尼搬进了位于华盛顿特区乔治镇的一幢黄色的木板房后,克拉里在1955年和《家政》(*Good Housekeeping*)杂志的格拉夫顿(Samuel Grafton)谈到了他们在那里的生活。克拉里说:白天,

> 约翰尼在他的原子能委员会办公室工作,晚上,许多他感兴趣的其他领域的科学家来拜访他。我就是他的夜间秘书,款待他的客人,一个个地把他们引荐给他。等到一般人都睡觉时,约翰尼也睡下。不过对于他来说,睡眠也是工作的一部分。他相信数学是在潜意识里研究的。他会带着一个没有解决的问题安详地入睡,早上3点钟醒来时就有了答案——他的大脑在他睡觉时替他解决了。然后,他走到桌边给同事打电话。他对同事的一个要求是,后者不介意半夜被吵醒。约翰尼会一直工作到清晨——他的书有一半在卧室——然后像云雀一般快活地上班去了。

关于当时约翰尼吸引其他科学家来朝拜的主要原因,克拉里说得很对。20世纪50年代,许多其他领域的科学家正在自由而智慧地思考新的可能性。约翰尼的特点是他把数学引入了这些领域。他以精确的数字使其他人的梦想突然变得具体起来。在这段时期他还在构想,如果他对原子能委员会委员这份工作的兴趣淡然了,接下来有哪些了不起的问题可以着手解决。约翰尼认为,计算机机制以及数值天气预报在他已经做好了引导工作的情况下,接下来最好交由竞争力量继续。对自动机他已经不像两年前那样感兴趣。在为1956年的西利曼讲座《计算机与人脑》做最初准备时候,约翰尼无意中发现了一个想法,并在他临终前写的那本书的结尾处对此进行了阐述。

在约翰尼人生的最后一年,他对自己的新型计算机(当时包含10 000个真空管,有的还不到)与包含几十亿神经元的人脑之间的对照十分着

迷。大脑在进行多位数求和时要慢得多,但是大脑有许多其他能力,如视认知、想象、横向思考能力和确定关注对象等这些他的计算机还没有开始拥有的能力。这些能力是怎样在大脑中编程的？约翰尼写道,不管大脑和中枢神经系统使用什么语言,"它的特点是,比我们正常情况下习惯的逻辑深度和算术深度要简单"。不同民族所讲的语言的多样性说明,语言在很大程度上是一个历史偶然。"希腊语和梵语这样的语言是历史事实,而不是绝对的逻辑必然,"他写道,"有理由假设逻辑学和数学一样是历史上偶然的表达形式,它们可能会有主要的变体,即它们可能以我们已经习惯的其他形式而存在。实际上,中枢神经系统的性质以及它传递使用的信息系统的确如此。"

因此,在约翰尼生命即将结束时,他相信"当我们在谈论数学时,或许正在谈论建立在中枢神经系统真正实用的原始语言基础上的第二语言"。约翰尼想进一步搞清楚这种原始语言可能会是什么。他认识到,如果可以做到,他就能够改变人类的整个未来。他想知道他的计算机可否稍微调整一下,以帮助他寻觅。

约翰尼发现,在普林斯顿高等研究院,他不可能轻松地改写旧式数学。在那个小小的社区里有一群对旧式数学深感兴趣的最聪明的人才,其中已经有一些人抨击他那迅捷而无声的计算机噪声大、污染环境。约翰尼还想过对计算机进行重新调整以适应任何一种新型数学,这最好由被争取到赞助的大团队完成。因此约翰尼在1955年就已经大体安排好了原子能委员会之后的工作,只是在1956年住院之后才通知高等研究院——他将成为加利福尼亚大学的自由教授（住在它的一个校区附近）,与巨型商业公司IBM合作,并由他们提供支持。约翰尼为政府工作错失了收入;现在IBM打算根据约翰尼向他们提出的各种建议,以他的名字申请专利,并以此为他提供额外的资金。

1955年夏,在华盛顿最后的几个月里,约翰尼依旧像孩子一般顽皮地对待生命。克拉里向格拉夫顿描述的约翰尼的驾驶技术显示出,他自1930年在布鲁克林桥下获得第一个驾驶执照后就没有多大长进。格拉夫顿说:"冯·诺伊曼博士的驾驶方式反映了他的数学兴趣。他喜欢堵车,因为这样就会产生一个问题:这么多的不同物体如何以不同的速度通过同一空间? 他会在拥挤的道路上转来转去(他的妻子说'太快了')正好通过,并为自己的正确计算高兴。在平阔的大路上,他的速度会慢下来——没有什么问题需要解决,他变得兴致索然。"

克拉里对报界说的这番话——在大路上约翰尼驾驶的速度会慢下来——可能带有一点法庭辩词的味道。约翰尼的兴致从驾驶上消失了,并思考更深的数学问题,即便如此他往往还会开到每小时110千米。交通警察已经对他的这个习惯表现出兴趣。克拉里说:"约翰尼在我们着手一桩大事如买房子时表现很棒。他会把所有的因素分析得头头是道并作出了不起的决定,然后他就觉得没意思了。在家里他什么也不做,锤子和螺丝刀从来不碰。"冯·诺伊曼夫人笑着说:"除了修拉链,他能一下子把坏拉链修好。显然,拉链的拉袢被绊住的位置或一排出了问题的拉链齿一定包含某种微妙的数学,令冯·诺伊曼博士很喜欢。他只须研究一会儿,就修好了。"

尽管约翰尼的记忆力是世界上最好的之一,但他还是有心不在焉的老毛病。克拉里说:"他想不起来今天午饭吃了什么,但15年前读过的一本书里每一页写了什么他都记得。"他甚至开始忘记他自己发明的一些数学,因为他正在全神贯注思考下一步想做的事情。约翰尼从未注意过天气,尽管他刚刚发明了数值天气预报。他会一件马甲一直穿到7月才脱下来,在第二年2月才想起来穿上。克拉里说:"我得陪他一起去买衣服,否则他会出于好心买下店员希望他买的任何衣服。如果一架飞机起飞晚点了,他会抓住看得到的任何一个穿制服的人不放,争取查出原因。他会问搬运工、送电报的和报童飞机晚点的原因,这让他们吃惊不小。"

当时,约翰尼和克拉里在华盛顿特区是重要人物了,但他对平庸之辈明显表现出不适当的礼貌有点令人担心。约翰尼在第一次与人见面时看起来害羞而有礼貌地对对方进行判断。在下一次见面时,他会以20世纪50年代中期相当明显的方式躲开即使是重要人物的烦扰,他宁愿"和好莱坞作家讨论电影剧本的结构或和药剂师讨论复合配方,也不愿意就一些问题老生常谈,因为有意思的东西老早以前就说完了"。

约翰尼对自己的健康不太上心,但他从不吸烟。除了越来越多的政府通行证和一些复杂的中国谜语逗他开心之外,他的口袋里几乎就没有什么了。克拉里说:"除了卡路里,他什么都数得清楚。"由于晚上要给约翰尼做秘书,早上克拉里不起床吃早饭。约翰尼一个人早饭就只吃一点酸奶和煮鸡蛋,然后他觉得这一天的节食任务就完成了。午餐和晚餐他会吃得很丰盛,还要加上奶油甜点;从大约1910年还在布达佩斯时起,他就喜欢吃奶油甜点。他偶尔在晚上会加一加卡路里总数,但总是以自己的喜好欺骗自己。当克拉里不在场时,早餐他也不听她有关节食的建议,大口大口地吃英式松饼。体重超标的约翰尼因此收到一些关于心脏问题的医学警告,但打击他的不是心脏问题。

1955年8月,斯特劳斯在瑞士参加一个国际会议,讨论核时代可能引起的辐射疾病问题。约翰尼8月11日发来的电报说:

> 今天贝塞斯达(医院)矫形外科医生在疼痛症状和X射线基础上诊断,我的左肩锁骨处很有可能患有良性"巨细胞"肿瘤。建议手术,并不绝对必需,但不能不必要地耽搁!

斯特劳斯的第一次答复显示,他并没有意识到问题的严重性。他让约翰尼"争取接受8月22日星期一拉德福特上将的午餐邀请;如果总统要我星期一到丹佛向他汇报工作,就告假取消。具体如何,明天或星期四我应该会知道"。斯特劳斯依旧认为，在向艾森豪威尔汇报工作之前，就总统可能谈到的所有问题，他都需要听听约翰尼的建议。

由于瑞士大会讨论的是辐射疾病，斯特劳斯与一些世界上最伟大的癌症专家在一起。他们很快让斯特劳斯对这封电报警觉起来，这下可把斯特劳斯吓坏了。左肩锁骨处的巨细胞肿瘤很有可能是癌症；更可怕的是，这不太可能是初期癌症。约翰尼的初期癌症可能在胰腺处，可以肯定的是，那一年8月癌细胞已经通过血液转移到骨头。当时他一定可察觉到这种疼痛，但注意力集中时可能没有注意到。8月的探查手术证实了这一严重的事实。约翰尼向他的朋友和一些家人隐瞒了下来。他在进行最后的冲刺，争取能够清理他已经开始的主要事项。1955年10月3日，约翰尼的记事本安排了下面两周的工作：

约翰·冯·诺伊曼的日程表

10月

10月5日星期三——下午4点，国家科学基金会（大礼堂）发言——计算机研究学术报告，《高速计算与计算机》（讲话40—45分钟，讨论15—20分钟）

下午5点30分，麻省理工学院的基利安博士——科斯莫斯俱乐部楼下大厅（基利安，麻省理工学院院长，即将成为艾森豪威尔科学顾问委员会主席）

晚上8点—10点，约翰·冯·诺伊曼发言，合作论坛，西北，"F"街1110号

10月6日星期四——下午5点30分—7点，兰德托管财产管理人鸡尾酒会——科斯莫斯俱乐部

下午6点—8点，携夫人参加鸡尾酒会

（会见德·希恩斯），福克斯豪尔街2501号（DE-2-1286）

10月8日星期六——暂时安排：与普林斯顿的惠勒博士共进早餐

10月10—11日星期一至星期二

——科学顾问委员会会议——阿伯丁（10月10日会议确定参加，10月11日未确定）

10月13日星期四——上午10点，关于ICBM-5C-1040承包商汇报。

10月13—14日星期四至星期五

——前往桑迪亚：

下午4点30分（星期四），离开华盛顿，UAL611号

晚上9点35分，抵达丹佛（宾馆预定：丹佛布朗宫）

上午8点（星期五），离开丹佛，Cont.320号

上午10点28分，到达阿尔伯克基

10月15—16日星期六至星期天

——洛斯阿拉莫斯：

晚上9点（星期天），离开阿尔伯克基，Cont.323

晚上10点54分，到达丹佛

凌晨1点30分（星期一），离开丹佛，UAL730号

上午8点05分，到达华盛顿

注：可能会搭乘空军飞机返回

10月17—18日星期一至星期二

——华盛顿特区,顾问委员会(约翰·冯·诺伊曼小组)

10月18日星期二——上午9点,SAB委员会,有关核能推动导弹(五角大楼-5E-997)

在以上两周还没结束时,约翰尼的时间表再一次加快了。1955年10月17日安排如下:

约翰·冯·诺伊曼的日程B

10月17日星期一——上午9点,ICBM会议,五角大楼4C-1052房间

下午6点,原子能委员会会议(至少两个小时)

10月18日星期二——上午9点,ICBM,科学顾问委员会,五角大楼4C-1052房间

下午3点45分,离开华盛顿——AAL752号

下午6点,到达拉瓜迪亚

下午6点30分,斯隆—凯特林晚宴,纽约(星光屋顶,沃尔多夫—阿斯托里亚)

黑色领带

晚上9点30分,离开拉瓜迪亚——AAL337号;晚上10点50分,到达华盛顿

10月19—21日星期三至星期五

——科学顾问委员会(美国空军)会议,五角大楼,5C-1040

10月19日星期三——晚上7点30分,代表科学顾问委员会接

待特文宁将军,在保龄军官俱乐部,非正式

10月26日星期三——晚上8点,携夫人参加斯特劳斯夫妇为森吉尔先生和罗比亚尔夫妇举行的晚宴,"F"街俱乐部——黑色领带

10月27日星期四——普林斯顿:总体循环研究小组(气象学)

下午6点15分,自然科学基金会分部晚宴(塔利—胡餐馆,西北,17街812号)

晚上7点30分至9点30分,自然科学基金会分部会议(自然科学基金会董事会办公室,西北,"H"街1520号)

10月28日星期五——上午9点至下午4点30分,自然科学基金会分部会议(国家航空顾问委员会9楼会议室,西北,"H"街,1512号)

所有这一切,都是由一个忍着剧痛的癌症病人完成的。

到了11月,约翰尼就只能坐在轮椅里了。他告诉朋友说:"这是8月份手术的结果,但很有可能是身心失调造成的。"约克是这样描述这段时期的:

> 他下定决心继续他在冯·诺伊曼委员会的工作,空军当局至少对此十分担忧。我记得好几次会议上,在我们这些人都出席并就座之后,约翰尼坐着轮椅由一个军队助手推着来了。开始时他和平常没什么两样,微笑而快乐。会议在约翰尼的主导下照惯例进行,他既不好争辩,也不飞扬跋扈。后来,当他渐渐发现自己的状况越来越令人失望时,就回到罗马天主教堂去寻求安慰。

1956年1月，约翰尼再次入院；但他仍坐着轮椅出来接受了艾森豪威尔亲自授予的特别自由勋章。约翰尼对总统说："我希望能更久地在这世上服务以对得起这份荣誉。"即使是对朋友他也没有承认过他早就知道大限之期不远了，这是其中最初坦承的一次。总统回答说："你会和我们在一起很长时间，我们需要你。"艾森豪威尔这次可能说错了；但是在很多意义上，约翰尼的工作的确是永存的——这也是20世纪后半段比血腥的前半段美好一些的原因。

20岁的玛丽娜·冯·诺伊曼以优异的成绩大学毕业后决定马上结婚，约翰尼对此不太高兴。尽管他很喜欢她选的丈夫，但他认为早婚会妨碍学术事业（对于一个1955年的女性来说，不无道理）。这种担心是没有依据的，如果他泉下有知，他会欣慰的。尼克松总统邀请玛丽娜·冯·诺伊曼·惠特曼博士担任总统经济顾问委员会委员，成了担任此项职务的第一位女性。1956年初，约翰尼坐着轮椅出席了玛丽娜的订婚聚会，但在她结婚前就返回了医院。

伟大和重要的人物纷纷聚集到华盛顿特区沃尔特·里德医院约翰尼的病床边。斯特劳斯经常来，还带上很多国防核心人物，他们对约翰尼的话都是洗耳恭听。大家知道，由于生病，约翰尼可能会在睡觉时讲话。福特上校奉命安排士兵站岗以保证他不喊出军事机密，但并没有完全取得成功。约翰尼在睡眠中产生幻觉时喊出来的是匈牙利语，站岗的士兵根本听不懂。约翰尼不止一次在半夜把士兵叫过来，大声说出他关于空军的一些合理的想法。他的搞科研的老同事对此已经习以为常了，但空军方面唯恐这是他咽气之前说出的重要事宜。

这些夜半呼唤很有可能传出了种种故事，如约翰尼深更半夜在临终的床上尖叫不止，"约翰尼·冯·诺伊曼，一个知道如何更好生活的人，却不知道如何面对死亡"。约翰尼确实向一些来访者承认他的绝望之情。他无法想象没有他的思想的世界会是个什么样子。一些来访者说,这段时期他对克拉里很粗鲁。克拉里总想让他在去世前清静一会儿,不要让他再思考问题了;而约翰尼只要有一口气在,就要思考。

由于癌症已经损伤到大脑附近,约翰尼的思考时间也不长了。他在病床边完成了西利曼讲座的讲稿,在去世后以《计算机与人脑》为题出版。这本书当中的某些部分尤其是结尾处十分精彩,可惜其他部分——癌症恶化时写的一些章节——并没有完全体现出约翰尼的聪明才智。一位并不谦虚的著名美国科学家说:"我们永远都不能赶上他的思考速度,除了他生病住院时那令人伤心的最后一年。"

家人们围聚在约翰尼的床边。迈克尔读起了歌德(Goethe)《浮士德》(*Faust*)德文版的片断。当读到约翰尼最喜欢的人物所说的话时,约翰尼会插进来,充满激情并一字不差地背诵它们。夏天,他的母亲玛格丽特也被诊断出患有癌症,并在两个星期后去世。约翰尼从确诊到离世撑了18个月。

这段时期,约翰尼皈依天主教。在1929年至1930年冯·诺伊曼一家改变宗教信仰之后,这对他的母亲有很大意义。有些人认为约翰尼之所以在医院聆听天主教牧师的教诲主要是因为牧师受过良好的教育,约翰尼可以和他谈论古罗马和古希腊,而那些站岗的士兵就没有办法做到了。但是约翰尼早先对他的母亲说:"可能真的有上帝。若信其有,许多事情解释起来容易一些;若信其无,则不然。"他也乐于承认帕斯卡的观点:只要对不信者的永久惩罚的可能性存在,就更有理由最后成为相信者。他依然十分清楚地记得古拉丁语。一位前来拜访的人十分惊诧,他在临终前居然还背得出一段拉丁文演说辞:"当法官就座时……可怜的我可怎么求他呢? 当仅有的正直的人被限制,谁能替我说情呢?"

所有的朋友以及一些与他有过诉讼的人都给约翰尼带信。莫尔斯有点内疚地说:"20年来,我们肩并肩地持相同立场。在我们不得不立即采取不受欢迎立场的每件事中产生了危机。我相信,经过反复思考,这些危机有时是不可避免的,有时是极难达到的……我的数学同仁就计算机工作得出结论,公认您设计并首先使用了计算机,光荣地完成了一个具有历史意义的角色。"哥德尔用德文写了一封慰问信,先问候了病情,但很快就换上了数学符号,就一些艰涩难解的问题询问约翰尼的意见。大约9月过后,这些信已经基本失去了意义,尽管克拉里还在勇敢地回复。1956年11月13日她给维布伦的回信,代表了这段时期写给几位通信者的模式:

亲爱的奥斯瓦尔德:

感谢您最近给约翰尼写信。我把信读给他听,他看起来很高兴收到您的来信,但现在很难讲出他的反应。他几乎不能再说话,只能通过他的表情和眼珠的转动来判断。但我看得出来,他很开心收到您的来信——因此,我要感谢您。

1957年2月8日,约翰尼溘然长逝。很多人参加了他的葬礼。他被安葬在普林斯顿公墓的一块墓地上,旁边是他的母亲和1939年自杀的查尔斯·丹。后来自杀的克拉里(1963年11月自沉于海)也被安葬在他的身旁。

来自洛斯阿拉莫斯的老朋友们挤进葬礼汽车。约克记得,战后洛斯阿拉莫斯的主任布拉德伯里在葬礼上说的话比天主教牧师的诗文要精彩。布拉德伯里说:"如果约翰尼在他的心仪之所,他现在一定在做一些相当有趣的思考。"

致 谢

斯隆(Alfred P. Sloan)基金会慷慨地资助了这本书,因此我要首先感谢它。斯隆基金会的辛格(Arthur Singer)及其同事帮忙收集了20世纪最活跃的科学家的传记和自传。我本人的学术水平远远低于其他作者,因此我最大的愿望是不要令基金会失望。

斯隆基金会早些时候曾先后委托怀特和乌拉姆为约翰·冯·诺伊曼作传。因为涉及英语和数学双重问题而进展迟缓,并在乌拉姆教授去世后就完全停止下来。从他们两人未完成的书稿里,我得到了一些研究、采访、注解以及怀特草拟的1926年前的初稿。本书前四章许多最优美的词句都出自怀特的手笔(经过允许)。

我能为这四章增添几份新意主要是因为冯·诺伊曼家族三位长者的帮助。他们是玛丽埃特·库珀尔(约翰尼了不起的前妻),已故的凯瑟琳·佩德罗尼(奥尔丘蒂的遗孀)以及尼古拉斯·冯·诺伊曼(约翰尼的弟弟)。尼古拉斯的著作《弟弟眼中的约翰·冯·诺伊曼》颇具洞察力,也出现在本传记中。感谢他允许我使用书中的素材,而且不必每一段引述都在注脚中一一注明。他通读了开始几章的初稿,纠正了许多有悖实际情况的错误。约翰尼的女儿、杰出的经济学家玛丽娜·冯·诺伊曼·惠特曼博士,通读了全书的初稿,纠正了更多的错误。一定还有许多错误,需要说明的是,那都是我的责任。

不论对读者还是对科学家同仁,约翰尼阐述自己的观点时都非常精确;但在轻松时刻,他也非常喜欢闲谈——目的是不吓倒谈话对象。好几次我听到一些可笑的故事,原来最开始是约翰尼讲的,只是版本略有不同。和不同的人在一起时,他的举止也会随之变化。我选了一些最轻松、最有趣的版本,可能有些失礼。约翰尼在世时是一个传奇,在他去世后的35年间,传奇色彩甚至更为浓重了。我遇到的每一个人都崇敬他,几乎所有人都喜欢他。在本书的写作过程中,我得到一个得以采访与美国科学界相关的许多杰出人物的特权。

这些人包括(以姓氏字母先后为序):贝特、比奇洛、已故的霍夫曼(帮我安排了许多采访)、埃文斯、戈德斯坦、赫德(Cuthbert Hurd)、马克(Carson Mark)、迈特罗波利斯、斯马葛林斯基(Joseph Smagorinsky)、特勒、弗朗索瓦丝·乌拉姆、维格纳、约克。拉克斯教授阅读了我的手稿,删去了一些数学错误,并安排了我在洛斯阿拉莫斯的采访。再次说明,余下的错误责任都在我。贝希(Michael Bessie)是一个出色编辑,他希望普通读者能够读懂书中的每一句话;这意味着,本来要用深奥的数学语言描述的一些章节需用英语语言描述。我要特别感谢国会图书馆、美国哲学会图书馆、普林斯顿高等研究院图书馆以及伦敦经济学院。

我要感谢获准引用已出版的一些材料。惭愧的是,每次我在档案中发现某一有价值的问题时,著述约翰尼所研究的学科之一的作者似乎总是先行一步。在参考书目中列入了我学习过的所有书籍。感谢他们允许我引述,希望我没有逾越赐予我的许可范围。在参考书目提及的作者中,我要特别感谢阿斯普雷(他钻研了许多冯·诺伊曼的档案,其学者之风远胜过我)和约克(最后几章的重要来源)。参考书目中提及的我未曾谋面(或谋面不多)的作者当中,多尔(以及他的10位杰出的撰稿人)编辑的著作,戈德斯坦、卢卡奇、里吉斯、罗兹、舒尔金所著的书籍尤其令我受益匪浅。同时,我还引用了布莱尔、格拉夫顿和豪尔莫什所著的文章,以及上文提到的所有其他人士的作品。

在注释中,我会再次表示感谢。

许可致谢

感谢下列出版单位许可转载已出版的材料：

Addison-Wesley Publishing Company: Excerpts from *Who Got Einstein's Office?* by Ed Regis. Copyright © 1987 by Ed Regis. Reprinted by permission of Addison-Wesley Publishing Company.

American Mathematical Society: Excerpts from "John von Neumann 1903–1957" by Stanislaw M. Ulam from the *Bulletin of the American Mathematical Society*, Volume 64, 1958, pp. 1—149. Reprinted by permission of the American Mathematical Society.

Macmillan Publishing Company: Excerpts from *Adventures of a Mathematician* by Stanislaw M. Ulam. Copyright © 1976 by Stanislaw M. Ulam. Reprinted by permission of Charles Scribner's Sons, an imprint of Macmillan Publishing Company.

Nicholas A. Vonneuman: Excerpts and adaptations from *John von Neumann: As Seen By His Brother* by N. A. Vonneuman. Published and used by permission of the author.

Oxford University Press: Excerpts from *John von Neumann and Modern Economics*, edited by Mohammed Dore, Sukhamoy Chakravarty, and Richard Goodwin. Reprinted by permission of Oxford University Press.

Princeton University Press: Excerpts from *The Computer from Pascal to von Neumann* by Herman Goldstine. Copyright © 1972 by Princeton University Press. Reprinted by permission of Princeton University Press.

Simon & Schuster, Inc.: Excerpts and adaptations from *The Making of the Atomic Bomb* by Richard Rhodes. Copyright © 1986 by Richard Rhodes. Reprinted by permission of Simon & Schuster, Inc.

注　释

第一章

本章大量资料源于怀特的笔记以及乌拉姆(1958年和1976年)。部分来自(特别是)与贝特、拉克斯、尼古拉斯·冯·诺伊曼和维格纳的谈话。已出版资料(参见参考文献)来自贝尔、布莱尔、伯克斯、多尔(尤其是塞缪尔森一章)、费米、格莱克(Gleick)、戈德斯坦、格拉夫顿、豪尔莫什、纳吉(Nagy)、罗兹、舒尔金、斯特劳斯、陶布(A. H. Taub)和维格纳(包括量子历史档案)。对斯特劳斯的延伸引述，来自1971年他在华盛顿特区冯·诺伊曼纪念晚宴上的讲话。

第二章

我所参考的两个主要已出版资料(参见参考文献)是卢卡奇和尼古拉斯·冯·诺伊曼的著作。还有一些观点来自丘吉尔、海姆斯和罗兹的著作。已故的凯瑟琳·佩德罗尼(奥尔丘蒂的遗孀)做了大量回忆，并帮助我改写了本章的第二稿。此前，尼古拉斯·冯·诺伊曼已经热情地从第一稿中剔除了许多错误。怀特对布达佩斯时期以及这段时期前后做了主要研究，我大量地加以利用。

第三章

本章大量资料同样源于怀特的笔记，尤其是他关于布达佩斯的研究、以及对费尔纳和维格纳的采访。1990年我见到了89岁的维格纳，他的记忆已经不那么清晰。还有很多内容来自我与尼古拉斯、佩德罗尼和拉克斯的谈话。我特别引用了豪尔莫什、纳吉、罗兹、乌拉姆、尼古拉斯和维格纳已出版的著作(参见参考文献)。

第四章

本章资料源于怀特的笔记，以及贝尔、克拉克、海姆斯、里德、陶布、乌拉姆和维格纳(包括量子历史档案)已出版的著作。特别感谢苏黎世联邦工业大学的校长利用记录的复印材料非常友好地答复了我。

第五章

尽管我和海姆斯教授(他觉得维纳的性格比约翰尼的更吸引人)以及罗素的看法不一样，但我依然充满感激地从他们的书中引用材料(参见参考文献)。我对数学史的总结大部分来自博耶，尤其是布尔斯廷的著作。对约翰尼本人的数学史观点的大量引用源于陶布编辑的约翰尼文集。时间过去了这么久,我以为从这本书中引用比从各种出版物或研讨会中引用要方便一些。对本章有裨益的其他已出版资料(参见参考文献)包括卡西米尔、多尔(也见萨缪尔森一章)、里吉斯和维纳的著作。

第六章

已出版资料,再次包括卡西米尔、戴森、豪尔莫什、霍金和海姆斯的著作以及量子历史档案。与纽约柯朗学院的拉克斯谈论的对弗里德里希斯的回忆。其他包括与贝特、戴森和维格纳的讨论。

第七章

本章一开始讲的约翰尼年轻时的许多故事,是从一些看起来真实性较强但可能比较有趣的故事中挑选出来的。最经常引用的可能是乌拉姆的著作和陶布编辑的《冯·诺伊曼文集》(Collected Works of John von Neumann)。这也是怀特的笔记中提到的最后一段故事。这里,国会图书馆里有关冯·诺伊曼和维布伦的卷宗开始起到重要作用。还包括与贝特、戴森、拉克斯、特勒、弗朗索瓦丝·乌拉姆(乌拉姆的遗孀)、玛丽娜(约翰尼的女儿)以及维格纳(包括量子历史档案中对他的访问)有价值的谈话。但是,本章结尾处表明,最精彩的采访的对象是玛丽埃特·库珀尔(娘家姓克韦希),1930—1937年第一任约翰尼·冯·诺伊曼夫人。1990年与她的谈话给本书增色不少。

第八章

本章的开头和某些中间部分,大量取材于吉里斯(参见参考文献)生动讲述的高等研究院的历史。我利用的其他已出版资料包括克拉克、费恩曼、纳吉,尤其是乌拉姆的著作。玛丽埃特·库珀尔的回忆以及与拉克斯在数学方面的谈话使本章丰富起来。高等研究院和美国哲学会图书馆的图书管理员(乌拉姆文件的保管员)对我非常耐心。然而相比其他任何时期,这段时期约翰尼的文件管理得更有条理。主要资料依然来自国会图书馆的冯·诺伊曼和维布伦卷宗。

第九章

主要资料依然源于国会图书馆的冯·诺伊曼和维布伦卷宗。阿伯丁的弹道问题(参见参考文献)来自戈德斯坦和舒尔金的著作。其他素材(参见参考文献)来自格拉夫顿、萨哈罗夫以及陶布,以及与贝特、戈德斯坦和拉克斯的谈话。

第十章

我希望自己在文中充分表达这样一个意思:任何有关洛斯阿拉莫斯的文章都

要感谢罗兹那部了不起的著作《原子弹秘史》。我也从中引用了事实和引语。其他素材(参见参考文献)来自阿尔瓦雷斯(Alvarez)、克拉克和乌拉姆。拉克斯带我去了洛斯阿拉莫斯他常去的一个老地方,遇到了与原子弹相关的那群充满生气的人。他们已经从洛斯阿拉莫斯或附近退休,其中包括马克、迈特罗波利斯、埃文斯、弗朗索瓦丝·乌拉姆。另外还有对贝特、已故的霍夫曼、戈尔德曼、拉克斯、特勒和约克的采访。大量素材依旧来自国会图书馆冯·诺伊曼档案。

第十一章

1945年10月,作为皇家海军导航员的我退役之后便在剑桥大学求学。1947年,我参加了经济学荣誉学位考试,获得了经济学一等荣誉,并在剑桥从事研究和一些教学工作,直至1949年;这时,《博弈论与经济行为》以及约翰尼的经济扩张模式正在引起人们的注意。因此我早就写好了本章的初稿,我认为在这门学科我有一些竞争力。很快我就发现自己犯了怎样的错误。约翰尼去世后,他作为经济学家的声望令人震惊地与日俱增。1989年,牛津大学出版社出版多尔、查克拉瓦蒂和古德温等教授编辑的《约翰·冯·诺伊曼与现代经济学》(参见参考文献)后,我重写了本章的第一部分。这本书的11位撰稿人包括两位诺贝尔奖获得者(萨缪尔森和阿罗),还有阿弗里亚(Sidney Afriat)、布罗迪(Andrew Brody)、豪尔沙尼(John Harsanyi)、已故的卡尔多爵士、蓬佐(Lionello Punzo)和汤姆森。从这本书中我引用了许多观点,希望我已恰当地致谢。我认识已故的卡尔多爵士,并和他非常简短地讨论过约翰尼,他为牛津大学出版社出版的这本书所写的导言更为全面地补充了冯·诺伊曼的故事。本章利用的已出版资料(参见参考文献)包括来自布罗诺夫斯基、曼斯菲尔德、纳吉,当然还有《博弈论》本身。

第十二章

两本优秀的已出版资料是戈德斯坦和阿斯普雷所著的(参见参考文献),这两本书我都加以利用。本章第一部分的大部分以及史料部分几乎完全来自戈德斯坦,既包括他的著作,也包括他在费城热情接受的我的采访。其他已出版的资料(参见参考文献)包括来自纳吉、舒尔金和沃森。

第十三章

重要来源仍然是戈德斯坦和阿斯普雷(包括参考文献中所列的著作以及对他们的采访)。参考文献中提及的其他已发表的资料,来自伯克斯、冯·诺伊曼《计算机与人脑》、陶布(出现在《冯·诺伊曼文集》中的高等研究院的计算机论文)、凯梅尼(Kemeny)、里吉斯、斯马葛瑞斯基、乌拉姆、沃森和维纳。还包括对比奇洛、(IBM公司的)赫德、斯马葛瑞斯基、弗朗索瓦丝·乌拉姆的采访。约翰尼在这段时间积极进行院外活动,为高等研究院计算机项目寻找资金、谋求赞助,并借此机会详细阐述他的目的所在;因此国会图书馆关于这一时期的档案显得尤为重要。

第十四章

在最后两章中,约克的著作(参见参考文献)成为特别重要的资料,包括由贝特撰写附录的1989年的第二版《顾问》(The Advisors)。其他已出版资料来自克拉克、里吉斯、罗兹、萨哈罗夫和乌拉姆。还包括对贝特、霍夫曼、拉克斯、佩德罗尼、特勒、约克和洛斯阿拉莫斯及附近活跃的退休人员(包括马克·弗朗索瓦丝·乌拉姆以及其他人)的采访,1989年我和他们共度了一个搜寻往日回忆的下午及时间颇长的晚餐。

第十五章

约克的三本书依然是最好的资料,我引用了很多。其他已出版的资料来自尼古拉斯、海姆斯和当时的报纸。1951—1956年,我为《经济学家》(The Economist)杂志工作,一年要回美国一两次,包括1952年与《时代》杂志4个月的交换工作时间。我认识的每个人都在说,冯·诺伊曼(我眼中的经济学家,《博弈论》的作者)正在接近美国国防策略的核心,这引起了我的兴趣。我几次请求对他进行采访,但都被回绝了——尽管华盛顿的其他人士令人颇感意外地接受《经济学家》年轻的助理编辑的采访。当时及此后的35年里,作为有独立见解的报界人士,我经常和人们无意间聊起1952—1954年约翰尼的影响。但我认为,直到(作为约翰尼的传记作者)读到约克的书时,我才获得了正确的角度。非常感谢约克、玛丽娜(约翰尼的女儿)、尼古拉斯(约翰尼的弟弟)以及1956年围聚在约翰尼病榻前的其他人和我谈起约翰尼最后的日子。在人生中的最后10年,约翰尼实实在在地起到部长助理的作用——一般的教授往往做不到。国会图书馆里关于他的文件(包括他的日程表和委任)反映了这一点。

在写这本书时我清楚地意识到,我是一名报业人士,而不是学者。这样的人在满负荷工作时或许每天可以发表1000字,他特别渴望别人对他的看法加以考虑和引用——无论致意与否,这样讨论才能继续下去。如果别人引用了我的话,不管他的看法与我相同还是相异,都会给我一种感觉:那天我在文中提出的话题是有价值的。学者(除非他们是像约翰尼那样的人)每年出版的东西要少得多。如果有谁重复了他的话却没有致意,会令他们十分恼火。约翰尼不属于这种人。他希望他大脑每一刻构思出来的思想都会很快进入公共领域,但最好不是通过记者。我相信,如果世上有更多像约翰尼这样的人,这个世界会非常迅速地变得更加富有,而且基本用不到什么投资。我希望在本书中,我没有冒犯约翰尼和其他学者的传统,没有侵犯他们的权利。

参考文献

Alvarez, Luis W. *Alvarez: Adventures of a Physicist.* New York: Basic Books, 1987.

Aspray, William. 1990. *John von Neumann and the Origins of Modern Computing.* Cambridge, Mass: MIT Press.

——, and Arthur W. Burks, eds. 1987. *Papers of John von Neumann on Computing and Computer Science.* Cambridge, Mass.: MIT Press.

Bell, E. T. 1937. *Men of Mathematics.* New York: Simon and Schuster.

Blair, Clay, Jr. 1957. "The Passing of a Great Mind, " *Life*, February 25.

Boorstin, Daniel. 1983. *Discovering the World.* New York: Random House.

Boyer, Carl. 1968. *A History of Mathematics.* Princeton, N.J.: Princeton University Press.

Bronowski, Jacob. 1974. *The Ascent of Man.* Boston: Little, Brown.

Burks, Arthur W. 1966. *Theory of Self-Reproducing Automata.* Urbana: University of Illinois Press.

Casimir, Hendrik B. 1983. *Haphazard Reality: Half a Century of Science.* New York: Harper and Row.

Churchill, Winston. 1930. *My Early Life: A Roving Commission.* New York: Charles Scribner's Sons.

Clark, Ronald W. 1971. *Einstein: The Life and Times.* New York: Avon Books.

Dore, Mohammed, Sukhamoy Chakravarty, and Richard Goodwin, eds. 1989. *John von Neumann and Modern Economics.* New York: Oxford University Press. Includes papers from these three editing professors, plus contributions from Sidney Afriat, Kenneth Arrow, John Arsanyi, Andrew Brody, Lionello Punzo, Paul Samuelson, and Gerald Thompson.

Dyson, Freeman. 1979. *Disturbing the Universe: A Life in Science.* New York: Harper and Row.

——. 1988. *Infinite in All Directions: An Exploration of Science and Belief.* New York: Harper and Row/Bessie Books.

Fermi, Laura. 1961. *Illustrious Immigrants.* Chicago: Chicago University Press.

Feynman, Richard. 1984. *Surely You're Joking, Mr. Feynman! Adventures of a Curious Character.* Ed. Edward Hutchings. New York: W. W. Norton and Company.

Gleick, James. 1988. *Chaos: Making a New Science.* New York: Viking Penguin.

Goldstine, Herman H. 1972. *The Computer from Pascal to von Neumann.* Princeton, N.J.: Princeton University Press.

Grafton, Samuel. 1956. "Married to a Man Who Believes the Mind Can Move the World." *Good Housekeeping*, September. Interview with Klari von Neumann.

Halmos, Paul R. 1973. "The Legend of John von Neumann." *American Mathematical Monthly* 80.

Hawking, Stephen W. 1988. *A Brief History of Time: From the Big Bang to Black Holes.* New York: Bantam Books.

Heims, Steve J. 1980. *John von Neumann and Norbert Wiener: From Mathematics to the Technologies of Life and Death.* Cambridge, Mass.: MIT Press.

Kevles, Daniel J. 1987. *The Physicists: The History of a Scientific Community in Modern America.* Cambridge, Mass.: Harvard University Press.

Kemeny, John G. 1955. "Man Viewed as a Machine." *Scientific American* 192.

Keynes, John Maynard. 1963. *Essays in Persuasion.* New York: W. W. Norton and Company.

Lukacs, John. 1988. *Budapest 1900: A Historic Portrait of a City and Its Culture.* New York: Grove-Weidenfeld.

Mansfield, Edwin. 1974. *Economics: Principles, Problems, Decisions.* New York: W. W. Norton and Company.

McCagg, William. 1973. *Jewish Nobles and Geniuses in Modern Hungary.* New York: Columbia University Press.

Nagy, Ferenc. 1987. *Neumann Janos and the Hungarian Secret.* Letters to Rudolf Ortvay and others, published in Hungarian. Budapest: Orszagos Muszaki.

Philip, Miklos, and Tibor Szentivanyi. 1973. *Neumann Janos.* Interviews with some of Johnny's friends in America, published in Hungarian. Budapest: Tarsasag.

Regis, Ed. 1987. *Who Got Einstein's Office? Eccentricity and Genius at the Institute for Advanced Study.* Reading, Mass.: Addison-Wesley Publishing Company.

Rhodes, Richard. 1986. *The Making of the Atom Bomb.* New York: Simon and Schuster.

Reid, Constance. *Hilbert.* New York: Springer-Verlag, 1970.

Russell, Bertrand. 1967—1970. *Autobiography.* 3 vols. Winchester, Mass.: Unwin Hyman.

Sakharov, Andrei. 1990. *Memoirs.* New York: Alfred A. Knopf.

Shurkin, Joel. 1984. *Engines of the Mind: A History of the Computer.* New York: W. W. Norton and Company.

Smagorinsky, Joseph. 1983. "The Beginnings of Numerical Weather Prediction and General Circulation Modeling: Early Recollections." *Advances in Geophysics* 25.

Strauss, Lewis. 1962. *Men and Decisions.* New York: Doubleday and Company.

Taub, A. H., ed. 1961. *Collected Works of John von Neumann*. 6 vols. Elmsford, N.Y.: Pergamon Press.

Ulam. Stanislaw M. 1976. *Adventures of a Mathematician*. New York: Charles Scribner's Sons.

Ulam, Stanislaw M., ed. 1958. "John von Neumann, 1903—1957," *Bulletin of the American Mathematical Society* 64. Contributions from Garrett Birkhoff, F. J. Murray, Richard Kadison, Paul Halmos, Leon van Hove, H. W. Kuhn, A. W. Tucker, and Claude Shannon.

Von Neumann, John, with Oskar Morgenstern. 1944. *The Theory of Games and Economic Behavior*. Princeton, N.J.: Princeton University Press.

———. 1958. *The Computer and the Brain*. New Haven, Conn.: Yale University Press. See also Taub, above, for the collected works of von Neumann, and Aspray and Burks, above, for von Neumann's papers on computing.

Vonneuman, Nicholas A. 1987. *John von Neumann as Seen by his Brother*. P.O. Box 3097, Meadowbrook, Penn.

Watson, Thomas J., Jr., and Peter Petre. 1990. *Father, Son and Company: My Life at IBM and Beyond*. New York: Bantam Books.

Wiener, Norbert. 1964. *Ex-Prodigy: My Childhood and Youth*. Cambridge, Mass.: MIT Press.

Wigner, Eugene P. 1970. *Symmetries and Reflections: Scientific Essays*. Cambridge, Mass.: MIT Press. See also Wigner's recorded interviews in the Quantum History Archives in the American Philosophy Society at Philadelphia.

York, Herbert. 1970. *The Race to Oblivion*. New York: Simon and Schuster.

———. 1976. *The Advisors: Oppenheimer, Teller, and the Superbomb*. New York: W. H. Freeman and Campany.

———. 1987. *Making Weapons, Talking Peace: A Physicist's Odyssey from Hiroshima to Geneva*. New York: Basic Books.

Archives drawn from:

Library of Congress. Mainly John von Neumann papers, Oswald Veblen papers.

American Philosophical Society Library, Philadelphia. Mainly Stanislaus Ulam papers.

Institute for Advanced Study, Princeton. Historical Studies-Social Sciences Library.

图书在版编目(CIP)数据

天才的拓荒者：冯·诺伊曼传/(美)诺曼·麦克雷著；范秀华，朱朝晖，成嘉华译．—上海：上海科技教育出版社，2018.7(2024.4重印)

(哲人石丛书：珍藏版)

ISBN 978-7-5428-6742-1

Ⅰ.①天…　Ⅱ.①诺…　②范…　③朱…　④成…　Ⅲ.①冯·诺伊曼—传记　Ⅳ.①K837.126.16

中国版本图书馆CIP数据核字(2018)第120291号

责任编辑　刘丽曼　王　洋　宋晓晓	出版发行　上海科技教育出版社有限公司
封面设计　肖祥德	(201101 上海市闵行区号景路159弄A座8楼)
版式设计　李梦雪	网　　址　www.sste.com　www.ewen.co
	印　　刷　常熟文化印刷有限公司
天才的拓荒者——冯·诺伊曼传	开　　本　720×1000　1/16
[美]诺曼·麦克雷　著	印　　张　24
范秀华　朱朝晖　成嘉华　译	版　　次　2018年7月第1版
	印　　次　2024年4月第8次印刷
	书　　号　ISBN 978-7-5428-6742-1/N·1032
	图　　字　09-2014-273号
	定　　价　58.00元

John von Neumann:
The Scientific Genius Who Pioneered the Modern Computer,
Game Theory, Nuclear Deterrence, and Much More
by
Norman Macrae
Copyright © 1992 by Norman Macrae
Reprinted by American Mathematical Society, 1999
The translation published by arrangement with Pantheon Books,
a division of Random House, Inc.
Simplified Chinese Edition Copyright © 2018
by Shanghai Scientific & Technological Education Publishing House
ALL RIGHTS RESERVED
上海科技教育出版社业经
Pantheon Books, a division of Random House, Inc. 授权
取得本书中文简体字版版权